高等院校信息安全专业系列教材

密 码 学

主　编　胡卫
副主编　秦艳琳　杨智超　高飞　罗芳

国防工业出版社
·北京·

内 容 简 介

本书旨在介绍密码学的基础知识、典型的密码算法，以及密码技术在网络信息安全中的实际应用。全书共分10章，第一章介绍密码技术在网络信息安全中的作用、密码学的发展历程、密码学基本概念和密码技术的典型应用。第二章重点介绍置换和代替密码，以及古典密码分析。第三、四章讲述典型对称密码算法的原理和加解密过程。第五、六、七章讲述典型非对称密码算法及其在数字签名和认证方面的应用。第八章介绍密钥管理的理论和技术。第九章介绍常用中国商用密码算法。第十章介绍密码技术最新进展情况。同时在附录中对相关数学基础知识进行了介绍。

本书是为网络空间安全和密码科学与技术本科专业编写的专业基础教材，内容详实，概念表述严谨，语言精练，适用于高等院校网络空间安全和密码科学与技术本科专业学生教学需要，也可供从事密码学与信息安全研究的科技人员参考。

图书在版编目（CIP）数据

密码学 / 胡卫主编. -- 北京：国防工业出版社，
2024. 9. -- ISBN 978-7-118-13221-2
Ⅰ．TN918.1
中国国家版本馆 CIP 数据核字第 2024VV6205 号

※

国防工业出版社 出版发行
（北京市海淀区紫竹院南路 23 号　邮政编码 100048）
北京凌奇印刷有限责任公司印刷
新华书店经售

*

开本 787×1092　1/16　印张 17　字数 300 千字
2024 年 9 月第 1 版第 1 次印刷　印数 1—1200 册　定价 98.00 元

（本书如有印装错误，我社负责调换）

国防书店：(010)88540777　　书店传真：(010)88540776
发行业务：(010)88540717　　发行传真：(010)88540762

前　言

本书是为网络空间安全和密码科学与技术本科专业编写的专业基础课教材，其选材内容的组织安排是编者在参考国内外密码学相关书籍和资料的基础上，结合多年密码学教学实践确定的。本书主要讲述密码学的基础理论和相关技术，与国内已出版的同类教材相比，具有以下特点。

（1）注重理论基础，内容安排合理。本书在内容上注重讲解最经典、最核心的密码学基础理论和方法，由浅入深、循序渐进、逻辑严密、前后呼应，通过丰富的实例和典型的算法使学生快速掌握密码学的核心概念、方法和技术。

（2）适应时代需求，培养创新思维。为了适应当前信息安全技术迅速发展对密码学基础理论提出的新要求，本书在介绍经典密码理论的同时，引入了当前信息安全研究与应用的一些新的密码技术与成果，培养学生结合实际应用进行创新的意识和热情。另外，为了培养学生具有一定的自主研究、应用和创新能力，本书的某些较难的章节可以作为选学内容，让学有余力的学生自己查阅相关文献在课外自学，某些简要介绍的最新密码技术也可以让学生自己借助参考资料进行深入学习，以培养学生的自主思维能力。

（3）强调全面实用，方便学生理解。本书同时兼顾了"全面"和"实用"两个方面："全面"是指将密码学核心、经典的理论及应用全部囊括进来，包括中国商用密码标准算法，方便学生学习参考；"实用"是指尽可能把相关理论知识与实际应用联系起来，深入浅出，使学生学得明白，用得容易，为后续的专业课程打好基础。

全书共分为 10 章，内容涉及密码学基础、古典密码、序列密码、分组密码、公钥密码、数字签名、Hash 函数与消息认证、密钥管理、中国商用密码算法和密码技术最新进展。本书由胡卫副教授组织编写，其中，第三、四、五章由秦艳琳编写，第六、七章由罗芳编写，第八章由高飞编写，第九、十章由杨智超编写，其余章节由胡卫编写，并对全书进行统稿。

在编写过程中参考了国内外专家的有关著作和相关文献，在此表示诚挚的谢意。

由于作者学术水平所限及时间仓促，书中不足之处在所难免，希望读者不吝指正。

编　者
2023 年 12 月

目　　录

第一章　绪论 ················· 1
第一节　网络信息安全与密码技术 ················· 1
一、网络信息安全概述 ················· 1
二、网络信息安全面临的威胁 ················· 3
三、网络信息安全的机制和安全服务 ················· 6
四、密码学在网络信息安全中的作用 ················· 9
五、密码技术新特点 ················· 10
第二节　密码学的发展历程 ················· 11
一、古典密码时期 ················· 11
二、近代密码时期 ················· 14
三、现代密码时期 ················· 14
第三节　密码学基本概念 ················· 15
一、密码学相关概念 ················· 15
二、密码系统 ················· 16
三、密码体制 ················· 19
四、密码分析 ················· 21
第四节　密码技术的典型应用 ················· 22
一、电子商务安全应用 ················· 22
二、电子政务安全应用 ················· 23
三、国防与军事应用 ················· 24
本章小结 ················· 25
思考题与习题 ················· 25

第二章　古典密码 ················· 26
第一节　隐写术与信息隐藏 ················· 26
一、隐写术 ················· 26
二、信息隐藏 ················· 27
第二节　置换密码 ················· 29
第三节　代替密码 ················· 30
一、单表代替 ················· 30
二、多表代替 ················· 31
三、多名代替 ················· 33

             四、转轮密码 ··· 34
        第四节 古典密码分析 ··· 36
             一、穷举分析 ··· 36
             二、数学分析 ··· 36
             三、统计分析 ··· 36
    本章小结 ··· 40
    思考题与习题 ··· 40

第三章 序列密码 ··· 41
    第一节 序列密码概述 ··· 41
         一、序列密码起源 ··· 41
         二、序列密码原理 ··· 41
    第二节 保密理论 ··· 42
         一、信息论基本概念 ··· 42
         二、香农保密理论 ··· 45
         三、计算复杂性理论 ··· 52
    第三节 移位寄存器理论 ··· 55
         一、移位寄存器 ··· 55
         二、线性反馈移位寄存器 ··· 56
         三、m-序列 ··· 58
         四、非线性移位寄存器 ··· 58
    第四节 序列密码工作方式 ··· 62
         一、同步序列密码 ··· 62
         二、自同步序列密码 ··· 62
    第五节 密钥流发生器模型 ··· 64
         一、前馈序列 ··· 64
         二、钟控序列 ··· 64
         三、门限发生器 ··· 65
    第六节 典型序列密码算法 ··· 66
         一、RC4 算法 ··· 66
         二、A5-1 算法 ··· 67
    本章小结 ··· 69
    思考题与习题 ··· 69

第四章 分组密码 ··· 71
    第一节 分组密码概述 ··· 71
         一、分组密码原理 ··· 71
         二、分组密码设计思想 ··· 72
         三、分组密码结构 ··· 72
    第二节 数据加密标准 DES ··· 74

一、DES 的产生背景 ··· 74
　　二、DES 的整体结构 ··· 75
　　三、DES 的加密过程 ··· 75
　　四、DES 的算法细节 ··· 76
　　五、DES 的解密过程 ··· 80
　　六、DES 的可逆性 ··· 81
　　七、DES 的安全性分析 ··· 81
　　八、三重 DES ··· 84
　第三节　高级加密标准 AES ··· 85
　　一、AES 的产生背景 ··· 85
　　二、Rijndael 的数学基础和设计思想 ···································· 86
　　三、Rijndael 算法细节 ··· 88
　　四、算法安全性分析 ··· 91
　第四节　国际数据加密标准 IDEA ·· 92
　　一、IDEA 数学基础 ·· 92
　　二、IDEA 算法 ··· 93
　第五节　其他分组密码算法简介 ··· 95
　　一、RC5 算法 ·· 95
　　二、CAST-128 算法 ··· 95
　　三、Camellia 算法 ·· 96
　第六节　分组密码的工作模式 ··· 96
　　一、电码本模式（ECB） ··· 96
　　二、密文链接模式（CBC） ··· 97
　　三、密码反馈模式（CFB） ··· 98
　　四、输出反馈模式（OFB） ··· 99
　　五、计数器模式（CTR） ·· 100
　本章小结 ·· 101
　思考题与习题 ·· 101

第五章　公钥密码 ·· 103
　第一节　公钥密码体制概述 ·· 103
　　一、公钥密码体制的提出 ·· 103
　　二、公钥密码体制的思想 ·· 103
　　三、公钥密码体制的工作方式 ·· 104
　　四、单向陷门函数 ·· 106
　第二节　RSA 公钥密码算法 ·· 107
　　一、RSA 算法加解密过程 ·· 107
　　二、RSA 算法的可逆性 ·· 108
　　三、RSA 算法的安全性及应用要求 ···································· 109

　　　　四、RSA 算法的实现 ··· 112
　　第三节　ELGamal 公钥密码算法 ··· 116
　　　　一、离散对数问题 ··· 116
　　　　二、ELGamal 算法的加解密过程 ··· 116
　　　　三、ELGamal 算法的安全性及应用要求 ··· 116
　　第四节　椭圆曲线公钥密码算法 ··· 117
　　　　一、椭圆曲线 ··· 117
　　　　二、ECC 椭圆曲线密码算法 ··· 120
　　　　三、椭圆曲线公钥密码的安全性及优势 ··· 121
　　本章小结 ··· 122
　　思考题与习题 ··· 122
第六章　数字签名 ··· 123
　　第一节　数字签名概述 ··· 123
　　　　一、数字签名的概念 ··· 123
　　　　二、数字签名的分类 ··· 124
　　　　三、数字签名的实现 ··· 125
　　第二节　数字签名方案 ··· 127
　　　　一、RSA 数字签名方案 ··· 127
　　　　二、ELGamal 数字签名方案 ··· 131
　　　　三、椭圆曲线数字签名方案 ··· 133
　　　　四、数字签名标准 DSS ··· 134
　　第三节　特殊用途数字签名 ··· 135
　　　　一、代理签名 ··· 135
　　　　二、盲签名 ··· 136
　　　　三、不可否认签名 ··· 138
　　　　四、群签名 ··· 140
　　　　五、同时签约方案 ··· 141
　　本章小结 ··· 142
　　思考题与习题 ··· 142
第七章　Hash 函数与消息认证 ··· 143
　　第一节　Hash 函数 ··· 143
　　　　一、Hash 函数概念 ··· 143
　　　　二、Hash 函数一般结构 ··· 144
　　第二节　Hash 算法 ··· 145
　　　　一、MD5 算法 ··· 145
　　　　二、SHA-1 算法 ··· 149
　　　　三、RIPEMD-160 算法 ··· 152
　　　　四、3 种 Hash 算法的比较 ··· 157

  五、SHA256 算法 ································ 158
 第三节 消息认证 ································ 162
  一、基于消息加密的认证 ················· 165
  二、基于消息认证码的认证 ·············· 166
  三、基于散列函数的认证 ················· 168
  四、消息时间性认证 ······················· 169
 第四节 身份认证 ································ 171
  一、口令 ······································· 171
  二、磁卡和智能卡 ·························· 174
  三、生物特征识别 ·························· 174
  四、零知识证明 ····························· 176
 本章小结 ·· 180
 思考题与习题 ······································ 180

第八章 密钥管理 ······································ 181
 第一节 密钥管理概述 ························ 181
  一、密钥的定义与类型 ···················· 181
  二、密钥管理的主要内容 ················· 182
  三、密钥管理的原则 ······················· 183
  四、密钥保护的策略 ······················· 184
 第二节 密钥协商与分发 ····················· 185
  一、Diffe-Hellman 密钥交换算法 ······ 186
  二、会话密钥的分发方式 ················· 188
  三、密钥协商与分发实例 ················· 190
 第三节 密钥托管技术 ························ 190
 第四节 秘密共享技术 ························ 192
 第五节 公钥基础设施 ························ 193
  一、PKI 的概念 ······························ 193
  二、PKI 的基本组成 ························ 193
  三、PKI 的安全服务 ························ 196
  四、PKI 的应用 ······························ 197
  五、PKI 的发展 ······························ 198
 本章小结 ·· 199
 思考题与习题 ······································ 199

第九章 中国商用密码算法 ························ 200
 第一节 祖冲之序列密码算法（ZUC） ··· 200
  一、算法简介 ································· 201
  二、设计原理 ································· 203
  三、部件特性 ································· 204

　　　　四、安全性分析 ·· 206
　　　　五、小结 ··· 210
　　第二节　SM2 椭圆曲线公钥密码算法 ·· 210
　　　　一、密钥派生函数 ·· 210
　　　　二、加密算法 ·· 211
　　　　三、解密算法 ·· 211
　　第三节　SM3 杂凑算法 ·· 211
　　　　一、参数定义 ·· 211
　　　　二、杂凑运算步骤 ·· 212
　　第四节　SM4 分组密码算法 ·· 213
　　　　一、SM4 加、解密算法 ·· 213
　　　　二、SM4 密钥扩展算法 ·· 215
　　本章小结 ··· 216

第十章　密码技术最新进展 ·· 217
　　第一节　量子密码及后量子密码体制 ·· 217
　　　　一、量子密码的起源 ·· 217
　　　　二、量子密码理论体系 ··· 218
　　　　三、量子密码攻击形式 ··· 221
　　　　四、量子密码的研究进展 ·· 222
　　　　五、后量子密码体制 ·· 223
　　第二节　全同态密码 ·· 224
　　第三节　混沌密码 ·· 226
　　　　一、混沌密码概述 ·· 226
　　　　二、混沌密码原理 ·· 226
　　第四节　DNA 密码 ·· 230
　　　　一、DNA 密码研究现状 ·· 230
　　　　二、DNA 密码、传统密码和量子密码的比较 ······················ 234
　　　　三、DNA 密码的发展趋势 ··· 234
　　第五节　区块链与密码技术 ·· 236
　　　　一、区块链的定义 ·· 236
　　　　二、区块链的特征 ·· 237
　　　　三、区块链的分类 ·· 237
　　　　四、区块链的产业链 ·· 238
　　　　五、区块链核心技术 ·· 239
　　　　六、区块链行业应用 ·· 242
　　本章小结 ··· 245

附录　数学基础知识 ·· 246
参考文献 ·· 260

第一章 绪 论

本章讨论密码技术在网络信息安全中的作用、密码学的发展历程,介绍密码学的相关概念及密码技术的典型应用。

第一节 网络信息安全与密码技术

一、网络信息安全概述

(一)网络信息安全问题的由来

随着通信与计算机网络技术的快速发展和公众信息系统(包括Internet、移动通信网、磁卡、IC卡、RFID、物联网和云计算系统等)商业性应用步伐的加快,以及"工业与信息化整合""传感中国""智慧地球"等战略性新兴产业的兴起与创新型应用需求的提出,第三次信息技术浪潮呼之欲出,信息和通信技术(information and communications technology,ICT)正在引领潮流并快速地改变着人们的工作模式和生活习惯。

当数据通信和资源共享等网络信息服务功能广泛覆盖于各行各业及各个领域、网络用户来自各个阶层与部门、人们对网络环境和网络信息资源的依赖程度日渐加深时,网络信息的安全隐患就从各个方面越来越明显地表现出来,大量在网络中存储和传输的数据需要保护,因为这些数据本身对于数据拥有者来说可能是敏感数据(如个人的医疗记录、信用卡账号、登录网络的口令,或者企业的战略报告、销售预测、技术产品的细节、研究成果、人员的档案等);另一方面,这些数据在存储和传输过程中都有可能被盗用、暴露、篡改和伪造。除此之外,基于网络的信息交换还面临着身份认证和防否认等安全需求。这些问题被公认是21世纪公众信息系统发展的关键。

目前,作为数据通信和资源共享的重要平台,Internet是一个开放系统,其具有资源丰富、高度分布、广泛开放、动态演化、边界模糊等特点,安全防御能力非常脆弱,而攻击却易于实施,且难留痕迹。随着网络技术及其应用的飞速发展,黑客袭击事件不断发生并在逐年递增,网络安全引起了世界各国的普遍关注。目前,我国信息化建设已进入高速发展阶段,电子政务、电子商务、网络金融、网络媒体等正在兴起,这些与国民经济、社会稳定息息相关的领域急需信息安全保障。

(二)网络信息安全问题的根源

产生网络信息安全问题的根源可以从网络自身的安全缺陷、网络的开放性和人的因素3个方面分析。

1．网络自身的安全缺陷

网络自身的安全缺陷主要是指协议不安全和业务不安全。

导致协议不安全的主要原因：一方面是 Internet 从建立开始就缺乏安全的总体构想和设计。因为 Internet 起源的初衷是方便学术交流和信息沟通，并非商业目的，Internet 所使用的 TCP/IP 协议的 IP 层没有安全认证和保密机制（只基于 IP 地址进行数据包的寻址，无认证和保密）；在传输层，TCP 连接能被欺骗、截取、操纵，UDP 易受 IP 源路由和拒绝服务的攻击。另一方面，协议本身可能会泄露口令、连接可能成为被盗用的目标、服务器本身需要读写特权、密码保密措施不强等。

业务的不安全主要表现为：业务内部可能隐藏着一些错误的信息；有些业务本身尚未完善，难于区分出错原因；有些业务设置复杂，一般非专业人士很难完善地设置。

2．网络的开放性

网络的开放性主要表现为：业务基于公开的协议；连接是基于主机上的社团彼此信任的原则；远程访问使各种攻击无须到现场就能进行。在计算机网络所创造的特殊的、虚拟的空间中，犯罪往往是十分隐蔽的，有时会留下蛛丝马迹，但更多时候是无迹可寻。

3．人的因素

人是信息活动的主体，是引起网络安全问题最主要的因素，这可以从 3 个方面来理解。

1）人为的无意失误

人为的无意失误主要是指用户安全配置不当造成的安全漏洞，包括用户安全意识不强、用户口令选择不当、用户将自己的账号信息与别人共享、用户在使用软件时未按要求进行正确的设置。

2）黑客攻击

这是人为的恶意攻击，是网络信息安全面临的最大威胁。黑客一词来源于 20 世纪 60 年代的美国麻省理工学院（MIT），大意是指计算机系统非法入侵者。这是一类闯入计算机网络系统盗取信息、故意破坏他人财产，或仅仅为了显示他们能力的人。黑客们对计算机非常着迷，自认为比他人有更高的才能，因此只要他们愿意，就闯入某些信息禁区，开玩笑或恶作剧，有时甚至干违法的事。他们常以此作为一种智力上的挑战，好玩、刺激可能是他们最初的动机，但当有利可图时，很多人往往抵制不住诱惑而走上犯罪道路。信息战也是开展黑客攻击的一个非常重要的缘由。

在英文中，黑客有两个概念：Hacker 和 Cracker。Hacker 是这样一类人，他们对钱财和权利蔑视，而对网络本身非常专注，他们在网上进行探测性的行动，帮助人们找到网络的漏洞，可以说他们是这个领域的绅士。但是 Cracker 不一样，他们要么为了满足自己的私欲，要么受雇于一些商业机构，具有攻击性和破坏性，从简单修改网页到窃取机密数据，甚至破坏整个网络系统，其危害性较大。Cracker 已成为网络安全主要的防范对象。

3）管理不善

安全需求通常不能单靠数学算法和协议来满足，还需要某些制度程序和遵守法律才能达到期望的效果，例如，信件的隐私是通过一个被认可的邮件服务发送的信封来提供的，信封的物理安全是有限的，因此，还需要制定法律以规定未经授权打开信封的行为是违法的。对黑客攻击准备不足，75%～85%的网站都挡不住黑客的攻击。美色和财物通常成为间谍猎取机密性信息的制胜法宝。总之，管理的缺陷也可能给系统内部人员泄露机密，为一些不法分子的利用制造可乘之机。

（三）网络信息安全问题的重要性与紧迫性

随着全球信息基础设施和各个国家信息基础的逐渐形成，计算机网络已经成为信息化社会发展的重要保证，网络深入到国家政府、军事、文教、经济等领域，许多重要的政府宏观调控决策、商业经济信息、银行资金转账、股票证券、能源资源数据、科研数据等重要信息都通过网络存储、传输和处理，所以难免会吸引各种主动或被动的人为攻击，如信息泄露、信息窃取、数据篡改、计算机病毒等。同时，通信实体还面临着诸如水灾、火灾、地震、电磁辐射等方面的考验。

就网络信息安全的意义，从大的方面说，网络信息安全关系到国家主权的安全、社会的稳定、民族文化的继承和发扬等；从小的方面说，网络信息安全关系到公私财物和个人隐私的安全。因此，必须设计一套完善的安全策略，采用不同的防范措施，并制定相应的安全管理规章制度来加以保护。

近年来，计算机犯罪案件数量急剧上升，计算机犯罪已经成为普遍的国际性问题。根据CERT/CC的统计，网络受攻击的事件逐年增加，并且近年来增加的幅度越来越大。据美国联邦调查局的报告，计算机犯罪是商业犯罪中较大的犯罪类型之一，每笔的平均金额为45000美元，每年计算机犯罪造成的经济损失高达500亿美元。任何一个计算机犯罪案件的发生都具有无边界性、瞬时性、突发性、动态性、隐蔽性的特点。通过一台计算机，犯罪行为可在很短的时间内完成，且往往很难获取犯罪者留下的证据，这大大刺激了计算机高技术犯罪案件的发生。计算机犯罪率的迅速增加，使各国的计算机系统面临着很大的威胁，并成为严重的社会问题之一，人们已经清醒地认识到计算机系统的脆弱性和不安全性。

二、网络信息安全面临的威胁

威胁是一种对组织及其资产构成潜在破坏的可能性因素，是客观存在的。可能性因素来自多个方面，有不可抗的自然因素，有人为的偶然因素，更有经济或其他利益驱动的必然因素。根据威胁的来源和威胁的强度，将网络信息安全面临的威胁分为自然威胁、系统漏洞、人为因素威胁、黑客入侵和敌对的威胁。

（一）自然威胁

自然威胁的因素包括自然界不可抗的因素和其他物理因素。自然威胁有地震、火灾、电磁干扰；各种故障，如硬件设备故障或缺陷、软件故障或缺陷、操作人员的误操作；元器件受使用寿命限制而自然产生的功能丧失等。对这类威胁的防治主要是根据威胁的来源，增加系统的可靠性，进行数据备份。

（二）系统漏洞

系统漏洞是在硬件、软件、协议的具体实现或系统安全策略上存在的缺陷，从而可以使攻击者能够在未授权的情况下访问或破坏系统。系统漏洞可以包括网络设备漏洞、操作系统漏洞、代码漏洞等。

（三）人为因素威胁

人为因素造成的威胁，主要指偶发性威胁、蓄意入侵、计算机病毒等。人为因素的威胁又可以分为以下两类。

1. 人为无意失误

操作员安全配置不当造成的安全漏洞、用户安全意识不强、用户口令选择不慎、用户自己的账号随意转借他人或与别人共享等都会对信息安全带来威胁。信息安全管理工作存在的主要问题是用户安全意识薄弱，对信息安全重视不够，安全措施不落实，导致安全事件的发生。多项数据表明，"未修补软件安全漏洞"和"登录密码过于简单或未修改"是常见的安全事件，这都表明了用户缺乏相关的安全防范意识和基本的安全防范常识。限制个人对网络和信息的权限、防止权力的滥用、采取适当的监督措施有助于部分解决人为无意失误。

2. 人为攻击

对信息的人为攻击手段一般都是通过寻找系统的弱点，以便达到破坏、欺骗、窃取数据等目的，造成经济上和政治上不可估量的损失。人为攻击可分为被动攻击和主动攻击，如图1-1-1所示。

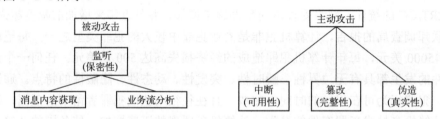

图1-1-1 攻击类型分类

1）被动攻击

被动攻击即窃听，是对系统的保密性进行攻击，如搭线窃听、对文件或程序的非法复制等，以获取他人的信息。被动攻击又分为两类：一类是获取消息的内容，很容易理解；另一类是进行业务流分析，假如通过某种手段，比如加密，使得敌手无法从截获的消息得到消息的真实内容，然而敌手却有可能获得消息的格式、确定双方的位置和身份以及通信的次数和消息的长度，这些信息对通信双方来说可能是敏感的，例如公司间的合作关系可能是保密的，电子函件用户可能不想让他人知道自己正在和谁通信，电子现金的支付者可能不想让别人知道自己正在消费，Web浏览器用户也可能不愿意让人知道自己正在浏览哪一站点。

被动攻击因不对消息做任何修改，因而是难以检测的，所以抗击这种攻击的重点在于预防而非检测。

2）主动攻击

主动攻击包括对数据流的篡改或产生某些假的数据流。主动攻击又可分为以下3类。

（1）中断：是对系统的可用性进行攻击。如破坏计算机硬件、网络或文件管理系统。

（2）篡改：是对系统的完整性进行攻击。如修改数据文件中的数据、替换某一程序使其执行不同的功能、修改网络中传送内容等。

（3）伪造：是对系统的真实性进行攻击。如在网络中插入伪造或在文件中插入伪造的记录。

绝对防止主动攻击是十分困难的，因为需要随时随地对通信设备和通信线路进行物理保护，因此抗击主动攻击的主要途径是检测，以及对此攻击造成的破坏进行恢复。

（四）黑客入侵

信息安全的人为威胁主要来自用户（恶意的或无恶意的）和恶意软件的非法侵入。入侵信息系统的用户也称为黑客，黑客可能是某个无恶意的人，其目的仅仅是破译进入一个计算机系统；或者是某个心怀不满的雇员，其目的是对计算机系统实施破坏；也可能是一个犯罪分子，其目的是非法窃取系统资源（如窃取信用卡号或非法资金传送），对数据进行未授权的修改或破坏计算机系统。

恶意软件指病毒、蠕虫等恶意程序，可分为两类，如图 1-1-2 所示，一类需要主程序，另一类不需要。前者是某个程序中的一段，不能独立于实际的应用程序或系统程序；后者是能被操作系统调度和运用的独立程序。

对恶意软件也可根据其能否自我复制来进行分类。不能复制的一般是程序段，这种程序段在主程序被调用执行时就可激活。能够自我复制的可以是程序段（病毒）或者是独立的程序（蠕虫、细菌等），当这种程序段或独立的程序被执行时，可能复制一个或多个自己的副本，以后这些副本可在这一系统或其他系统中被激活。以上仅是大致分类，因为逻辑炸弹或特洛伊木马可能是病毒或蠕虫的一部分。

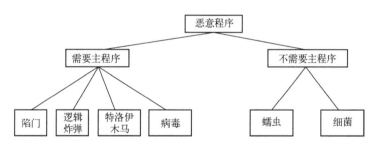

图 1-1-2　恶意程序分类

（五）敌对的威胁

敌对的威胁是强度最大的一种网络信息安全威胁，即国家间的电子信息对抗或者说"网络信息战"。当国家间的利益冲突不可调和的时候就会发生战争，作为高技术代表的信息技术必然在战场上出现。海湾战争中美国对伊拉克计算机网络的攻击已经让人们初步领略了网络信息战争的真面目，这是没有硝烟和炮火的战争，其发生更突然、更难抵御，危害和破坏性也更大。进行网络信息战争必须具备强大的技术和资金支持，取得网络信息战优势的一方将在整个战争态势中占据有利地位。2007 年黑客对爱沙尼亚政府部分网站和关键基础设施的拒绝服务攻击使整个国家陷入瘫痪。

为此，许多国家在进行相关课题或战略的研究。自 2000 年 3 月开始，美国国防部已从重点研究网络安全防御转向了加强网络信息战的进攻能力。2009 年 6 月，美国国防部成立网络司令部,并于 2010 年 10 月正式运行。2011 年 5 月,白宫发布了《网络空间国际战略》,网络空间安全列为国家安全战略的重要组成部分。奥巴马政府相继颁布《网络空间安全战略》等一系列战略文件,将网络安全战略作为核、太空、网络"三位一体"国家战略的重要基石。我国对网络空间安全也越来越重视,2011 年 2 月中国人民解放军建立了"网络蓝军",以提高部队的网络安全防护水平。2014 年 2 月,中央网络安全和信息化领导小组成立,该领导小组的成立显示出国家在保障网络安全、维护国家利益、推动信息化发展的决心。

三、网络信息安全的机制和安全服务

任何危及网络系统信息安全的活动都属于安全攻击。网络信息安全的基本目标就是保护网络系统的硬件、软件及其系统数据,使其不被未经授权地访问(机密性),不因偶然的或者恶意的原因而遭到破坏、更改(完整性),保证系统连续、正常运行,网络服务不中断(可用性)。因此,网络信息安全的任务包括:保障各种网络资源稳定、可靠地运行;保障各种网络资源受控、合法地使用。为了保证网络中的信息安全和网络信息安全任务的实现,人们通常基于某些安全机制,向用户提供一定的安全服务,且安全服务的实现要依赖于一定的安全技术(如密码学和隐写术)。

(一)安全机制

安全机制,是指用来保护系统免受侦听,阻止安全攻击及恢复系统的机制。ITU-T 推荐的开放系统互联(OSI)安全框架——X.800 方案,对安全机制进行了详细定义,可分为以下两类。

1. 特定的安全机制

它在特定的协议层实现,以提供一些 OSI 安全服务,具体内容如下。

(1)加密。加密是运用一定的数学算法将数据转换成不可直接识读的形式,提供机密性。数据的转换和恢复依赖于算法和密钥。

(2)数字签名。数字签名是基于被签名数据内容的一种密码变换,它能使发送方以电子的方式签名数据,使接收方以电子的方式证实数据来源的真实性,防止伪造和否认。数字签名的实现依赖于公钥密码体制中公钥和私钥的合理使用。

(3)访问控制。访问控制是对系统资源进行访问控制的各种机制。访问控制机制运用多种方法来证实用户对系统的数据或资源拥有访问权限。最典型的访问控制机制就是"身份+口令"模式。

(4)数据完整性。数据完整性机制是用于保证数据或数据流不被非授权篡改、伪造等引起完整性破坏的各种机制。数据完整性机制通常要求基于特定的过程生成数据的校验值并将其附在原始数据之后,接收方收到该数据及其校验值后,可以按发送方相同的方法生成该数据的校验值,并与收到的校验值比较,如果二者一致,则数据的完整性得到保证。

(5)认证交换。认证交换是通过信息交换来确认实体身份的各种机制,即通信双方交换一些信息以相互证实自己的身份。

(6)流量填充。流量填充是指为了阻止流量分析而在数据流中插入若干数据的操作。

(7) 路由控制。路由控制能够为某些特殊数据选择物理上的安全路线。路由控制意味着在发送方和接收方之间选择并不断地变换不同的可用路由以阻止攻击者窃听某个特定的路由。

(8) 公证。利用可信的第三方来保证数据交换的某些性质，如真实性、完整性、不可否认性等。如为了防止源方否认，接收方能够引入一个可信的第三方存储发送方的请求以阻止发送方事后否认他曾发出如此请求。

2. 通用的安全机制

通用的安全机制不属于任何 OSI 协议层或安全服务，包括以下几个方面。

(1) 可信功能：根据安全策略所建立的标准被认定是可信的。

(2) 安全标签：资源的标志，用于指明该资源的安全属性。

(3) 事件检测：检测与安全相关的事件。

(4) 安全审计跟踪：对系统记录和行为的独立回顾和检查。

(5) 安全恢复：根据安全机制的要求，对受到攻击后的系统采取恢复行为。

(二) 安全服务

安全服务就是加强数据处理系统和信息传输安全性的一类服务，其目的在于利用一种或多种安全机制阻止安全攻击。对网络信息系统而言，通常需要以下几个方面的安全服务。

1. 机密性（confidentiality）

机密性是信息不泄露给非授权用户、实体或过程，或供其利用的特性，是信息安全最基本的需求，它确保存储在一个系统中信息（静态信息）或正在系统之间传输的信息（动态信息）仅能被授权的各方得到或访问。对个人来说需要保护自己的隐私信息，对组织来说需要避免恶意行为危害自己信息的机密性。军事行动对第三方信息的公开将是致命的，对工业间谍隐藏机密消息至关重要，银行系统中客户的账户信息必须保密。机密性可保护数据免受被动攻击。

对于消息内容的析出，机密性能够确定不同层次的保护，如广义保护可以防止一段时间内两个用户之间传输的所有用户数据被泄露，狭义保护可以保护单一消息中某个特定字段的内容。

对于通信量分析，机密性要求一个攻击不能在通信设施上观察到通信量的源端和目的端、通信频度、通信量长度或其他特征。

2. 完整性（integrity）

完整性是数据未经授权不能进行改变的特性，即信息在存储或传输过程中不被插入或删除的特性，它保证接收到的数据的确是授权实体所发出的数据。

完整性服务旨在防止以某种违反安全策略的方式改变数据的价值和存在的威胁。改变数据的价值是指对数据进行修改和重新排序；而改变数据的存在则意味着新增、删除或替代它。与机密性一样，完整性能够应用于一个消息流、单个消息或一个消息中的所选字段。

面向连接的完整性服务用于处理消息流的篡改和拒绝服务，它能确保接收到的消息如同发送的消息一样，没有冗余、插入、篡改、重排序或延迟，也包括数据的销毁。

无连接完整性服务用于处理单个无连接消息，通常只保护消息免受篡改。

违反完整性不一定是恶意行为的结果，系统的中断（如电力方面的浪涌）也可能造成某些信息意想不到的改变。对完整性的破坏通常只关注检测而不关注防护，一旦检测到完整性被破坏就报告并采取适当的恢复措施。

3. 鉴别性（authentication）

鉴别也称认证，用于确保一个消息的来源或消息本身被正确地标识，同时确保该标识没有被伪造。鉴别服务关注确保一个通信是真实可信的，分为数据源认证和实体认证。

对于单个消息而言，鉴别服务要求能在连接发起时确保这两个实体是可信的，即每个实体的确是它们宣称的那个实体。另外，鉴别服务还必须确保该连接不被干扰，使得第三方不能假冒这两个合法方中的任何一方来达到未授权传输或接收的目的。实体认证主要用于面向连接的通信。

4. 非否认性（non-repudiation）

非否认性也称不可抵赖性。非否认是防止发送方或接收方抵赖所传输的消息，要求无论发送方还是接收方都不能抵赖所进行的传输。因此，当发送一个消息时，接收方能够提供源方证据以证实该消息的确是由所宣称的发送方发来的（源非否认性）。当接收方收到一个消息时，发送方能够提供投递证据以证实该消息的确送到了指定的接收方（宿非否认性）。

5. 访问控制（assess control）

在网络环境中，访问控制是限制或控制经通信链路对主机系统和应用程序等系统资源进行访问的能力。防止对任何资源（如计算资源、通信资源或信息资源）进行未授权的访问，即未经授权地读、写、使用、泄露、修改、销毁，以及颁发指令等。访问控制直接支持机密性、完整性，以及合法使用安全目标。对信息源的访问可以由目标系统控制，控制的实现方式是论证。

访问控制是实施授权的一种方法。通常有两种方法用来阻止非授权用户访问目标：①访问请求过滤。当一个发起者试图访问一个目标时，需要检查发起者是否被准予访问目标（由控制策略决定）。②隔离。从物理上防止非授权用户有机会接触到该敏感目标。

访问控制策略的具体类型有以下几点。

（1）基于身份的策略：即根据用户或用户组对目标的访问权限进行控制的一种策略。形成"目标-用户-权限"或"目标-用户组-权限"的访问控制形式。

（2）基于规则的策略：是将目标按照某种规则（如重要程度）分为多个密级层次，如绝密、秘密、机密、限制和无密级，通过分配给每个目标一个密级来操作。

（3）基于角色的策略：基于角色的策略可以认为是基于身份和基于规则的策略的结合。

6. 可用性（availability）

如果信息不可用就没有价值。可用性是可被授权实体访问并按需求使用的特性，也就是说，要求网络信息系统的有用资源在需要时可为授权各方使用，保证合法用户对信息和资源的使用不会被不正当拒绝。例如，网络环境下拒绝服务、破坏网络和有关系统的正常运行等都是对可用性的攻击。网络服务的目标之一就是防止各种攻击对系统可用性的损害。

（三）安全服务与安全机制的关系

不仅一种安全机制或多种安全机制的组合可以提供某种安全服务，一个安全机制也可能用于一个或多个不同的安全服务之中。安全服务与安全机制之间的关系如表 1-1-1 所列。

表 1-1-1　安全服务与安全机制之间的关系

安全服务	安全机制
机密性	加密和路由控制
完整性	加密、数字签名和数据完整性
鉴别性	加密、数字签名和认证交换
非否认性	数字签名、数据完整性和公证
访问控制	访问控制
可用性	访问控制和路由控制

四、密码学在网络信息安全中的作用

在现实世界中，安全是一个相当简单的概念。例如，房子门窗上要安装足够坚固的锁以阻止窃贼的闯入；安装报警器是阻止入侵者破门而入的进一步措施；当有人想从他人的银行账户上骗取钱款时，出纳员要求其出示相关身份证明也是为了保证存款安全；签署商业合同时，需要双方在合同上签名以产生法律效力也是保证合同的实施安全。

在数字世界中，安全以类似的方式工作着。机密性就像大门上的锁，它可以阻止非法者闯入用户的文件夹读取用户的敏感数据或盗取钱财（如信用卡号或网上证券账户信息）。数据完整性提供了一种当某些内容被修改时可以使用户得知的机制，相当于报警器。通过认证，可以验证实体的身份，就像从银行取钱时需要用户提供合法的身份（ID）一样。基于密码体制的数字签名具有防否认功能，同样有法律效力，可使人们遵守数字领域的承诺。

以上思想是密码技术在保护信息安全方面所起作用的具体体现。密码是一门古老的技术，但自密码技术诞生直至第二次世界大战结束，对于公众而言，密码技术始终处于一种未知的保密状态，常与军事、机要、间谍等工作联系在一起，让人在感到神秘之余，又有几分畏惧。信息技术的迅速发展改变了这一切。随着计算机和通信技术的迅猛发展，大量的敏感信息常通过公共通信设施或计算机网络进行交换，特别是 Internet 的广泛应用、电子商务和电子政务的迅速发展，越来越多的个人信息需要严格保密，如银行账号、个人隐私等。正是这种对信息的机密性和真实性的需求，密码学才逐渐揭去了神秘的面纱，走进公众的日常生活中。

密码技术是实现网络信息安全的核心技术，是保护数据最重要的工具之一。通过加密变换，将可读的文件变换成不可理解的乱码，从而起到保护信息和数据的作用。它直接支持机密性、完整性和非否认性。当前信息安全的主流技术和理论都是基于以算法复杂性理论为特征的现代密码学。从 Diffie 和 Hellman 发起密码学革命起，该领域最近几十年的发展表明，信息安全技术的一个创新生长点是信息安全的编译码理论和方法的深入研究，这方面具有代表性的工作有数据加密标准 DES、高级加密标准 AES、RSA 算法、椭圆曲线密码算法 ECC、IDEA 算法、PGP 系统等。

今天，在计算机被广泛应用的信息时代，由于计算机网络技术的迅速发展，大量信息以数字形式存放在计算机系统里，信息的传输则通过公共信道。这些计算机系统和公共信道在不设防的情况下是很脆弱的，容易受到攻击和破坏，信息的失窃不容易被发现，而后果可能是极其严重的。如何保护信息的安全已成为许多人感兴趣的迫切话题，作为网络安全基础理论之一的密码学引起人们的极大关注，吸引着越来越多的科技人员投入密码学领域的研究之中。

密码学尽管在网络信息安全中具有举足轻重的作用，但密码学绝不是确保网络信息安全的唯一工具，它也不能解决所有的安全问题。同时，密码编码与密码分析是一对矛盾和盾的关系，俗话说："道高一尺，魔高一丈"，它们在发展中始终处于一种动态的平衡。在网络信息安全领域，除了技术之外，管理也是非常重要的一个方面。如果密码技术使用不当，或者攻击者绕过了密码技术的使用，就不可能提供真正的安全性。

五、密码技术新特点

20 世纪 90 年代以来，由于计算机网络技术的飞速发展，加快了全球信息化的进程，在信息化进程中信息的安全问题越来越突出。信息安全的研究有力地促进了密码理论研究和密码技术应用的发展，使得早期主要应用于军事、外交等领域的密码技术开始走向社会，深入人们日常生活的各个领域。正如德国学者 T. Beth 所说："突然，现代密码学从半军事性的角落里解脱出来，一跃成为通信领域的中心研究课题"，研究具有许多新的特点。

首先，密码及其应用技术的研究由原来只有政府或军事专门研究机构涉足的领域，迅速发展为大专院校、科研院所、企事业单位等广泛参与的领域，这种形势有力地促进了密码理论和技术的发展。

其次，密码理论和技术实现了由传统密码到现代密码的重大变革，密码体制与功能由单一化阶段经多元化阶段走向集成化阶段。现代密码是通信、计算机和密码的有机结合，它融合了对称密码与非对称密码等多种密码技术，实现了信息保密与信息认证的完整结合，从而使密码技术在解决网络信息安全中发挥着重要的不可替代的作用。

最后，随着计算机、通信和信息技术的发展，密码应用领域发生了新的变化，主要表现在密码应用范围日益扩大，社会对密码产品的需求更加迫切，密码研究领域不断拓宽，使得密码技术的应用由原来仅用于国家安全的政治、军事、外交等领域扩展到经济、社会的各个方面和各个角落。

总而言之，无论是密码理论的研究领域或研究范围，密码技术的应用水平与应用范围都在发生着巨大的、前所未有的变化。然而，由于这种技术的特殊性和敏感性，世界各国出于对本国安全利益的考虑，其最新的研究成果往往不能够公开，至少不能完全公开。有人把密码学的研究形容为"墙边的花朵"，它在开花，但又不容易盛开。所以，公开发表的有关文献和资料总是不能反映密码技术研究的最新成果和真正水平。

第二节 密码学的发展历程

一、古典密码时期

古典密码时期是从古代到 1949 年,长达几千年。这一时期可看作科学密码学的前夜时期,这段时期的密码技术可以说是一种艺术,而不是一种科学,其主要是依靠手工和电动机械实现的代替和换位密码。一般分为手工阶段和机械阶段。

(一)手工阶段

源于应用的无穷需求总是推动技术发明和进步的直接动力。存于石刻或史书中的记载表明,许多古代文明,包括埃及人、希伯来人、亚述人都在实践中逐步发明了密码系统。从某种意义上说,战争是科学技术进步的催化剂。人类自从有了战争,就面临着通信安全的需求,密码技术源远流长。

古代加密方法大约起源于公元前 440 年出现在古希腊战争中的隐写术。当时为了安全传送军事情报,奴隶主剃光奴隶的头发,将情报写在奴隶的光头上,待头发长长后将奴隶送到另一个部落,再次剃光头发,原有的信息复现出来,从而实现这两个部落之间的秘密通信。

密码学用于通信的另一个记录是斯巴达人于公元前 400 年应用 Scytale 加密工具在军官间传递秘密信息。如图 1-2-1 所示,Scytale 实际上是一个锥形指挥棒,周围环绕一张羊皮纸,将要保密的信息写在羊皮纸上。解下羊皮纸,上面的消息杂乱无章、无法理解,但将它绕在另一个同等尺寸的棒子上后,就能看到原始的消息。

图 1-2-1　Scytale 加密工具

我国古代早有以藏头诗、藏尾诗、漏格诗及绘画等形式,也有将要表达的真正意思或"密语"隐藏在诗文或画卷中特定位置的记载,一般人只注意诗或画的表面意境,而不会去注意或很难发现隐藏其中的"话外之音"。

由上可见,自从有了文字以来,人们为了某种需要总是想方设法隐藏某些信息,以起到保证信息安全的目的。这些古代加密方法体现了后来发展起来的密码学的若干要素,但只能限制在一定范围内使用。

(二)机械阶段

古典密码的加密方法一般是文字置换,使用手工或机械变换的方式实现。古典密码系统已经初步体现出近代密码系统的雏形,它比古代加密方法复杂,其变化较小。古典密码的代表密码体制主要有：单表代替密码、多表代替密码及转轮密码。Caesar 密码就是一种典型的单表加密体制；多表代替密码有 Vigenere 密码、Hill 密码；著名的 Enigma 密码就是第二次世界大战中使用的转轮密码。

阿拉伯人最先清晰地理解密码学原理，他们设计并且使用代替和换位加密，并且发现了密码分析中的字母频率分布关系。大约在 1412 年，al-Kalka-shandi 在他的大百科全书中论述了一种著名的基本处理办法，这种处理方法后来广泛应用于多个密码系统中。他清楚地给出了一个如何应用字母频率分析密文的操作方法及相应的实例。

欧洲的密码学起源于中世纪的罗马和意大利。大约在 1379 年，欧洲第一本关于密码学的手册由 Gabriela de Lavinde 编写，由几个加密算法组成，并且为罗马教皇 Clement 七世服务。这个手册包括一套用于通信的密钥，并且用符号取代字母和空格，形成了第一个简要的编码字符表（称为 Nomenclators）。该编码字符表后来被逐渐扩展，并且流行了几个世纪，成为当时欧洲政府外交通信的主流方法。

到了 1860 年，密码系统在外交通信中已得到普遍使用，并且已成为类似应用中的宠儿。当时，密码系统主要用于军事通信，如在美国国内战争期间，联邦军广泛地使用了代替加密，主要使用的是 Vigenere 密码，并且偶尔使用单字母代替。然而联合军密码分析人员破译了截获的大部分联邦军密码。

在第一次世界大战期间，敌对双方都使用加密系统（Cipher System），主要用于战术通信，一些复杂的加密系统被用于高级通信中，直到战争结束。而密码本系统（Code System）主要用于高级命令和外交通信中。

到了 20 世纪 20 年代，随着机械和机电技术的成熟，以及电报和无线电需求的出现，引起了密码设备方面的一场革命——发明了转轮密码机（简称转轮机，Rotor），转轮机的出现是密码学发展的重要标志之一。美国人 Edward Hebern 认识到：通过硬件卷绕实现从转轮机的一边到另一边的单字母代替，然后将多个这样的转轮机连接起来，就可以实现几乎任何复杂度的多个字母代替。转轮机由一个键盘和一系列转轮组成，每个转轮是 26 个字母的任意组合。转轮被齿轮连接起来，当一个转轮转动时，可以将一个字母转换成另一个字母。照此传递下去，当最后一个转轮处理完毕时，就可以得到加密后的字母。为了使转轮密码更安全，人们还把几种转轮和移动齿轮结合起来，所有转轮以不同的速度转动，并且通过调整转轮上字母的位置和速度为破译设置更大的障碍。

几千年来，对密码算法的研究和实现主要是通过手工计算来完成的。随着转轮机的出现，传统密码学有了很大的进展，利用机械转轮可以开发出极其复杂的加密系统。1921 年以后的十几年里，Hebern 构造了一系列稳步改进的转轮机，并投入美国海军的试用评估，并申请了第一个转轮机的专利，这种装置在随后的近 50 年里被指定为美军的主要密码设备。毫无疑问，这个工作奠定了第二次世界大战中美国在密码学方面的重要地位。

在美国 Hebern 发明转轮密码机的同时，欧洲的工程师们，如荷兰的 Hugo Koch、德国的 Arthur Scherbius 都独立地提出了转轮机的概念。Arthur Scherbius 于 1919 年设计出了历史上最著名的密码机——德国的 Enigma 机，在第二次世界大战期间，Enigma 曾作为德国陆、海、空三军最高级密码机。Enigma 机（图 1-2-2）面板前有灯泡和插接板，它使用了 3 个正规轮和 1 个反射轮。这使得英军从 1942 年 2 月到 12 月都没能解读出德国潜艇发出的信号。4 轮 Enigma 机在 1944 年装备德国海军。

图 1-2-2　Enigma 密码机

　　这些机器也刺激了英国在第二次世界大战期间发明并使用 TYPEX 密码机，英国的 TYPEX 密码机是德国 3 轮 Enigma 的改进型密码机，它增加了两个轮使得破译更加困难，在英军通信中使用广泛，并帮助英军破译了德军信号。

　　Hagelin（哈格林）密码机是在第二次世界大战期间得到广泛使用的另一类转轮密码机。它由瑞典的 Boris Caesar Wilhelm Hagelin 发明。第二次世界大战中，Hagelin C-36 型密码机（图 1-2-3）曾在法国军队中广泛使用，它由 Aktiebolaget Cryptoeknid Stockholm 于 1936 年制造，密钥周期长度为 3900255。对于纯机械的密码机来说，这已是非常不简单了。Hagelin C-48 型（M-209，如图 1-2-4 所示）是哈格林对 C-36 改进后的产品，由 Smith-Corna 公司负责为美国陆军生产，曾装备美军师到营级部队，在朝鲜战争期间还在使用。M-209 增加了一个有 26 个齿的密钥轮，共由 6 个共轴转轮组成，每个转轮外边缘分别有 17, 19, 21, 23, 25, 26 个齿，它们两两互素，从而使它的密码周期达到了 $26 \times 25 \times 23 \times 21 \times 19 \times 17 = 101405850$。

图 1-2-3　Hagelin C-36 型密码机

图 1-2-4　Hagelin C-48 型密码机（M-209）

日本在第二次世界大战期间所使用的密码机与 Hebern 和 Enigma 密码机间有一段有趣的历史渊源。在第一次世界大战期间及之后，美国政府组织了第一个正式的密码分析活动，一位曾指导该活动的美国密码学家出版了 *The American Black Chamber* 一书。该书列举了美国人成功破译日军密码的细节：日本政府致力于开发尽可能最好的密码机，为了达到这个目的，它购买了 Hebern 的转轮机和商业的 Enigma 机，包括其他几个当时流行的密码机来研究。在 1930 年，日本的第一个转轮密码机（美国分析家把它称为 RED）开始投入使用。然而，因为具有分析 Hebern 转轮密码机的经验，美国的密码分析家们成功地分析出了 RED 所加密的内容。在 1939 年，日本引入了一个新的加密机（美国分析家将其称为 PURPLE），其中的转轮机用电话步进交换机所取代。

转轮密码机的使用大大提高了密码加密速度，但由于密钥量有限，到第二次世界大战中后期时，引出了一场关于加密与破译的对抗。第二次世界大战期间，波兰人和英国人破译了 Enigma 密码，美国密码分析者攻破了日本的 RED、ORANGE 和 PURPLE 密码，这对联军在二次世界大战中获胜起到了关键性作用，是密码分析最伟大的成功。

第二次世界大战后，电子学开始被引入到密码机中。第一个电子密码机仅仅是一个转轮机，只是转轮被电子器件取代。这些电子转轮机的唯一优势在于它们的操作速度，但它们仍受到机械式转轮密码机固有弱点（密码周期有限、制造费用高等）的影响。

二、近代密码时期

近代密码时期是从 1949 年到 1976 年。1949 年，香农（Claude Shannon）奠基性论文《保密系统的通信理论》的发表，奠定了密码学的理论基础，是密码学发展的一个里程碑。1967 年，戴维·卡恩收集整理了第一次世界大战和第二次世界大战的大量史料，创作出版了《破译者》，为密码技术的公开化、大众化拉开了序幕。此后，密码学的文献大量涌现。

三、现代密码时期

现代密码时期是从 1976 年至今。这是受计算机科学蓬勃发展刺激和推动的结果。快速电子计算机和现代数学方法一方面为加密技术提供了新的概念和工具，另一方面也给破译者提供了有力武器。计算机和电子学时代的到来给密码设计者带来了前所未有的自由，他们可以轻易地摆脱原先用铅笔和纸进行手工设计时易犯的错误，也不用再面对用电子机械方式实现的密码机的高额费用。总之，利用电子计算机可以设计出更为复杂的密码系统。

1976年，W. Diffie和M. Hellman发表了"密码学的新方向"*New Directions in Cryptography*一文，提出了适应网络上保密通信的公钥密码思想，开辟了公开密钥密码学的新领域，掀开了公钥密码研究的序幕。受他们的思想启迪，各种公钥密码体制被提出，特别是1978年RSA公钥密码体制的出现，成为公钥密码的杰出代表，并成为事实标准，在密码学史上是一个里程碑，可以说，没有公钥密码的研究就没有现代密码学。同年，美国国家标准局（NBS，即现在的国家标准与技术研究所NIST）正式公布实施了美国的数据加密标准（Data Encryption Standard，DES），公开它的加密算法，并被批准用于政府等非机密单位及商业上的保密通信。上述重要的论文和美国数据加密标准DES的实施，标志着密码学的理论与技术的划时代的革命性变革，宣布了现代密码学的开始。

现代密码学与计算机技术、电子通信技术紧密相关。在这一阶段，密码理论蓬勃发展，密码算法设计与分析互相促进，出现了大量的密码算法和各种攻击方法。另外，密码使用的范围也在不断扩张，而且出现了许多通用的加密标准，促进网络和技术的发展。

现在，由于现实生活的实际需要及计算机技术的进步，密码技术有了突飞猛进的发展，密码学研究领域出现了许多新的课题、新的方向。例如：在分组密码领域，由于DES已经无法满足高保密性的要求，美国于1997年1月开始征集新一代数据加密标准，即高级数据加密标准（Advanced Encryption Standard，AES）。AES最终选择了比利时密码学家所设计的Rijndael算法作为标准。AES征集活动使国际密码学界又掀起了一次分组密码研究高潮。同时，在公开密钥密码领域，椭圆曲线密码体制由于其安全性高、计算速度快等优点引起了人们的普遍关注，许多公司与科研机构都投入对椭圆曲线密码的研究当中。目前，椭圆曲线密码已经被列入一些标准中作为推荐算法。另外，由于嵌入式系统的发展、智能卡的应用，这些设备上所使用的密码算法由于系统本身资源的限制，要求密码算法以较小的资源快速实现，这样，公开密钥密码的快速实现成为一个新的研究热点。最后，随着其他技术的发展，一些具有潜在密码应用价值的技术也逐渐得到了密码学家极大的重视，出现了一些新的密码技术，例如，混沌密码、量子密码等，这些新的密码技术正在逐步地走向实用化。

第三节　密码学基本概念

一、密码学相关概念

密码学（cryptology）作为数学的一个分支，是密码编码学和密码分析学的统称。或许与最早的密码起源于古希腊有关，cryptology这个词来源于希腊语，crypto是隐藏、秘密的意思，logo 是单词的意思，grapho 是书写、写法的意思，cryptography 就是"如何秘密地书写单词"。

使消息保密的技术和科学称为密码编码学（cryptography）。密码编码学是密码体制的设计学，即怎样编码，采用什么样的密码体制以保证信息被安全地加密。从事此行业的人员称为密码编码者（cryptographer）。

与之相对应，密码分析学（cryptanalysis）就是破译密文的科学和技术。密码分析学是在未知密钥的情况下从密文推演出明文或密钥的技术。密码分析者（cryptanalyst）是从事密码分析的专业人员。

在密码学中，有一个五元组：{明文、密文、密钥、加密算法、解密算法}，对应的加密方案称为密码体制（或密码）。

明文：是作为加密输入的原始信息，即消息的原始形式，通常用 m 或 p 表示。所有可能明文的有限集称为明文空间，通常用 M 或 P 来表示。

密文：是明文经加密变换后的结果，即消息被加密处理后的形式，通常用 c 表示。所有可能密文的有限集称为密文空间，通常用 C 来表示。

密钥：是参与密码变换的参数，通常用 k 表示。一切可能的密钥构成的有限集称为密钥空间，通常用 K 表示。

加密算法：是将明文变换为密文的变换函数，相应的变换过程称为加密，即编码的过程（通常用 E 表示，即 $c=E_k(p)$）。

解密算法：是将密文恢复为明文的变换函数，相应的变换过程称为解密，即解码的过程（通常用 D 表示，即 $p=D_k(c)$）。

对于有实用意义的密码体制而言，总是要求它满足：$p=D_k(E_k(p))$，即用加密算法得到的密文总是能用一定的解密算法恢复出原始的明文来。而密文消息的获取同时依赖于初始明文和密钥的值。

二、密码系统

（一）密码系统的定义

密码系统（cryptosystem）是用于加密与解密的系统，就是明文与加密密钥作为加密变换的输入参数，经过一定的加密变换处理以后得到的输出密文，由它们所组成的一个系统。一个完整的密码系统由密码体制（包括密码算法以及所有可能的明文、密文和密钥）、信源、信宿和攻击者构成。

（二）柯克霍夫（Kerckhoffs）原则

密码学领域存在着一个很重要的事实："如果许多聪明人都不能解决的问题，那么它可能不会很快得到解决。"这说明很多加密算法的安全性并没有在理论上得到严格的证明，只是这种算法思想出来以后，经过许多人多年的攻击并没有发现其弱点，没有找到攻击它的有效方法，从而认为它是安全的。

在设计和使用密码系统时，有一个著名的"柯克霍夫原则"需要遵循，它是荷兰密码学家 Kerckhoffs 于 1883 年在其名著《军事密码学》中提出的密码学的基本假设：密码系统中的算法即使为密码分析者所知，也对推导出明文或密钥没有帮助。也就是说，密码系统的安全性不应取决于不易被改变的事物（算法），而应只取决于可随时改变的密钥。

如果密码系统的强度依赖于攻击者不知道算法的内部机理，那么注定会失败。如果相信保持算法的内部秘密比让研究团体公开分析它更能改进密码系统的安全性，那就错了。如果认为别人不能反汇编代码和逆向设计算法，那就太天真了。最好的算法是那些已经公开的，并经过世界上最好的密码分析家们多年的攻击，却还是不能破译的算法（美国国家安全局曾对外保持他们的算法的秘密，但他们有世界上最好的密码分析家在内部工作。另外，他们互相讨论彼此的算法，通过反复的审查发现他们工作中的弱点）。

认为密码分析者不知道密码系统的算法是一种很危险的假定，因为：①密码算法在多次使用过程中难免被敌方侦察获悉；②在某个场合可能使用某类密码更合适，再加上某些设计者可能对某种密码系统有偏好等因素，敌方往往可以"猜出"所用的密码算法；③通常只要经过一些统计试验和其他测试就不难分辨出不同的密码类型。

（三）密码系统的安全条件

如果算法的保密性是基于保持算法的秘密，这种算法称为受限制的（restricted）算法。受限制的算法的特点表现为：①密码分析时因为不知道算法本身，还需要对算法进行恢复；②处于保密状态的算法只为少量的用户知道，产生破译动机的用户也就更少；③不了解算法的人或组织不可用。但这样的算法不可能进行质量控制或标准化，而且要求每个用户和组织必须有他们自己唯一的算法。

现代密码学用密钥解决了这个问题。所有这些算法的安全性都基于密钥的安全性，而不是基于算法的安全性。这就意味着算法可以公开，也可以被分析，即使攻击者知道算法也没有关系。算法公开的优点包括：①它是评估算法安全性的唯一可用的方式；②防止算法设计者在算法中隐藏后门；③可以获得大量的实现，最终可走向低成本和高性能的实现；④有助于软件实现；⑤可以成为国内、国际标准；⑥可以大量生产使用该算法的产品。

所以，在密码学中有一条不成文的规定：密码系统的安全性只寓于密钥，通常假定算法是公开的。这就要求加密算法本身要非常安全。在考查算法的安全性时，可以将破译算法分为不同的级别。

（1）全部破译（total break）：找出密钥。

（2）全部推导（global deduction）：找出替代算法。

（3）实例推导（instance deduction）：找出明文。

（4）信息推导（information deduction）：获得一些有关密钥或明文的信息。

可以用不同的方式来衡量攻击方法的复杂性。

（1）数据复杂性（data complexity）：用作攻击所需要输入的数据量。

（2）处理复杂性（processing complexity）：完成攻击所需要的时间。

（3）存储需求（storage requirement）：进行攻击所需要的数据存储空间大小。

评价密码体制安全性的 3 个途径如下。

（1）计算安全性。计算安全性指攻破密码体制所做的计算上的努力。如果使用最好的算法攻破一个密码体制需要至少 N 次操作（N 是一个特定的非常大的数字），则可以定义这个密码体制是安全的。存在的问题是没有一个已知的实际密码体制在该定义下可以被证明是安全的。通常的处理办法是使用一些特定的攻击类型来研究计算上的安全性，如使用穷举搜索方法。很明显，这种判断方法对于一种攻击类型安全的结论并不适用于其他攻击方法。

（2）可证明安全性。这种方法是将密码体制的安全性归结为某个经过深入研究的数学难题，数学难题被证明求解困难。这种判断方法存在的问题是：它只说明了安全和另一个问题相关，并没有完全证明问题本身的安全性。

（3）无条件安全性。这种判断方法考虑的是对攻击者的计算资源没有限制时的安全性。即使提供了无穷的计算资源，依然无法被攻破，则称这种密码体制是无条件安全的。

无条件安全的算法（除一次一密方案外，密码本身只使用一次）是不存在的。密码系统用户所能做的全部努力就是满足以下准则。

（1）破译该密码的成本超过被加密信息本身的价值；

（2）破译该密码的时间超过该信息有用的生命周期。

如果满足上述两个准则之一，一个加密方案就可认为是实际上安全的。困难在于如何估算破译所需要付出的成本或时间，通常攻击者有两种方法：蛮力攻击（brute force，或称穷举搜索攻击）和利用算法中的弱点进行攻击。排除算法有弱点这一项外（如果算法有弱点就无法保证保密的强度，原则上，这类密码体制是不能使用的），通常用蛮力攻击来估算：用每种可能的密钥来进行尝试，直到获得了从密文到明文的一种可理解的转换为止，这是一种穷举搜索攻击。平均而言，为取得成功，必须尝试所有可能采用的密钥的一半。因此，密钥越长，密钥空间就越大，蛮力攻击所需要的时间也就越长，或成本越高，相应地也就越安全（当然作为该算法的使用者要进行加密、解密处理所需要的时间也就越长，因此，需要在安全性与效率间进行权衡）。

由此可见，一个密码系统要是实际可用的，必须满足如下特性。

（1）每一个加密函数 E 和每一个解密函数 D 都能有效地计算。

（2）破译者取得密文后将不能在有效的时间或成本范围内破解出密钥或明文。

（3）一个密码系统安全的必要条件：穷举密钥搜索是不可行的，因为密钥空间非常大。

（四）密码系统的分类

密码编码系统通常有 3 种独立的分类方式。

1. 明文变换到密文的操作类型

所有加密算法基于两个基本操作。

（1）代替（substitution）：明文中的每个元素（比特、字母、比特组合或字母组合）被映射为另一个元素。该操作主要达到非线性变换的目的。

（2）置换（transposition）：也称为换位，即明文中的元素被重新排列，这是一种线性变换，对它们的基本要求是不丢失信息（所有操作都是可逆的）。

2. 所用的密钥数量

（1）单密钥加密（single-key cipher）：发送者和接收者双方使用相同的密钥，该系统也称为对称加密、秘密密钥加密或常规加密。

（2）双密钥加密（dual-key cipher）：发送者和接收者各自使用一个不同的密钥，这两个密钥形成一个密钥对,其中一个可以公开,称为公钥,另一个必须为密钥持有人秘密保管,称为私钥。该系统也称为非对称加密或公钥加密。

3. 明文被处理的方式

(1) 分组加密(block cipher):一次处理一块(组)元素的输入,对每个输入块产生一个输出块,即一个明文分组被当作一个整体来产生一个等长的密文分组输出。通常使用的是 64bit 或 128bit 的分组大小。

(2) 流加密(stream cipher):也称为序列密码,即连续地处理输入元素,并随着该过程的进行,一次产生一个元素的输出,即一次加密一个比特或一个字节。

人们在分析分组密码方面做出的努力要比在分析流密码方面做出的努力多得多。一般而言,分组密码比流密码的应用范围广。绝大部分基于网络的常规加密应用都使用分组密码。

三、密码体制

密码体制就是完成加密和解密功能的密码方案。现代密码学中所出现的密码体制可分为两大类:对称加密体制和非对称加密体制。

(一) 对称密码体制(symmetric encryption)

对称密码体制也称为秘密密钥密码体制、单密钥密码体制或常规密码体制,对称密码体制的基本特征是加密密钥与解密密钥相同。对称密码体制的基本元素包括原始的明文、加密算法、密钥、密文及攻击者。

发送方的明文消息 $P = [P_1, P_2, \cdots, P_M]$,$P$ 的 M 个元素是某个语言集中的字母,如 26 个英文字母,现在最常见的是二进制字母表$\{0,1\}$中元素组成的二进制串。加密之前先生成一个形如 $K = [K_1, K_2, \cdots, K_J]$ 的密钥作为密码变换的输入参数之一。该密钥可由消息发送方生成,然后通过安全的渠道送到接收方;或者由可信的第三方生成,然后通过安全渠道分发给发送方和接收方。

发送方通过加密算法根据输入的消息 P 和密钥 K 生成密文 $C = [C_1, C_2, \cdots, C_N]$,即

$$C = E_K(P) \qquad (1-3-1)$$

接收方通过解密算法根据输入的密文 C 和密钥 K 恢复明文 $P = [P_1, P_2, \cdots, P_M]$,即

$$P = E_K(C) \qquad (1-3-2)$$

一个攻击者(密码分析者)能基于不安全的公开信道观察密文 C,但不能接触到明文 P 或密钥 K,他可以试图恢复明文 P 或密钥 K。假定他知道加密算法 E 和解密算法 D,只对当前这个特定的消息感兴趣,则努力的焦点是通过产生一个明文的估计值 P' 来恢复明文 P。如果他也对读取未来的消息感兴趣,他就需要试图通过产生一个密钥的估计值 K' 来恢复密钥 K,这是一个密码分析的过程。

对称密码体制的安全性主要取决于两个因素:①加密算法必须足够安全,使得不必为算法保密,仅根据密文就能破译出消息是不可行的;②密钥的安全性,密钥必须保密

并保证有足够大的密钥空间,对称密码体制要求基于密文和加密/解密算法的知识能破译出消息的做法是不可行的。

对称密码算法的优缺点如下。

(1) 优点:加密、解密处理速度快、保密度高等。

(2) 缺点:①密钥是保密通信安全的关键,发信方必须安全、妥善地把密钥护送到收信方,不能泄露其内容。如何才能把密钥安全地送到收信方,是对称密码算法的突出问题。对称密码算法的密钥分发过程十分复杂,所花代价高。②多人通信时密钥组合的数量会出现爆炸性膨胀,使密钥分发更加复杂化,N 个人进行两两通信,总共需要的密钥数为 $N(N-1)/2$ 个。③通信双方必须统一密钥,才能发送保密的信息。如果发信者与收信人素不相识,这就无法向对方发送秘密信息了。④除了密钥管理与分发问题,对称密码算法还存在数字签名困难问题(通信双方拥有同样的消息,接收方可以伪造签名,发送方也可以否认发送过某消息)。

(二)非对称密码体制(asymmetric encryption)

非对称密码体制也称公开密钥密码体制、双密钥密码体制。其原理是加密密钥与解密密钥不同,形成一个密钥对,用其中一个密钥加密的结果,可以用另一个密钥来解密。公钥密码体制的发展是整个密码学发展史上最伟大的一次革命,它与以前的密码体制完全不同。这是因为:公钥密码算法基于数学问题求解的困难性,而不再是基于代替和换位方法;另外,公钥密码体制是非对称的,它使用两个独立的密钥,一个可以公开,称为公钥,另一个不能公开,称为私钥。

公开密钥密码体制的产生主要基于以下两个原因:一是为了解决常规密钥密码体制的密钥管理与分配的问题;二是为了满足对数字签名的需求。因此,公钥密码体制在消息的保密性、密钥分配和认证领域有着重要的意义。

在公开密钥密码体制中,公开密钥是可以公开的信息,而私有密钥是需要保密的。加密算法 E 和解密算法 D 也都是公开的。用公开密钥对明文加密后,仅能用与之对应的私有密钥解密,才能恢复出明文,反之亦然。

公开密钥密码体制的优缺点如下。

(1) 优点:①网络中的每一个用户只需要保存自己的私有密钥,则 N 个用户仅需产生 N 对密钥。密钥少,便于管理;②密钥分配简单,不需要秘密的通道和复杂的协议来传送密钥。公开密钥可基于公开的渠道(如密钥分发中心)分发给其他用户,而私有密钥则由用户自己保管;③可以实现数字签名。

(2) 缺点:与对称密码体制相比,公开密钥密码体制的加密、解密处理速度较慢,同等安全强度下公开密钥密码体制的密钥位数要求多一些。

公开密钥密码体制与常规密码体制的对比见表 1-3-1。

表 1-3-1 公开密钥密码体制与常规密码体制的比较

分类	常规密码体制	公开密钥密码体制
运行条件	加密和解密使用同一个密钥和同一个算法	用同一个算法进行加密和解密,而密钥有一对,其中一个用于加密,另一个用于解密
	发送方和接收方必须共享密钥和算法	发送方和接收方使用一对相互匹配,而又彼此互异的密钥

续表

分类		常规密码体制	公开密钥密码体制
安全条件		密钥必须保密	密钥对中的私钥必须保密
		如果不掌握其他信息，要想解密报文是不可能或至少是不现实的	如果不掌握其他信息，要想解密报文是不可能或者至少是不现实的
		知道所用的算法加上密文的样本必须不足以确定密钥	知道所用的算法、公钥和密文的样本必须不足以确定私钥

四、密码分析

（一）根据攻击的方式划分

根据攻击的方式进行划分，密码分析方法分为：穷举分析攻击、统计分析攻击和数学分析攻击。

（1）穷举分析攻击。穷举分析攻击即依次试遍所有可能的密钥对所获取密文进行解密，直到得到正确的明文。

（2）统计分析攻击。统计分析攻击通过分析密文和明文的统计规律来破译密码。

（3）数学分析攻击。数学分析攻击即利用一个或多个已知变量（如已知密文或明密文对）用数学关系式表示出所求未知量（如明文或密钥等）。已知量和未知量的关系视加密和解密的算法而定，寻求这种关系是数学分析的关键所在。

（二）根据攻击者可利用的资源划分

根据密码分析者对明文、密文等信息掌握的多少，可将密码分析分为以下 5 种情形。

（1）唯密文攻击（ciphertext only）。

对于这种形式的密码分析，破译者已知的东西只有加密算法和待破译的密文。

（2）已知明文攻击（known plaintext）。在已知明文攻击中，破译者已知的东西包括：加密算法和经密钥加密形成的一个或多个明文—密文对，即知道一定数量的密文和对应的明文。

（3）选择明文攻击（chosen plaintext）。选择明文攻击的破译者除了知道加密算法外，他还可以选定明文消息，并可以知道对应的加密得到的密文，即知道选择的明文和对应的密文。例如，公钥密码体制中，攻击者可以利用公钥加密他任意选定的明文，这种攻击就是选择明文攻击。

（4）选择密文攻击（chosen ciphertext）。与选择明文攻击相对应，破译者除了知道加密算法外，还包括他自己选定的密文和对应的已解密的原文，即知道选择的密文和对应的明文。

（5）选择文本攻击（chosen text）。选择文本攻击是选择明文攻击与选择密文攻击的结合。破译者已知的东西包括：加密算法、由密码破译者选择的明文消息和它对应的密文，以及由密码破译者选择的猜测性密文和它对应的已破译的明文。

很明显，唯密文攻击是最困难的，因为分析者可供利用的信息最少。上述攻击的强度是递增的。一个密码体制是安全的，通常是指在前 3 种攻击下的安全性，即攻击者一般容易具备进行前 3 种攻击的条件。

第四节 密码技术的典型应用

一、电子商务安全应用

随着电子技术、计算机技术及 Internet 的飞速发展，信息技术作为工具被引入商务活动中，产生了电子商务（Electronic Commerce，EC;Electronic Business，EB）。通俗地说，电子商务就是在计算机网络（主要指 Internet）的平台上，按照一定的标准开展的商务活动。当企业将它的主要业务通过企业内部网（Intranet）、企业外部网（Extranet）以及 Internet 与企业的职员、客户、代销商以及合作伙伴直接相连时，其中发生的各种商务活动就是电子商务。

电子商务活动中存在如下风险：

（1）信息风险。它包括诸如客户冒名、数据篡改、信息破坏等。

（2）传输风险。信息在网络上传输，经过许多环节和渠道，可能遭到线路窃听、黑客攻击或病毒的侵袭，也有可能受到自然灾害，如火灾、地震等物理因素的影响而破坏数据的完整性。

（3）信用风险。如信用卡恶意透支、伪造信用卡骗取或拖延贷款支付，买卖双方可能出现抵赖行为等。

（4）管理风险。因管理人员业务不熟练、管理松懈，或道德修养不高等都会造成交易过程的风险。

（5）法律风险。由于电子商务是最近几年才兴起的一种商务活动，其相关的法律体制不完善，如果在交易过程中发生问题，找不到现成的法律文件保护当事人的合法权益，则必然带来因法律滞后而产生的风险。

总之，电子商务系统既不是单纯的商务系统，也不是简简单单的计算机网络系统，而是建立在计算机网络系统之上的商务系统，它需要一个完整的系统安全保障体系。下面将从 3 个方面进行阐述。

1. 身份认证

电子商务中，交易各方的身份确认是交易进行的前提和安全保证，身份认证的方法主要有以下 3 种：

（1）比较法。用户身份认证的最简单方法就是使用口令比较法：系统事先保存每个用户的用户名和口令的二元组信息，进入系统时用户输入二元组信息，系统根据保存的用户信息与用户输入的信息相比较，从而判断用户身份的合法性。

（2）一次口令法。更安全的身份认证机制是用一次口令机制，即每次用户登录系统时口令互不相同。本次登录后，计算机即给出下次口令，本次口令随之作废。一次性口令可以用来防止因口令被窃而带来的风险。

（3）数字签名法。数字签名是指利用数学的方法对一特定的消息进行防伪造、防篡改处理。经过数字签名的消息可以被接收者进行验证，从而可以确定发送者的真实身份。

2．信息认证

电子商务活动是通过公开网络进行的,这就对传输信息的保密性提出了更高的要求,这种保密性的要求主要包括以下3个方面。

(1) 敏感信息要加密。电子商务中主要采用秘密密钥密码系统和公开密钥密码系统来加密信息。秘密密钥密码系统需要通信的双方共同约定一个口令或一组密钥,即建立一个通信双方共享的密钥。当甲方要给乙方发送信息时,甲方用共享密钥对文件加密后再传送到乙方。由于密钥是双方共享的,所以,乙方完全可以确认信息是由甲方来的。这种加密方法使用简便,密钥较短,破译困难。

公开密钥密码系统需要两个密钥,即公开密钥和私有密钥。如果用公开密钥对传输的信息进行加密,只有用对应的才能对其解密;反过来,如果用私有密钥对传输的信息进行加密,则只有用对应的公开密钥才能进行解密。由于这种算法速度很慢,所以它不适合对大量的信息进行加密,而只适用于对少量的重要信息进行加密。

(2) 保证文件完整性。即防止在文件中加入、删除或修改信息。数字签名系统可以对任意长度的进行防伪造、防篡改处理。

(3) 信息来源要验证。即要保证信息来源真实可靠,发信人的身份正确无误。数字签名系统满足这一需求。

3．防"黑客"和防病毒

在电子商务活动中,"黑客"可能通过非法手段进入电子商务系统进行各种盗窃或破坏活动,另外,系统也可能被病毒感染而造成信息丢失或系统瘫痪,从而使交易各方受到严重损失。所以,在电子商务活动中必须对它们加以防范。

综上所述,Internet是电子商务实施基础,而密码技术则是电子商务活动的安全保证。

二、电子政务安全应用

近几年来,电子政务建设风靡全球,它是指政府机构运用计算机网络技术,将政府管理和服务职能通过精简、优化、整合、重组后在Internet上实现,以打破时间、空间以及条块分割的制约,从而加强对政府业务运作的有效监管,提高政府的运作效率,并为社会公众提供高效、优质、廉洁的一体化管理和服务。

电子政务系统是一个庞大而复杂的网络信息系统,只有将技术与管理有机地结合起来,才能保证电子政务系统的安全。电子政务的安全要素主要有以下几个方面。

1．物理安全

物理安全是指保证电子政务系统不因各种自然灾害或物理因素(如设备老化)等原因而影响系统的正常运行或造成数据错误。为了实现物理安全,电子政务系统必须采取一定的物理措施与技术措施,如系统双机运行,数据实时备份等,使得在发生不可避免的灾害时系统受到的损失最小。

2．管理安全

管理安全主要是指通过制定并严格执行有关的规章制度来保证电子政务系统的安全。在任何一个系统中,人是安全保证的主体,电子政务系统也不例外。因此,做好管理人员的审查、管理和教育工作是保证电子政务安全的决定因素。

3. 技术安全

技术安全是指通过采取密码及其相关技术来保证电子政务的安全，可分为以下两个方面：

（1）网络安全。网络安全是指电子政务系统因计算机网络的软、硬件系统等方面存在安全漏洞而出现的信息安全问题。解决网络安全的主要方案是采用网络安全协议、防火墙、网络入侵检测系统、系统实时监控等。另外，为防止病毒给电子政务系统带来危害，还必须有防病毒软件系统。

（2）信息安全。电子政务中有大量的敏感信息和机密信息涉及国家秘密，因此，在系统应用的同时，必须有效地保证这些敏感信息和机密信息的安全。信息安全主要分为存储安全、传输安全及访问安全3个方面，它们都涉及密码技术的应用问题。

三、国防与军事应用

当今时代，网络信息安全已成为整个国家安全的重要组成部分，成为影响社会稳定和经济发展的全局性问题，而密码学是网络信息安全的核心和基础。网络信息安全不仅是发挥信息革命带来的高效率、高效益的有力保证，而且是对抗信息霸权主义、抵御信息侵略的重要屏障。一个国家的信息获取能力和信息安全保障能力是21世纪综合国力、军事能力、经济竞争能力和生存能力的重要组成部分。

现代战争已经不是传统方式下的常规的较量，而是网络信息技术的大较量。1991年1月爆发的海湾战争，给人们展示了未来战争的基本轮廓和趋势，它是集海、陆、空、天、电为一体的立体式的信息战。中外军事家们一致认为未来战争就是高技术的信息战争，敌我双方战场对抗必将是以综合信息为基础的体系与体系的对抗。包括后来的科索沃战争、伊拉克战争，以及攻击伊朗布什尔核电站的震网病毒（Stuxnet）再一次证明网络空间已成为现代战争中的对抗领域。

"棱镜门"事件，让一度隐蔽的互联网领域的争斗公开化、世界化。在以美国为首的西方国家不时炒作中国黑客入侵，经济、社会、军事安全等利益受到损害的情况下，"棱镜门""窃听门"事件撕开了以美国为首的西方国家所倡导的网络自由、网络无国界的伪善面目。遭"窃听"的国家纷纷要求美国做出解释，甚至传统盟友德国要同法国一起"自建互联网"的或激烈、或沉默但付诸实际行动的反应，是世界各国对互联网安全重视的表现。中国，作为互联网大国，在建设互联网强国的目标进程中，网络安全在某种程度上决定着中国互联网能走多远、中国互联网能多强。

2014年2月27日，成立中央网络安全和信息化领导小组，提出"没有网络安全，就没有国家安全；没有信息化，就没有现代化。"没有网络安全就没有国家安全并非危言耸听，在互联网渗透到社会、经济、军事、生活的方方面面的信息化时代的今天，传统的国家安全的概念无论从理论范畴还是内容范畴，都应该而且必须把以互联网为代表的信息安全纳入国家安全的范畴。以美国为例，从克林顿政府提出兴建国家信息基础设施、发展信息安全概念、推进《信息系统国家安全计划》，到布什政府网络反恐、奥巴马政府网络震慑，掌握现代互联网主导权、控制权的美国，已经把网络看为继领土、领海、领空之后，美国国家和民族赖以生存的"第四空间"。上升为国家战略层面，力求持续掌握世界互联网主动权、控制权的互联网世界的"老大"对网络进攻、防御孜孜不倦地追求，对包括中国在内的世界其他国家来说并不是什么好事、好消息：离不开网络、互联网的这些国家，网络安全与否，直接影响着国家安全。日本防卫厅组建网络战部队，专门用于网络攻防；吃了哑巴亏、遭窃听的德国总理默克尔试图与法国"自建欧洲互联网"的"动作"，都是没有网络安全就没有国家安全、为了国家安全必须确保网络安全的国家安全战略在互联网时代的体现。

密码技术在解决网络信息安全中发挥着基础性作用。现代密码学贯穿于网络信息安全的全过程，在解决网络身份识别、安全隔离、信息加密保护、信息完整性和信息防抵赖性等方面，发挥着特殊的作用。

本 章 小 结

本章从网络信息安全面临的威胁入手，介绍了密码技术在网络信息安全中的作用。回顾了密码学的发展历程，介绍了密码学的基本概念，以及密码技术在电子商务安全、电子政务安全和国防与军事方面的典型应用。

思考题与习题

1. 简述密码学与信息安全的关系。
2. 根据密码分析者所掌握的信息，可将密码分析分为哪几类？并简要叙述之。
3. 什么是主动攻击和被动攻击？请分别举出几个主动攻击和被动攻击的例子。
4. 简述密码体制及主要元素的概念。

第二章 古典密码

虽然用近代密码学的观点来看，许多古典密码是不安全的，或者说是极易破译的。但是古典密码在历史上发挥过很大作用，另外，编制古典密码的基本方法对于编制近代密码仍然有效，研究古典密码的原理，有助于理解、构造和分析近代密码。本章将介绍几种经典的古典密码及其分析。

第一节 隐写术与信息隐藏

一、隐写术

几个世纪以来，人们为了将一份秘密的消息传送到目的地，往往采取将秘密消息隐藏在公开的消息中的方法来发送。隐写术（steganography）就是将秘密消息隐藏在公开消息中通过公开渠道来传送的一类最常用的方法，它又分为许多不同的方法。

1. 暗示

暗示是指用手势、表情、秘密标志以及特定的语言来传达秘密消息的一种方法，这可能是秘密通信历史上最古老的形式之一，使用这种秘密通信方式需要双方事先约定。

例如，在美国的纸牌游戏中，对家手拿一支烟或用手挠一下头表示其所持的牌不错；一只手放在胸前并且翘起大拇指，意思是"我将赢得此局，有人愿意跟我吗？"。再比如，在运动场上队友之间使用特定的手势告诉对方应该采取何种战术。

有时，由于一个特定的环境或条件的限制，通信的双方无法直接会面，此时，一方为了向另一方传达某一秘密消息，就会将一种事先约好的秘密标志放在一个特定的位置，以提醒对方。

2. 隐语

隐语即行话，是特定行业或阶层经常使用的语言。一些乞丐、流浪汉及地痞流氓、黑社会犯罪团伙使用的语言就是隐语。例如，法语中的黑话 mouche（飞行）表示"告密者"，始于 1389 年；rossignol（夜莺）表示"万能钥匙"，出现于 1406 年。再比如，隐语 KOOL 表示 LOOK，隐语 YOB 表示 BOY，它们被称为倒读隐语，因为 KOOL 是由 LOOK 的字母倒排而成，而 YOB 是由 BOY 的字母倒排而成。

战争时期，为了使用公开的广播发出某种军事命令，往往使用特定的暗示性语言。例如，1941 年 11 月 19 日，日本无线电广播电台将"HIGASHI NO KAXE AME（东风，雨）"插入对外广播的天气预报中并重复两次，其含义是要宣布"与美国开战"，当时美国海军密码处截获了该无线电报,但没有发现任何其他的征兆。12 月 27 日,日本无线电广播电台又播出了"NISHI NO KAZE(东风,晴)"的消息,表示"向美国宣战",在美国人还没有弄明白其真正的含义时,便发生了历史上著名的日本偷袭美国珍珠港事件。

3. 隐形墨水

隐形墨水是一种特殊的书写墨水,发信者使用它可以在纸张上书写一段秘密消息。正常情况下写上去的秘密消息是不可见的,因而可以防止消息在传递过程中被泄露,待该纸张送达目的地之后,接收者再用特殊的方法显现出隐形墨水所写的消息。洋葱或牛奶法就是一种方便而有效的隐形方法,它的原理是用洋葱或牛奶在纸介质上书写,只要在介质的背面加热或用紫外线照射即可显现出书写的内容。

4. 微缩技术

19 世纪初,由于微缩摄影的进步,俄国人发明了微粒照片,其大小只有印刷体的句点那么大,间谍人员可以将微粒照片藏在杂志装订线上传递秘密消息。

例如,1942 年 5 月 12 日,信使将苏联"红色乐队"间谍网的微型胶卷送到莫斯科,胶卷上有德军向高加索发动进攻的所有情报,其中指明攻击将以斯大林格勒为主要目标。针对德军的进攻计划,苏联红军于 7 月 12 日成立了以铁木辛哥元帅领导的斯大林格勒战区指挥部,做好了迎击德军进攻的充分准备。结果,进攻斯大林格勒的德军被苏联红军全部歼灭,这一战役成为第二次世界大战中法西斯德国由进攻走向灭亡的转折点。

微雕艺术作为一门技艺在中国已有上千年的历史。目前,我国的雕刻艺术大师已能在一根发丝上雕刻出一首唐诗,当然,需要在几十倍的放大镜下才能看到,简直令人叹为观止。如果能将秘密消息雕刻在发丝上,也不失为一种绝好的隐写术。

二、信息隐藏

信息隐藏(又称为信息伪装)是指将秘密信息隐藏在一个公开的信息载体中的一种方法。

历史上最著名的一个信息隐藏事例是"剃头刺字"的故事。故事发生在公元前 440 年,一个称为 Histaieus 的人为了通知他的远方朋友发动暴乱,将一个忠实的仆人的头发剃光后在头皮上刺上消息,等到仆人的头发长出来后把他送到朋友那里,他的朋友将这个仆人的头发剃掉便获得了秘密消息。

信息隐藏的方法有许多,下面是一些常用的方法。

1. 栅格法

栅格法是一种著名的"信息隐藏"方法,据称是意大利数学家卡丹发明的。其原理是,通信双方事先准备好相同的两份栅格卡片,双方各执一份,发信人按栅格位置写出要发送的真实内容,然后将栅格以外的空白地方用文字填满,使之类似于一份普通的信件,收信人收到信件后,将栅格纸覆盖在收到的信件上,就可以读出该信的真实内容。

例如,下面就是一封采用栅格法隐藏消息的事件。

> 周先生，您好！
> 您的招待非常周到，盛情让人难忘！今后一定报答。我已昨日返渝，一路十分顺利！不必惦念。如有机会我会拜访您，届时再见。

当收信人用栅格卡片盖在这封信上之后，读出的内容如下。

> 　　周　　　　　　一
> 　十　　　　　　　　　　　时　见

2．离合诗

写一篇看似平常的信件，规定秘密消息是"某个特定字符前（或后）的第几个字符"，将所有这些字符组合起来就是秘密消息内容。具体来讲，在文学作品中，连续的行、节、章、篇、段、句中的首字母、音节或单词等就可以构成秘密消息，由这种方式组成的秘密消息称为离合诗。

当然，也可以通过缺字来表达某种隐含的意思。例如，我国古时，许多文人墨客穷困潦倒，于是过春节时，有人曾书写下面一副对联：

上联：二三四五

下联：六七八九

横批：南北

上联缺"一"，意为"缺衣"；下联少"十"，意为"少食"；横批没有"东西"，意为家境贫寒，没有年货。

3．图像隐藏技术

近几年来，信息隐藏技术已发展成为信息安全领域一个重要的分支学科，其研究的内容是如何利用计算机网络通信中不同的信息载体来隐藏信息，所用的载体可以是文字、图像、声音及视频等。

利用图像隐藏信息的方法有许多种。例如，利用物理学中的偏光技术可以将一个秘密信息隐藏在3张图片中，单独一张图片是看不出任何问题的，而如果将3张图片叠加在一起，背向光源，隐藏在其中的信息就会显示出来。

数字化的图像信息中能更好地隐藏信息。例如，一张400万像素的数码彩色照片，其每个像素包含24bit 的 RGB 色彩信息，每个24bit 像素的最低有效位能够被改变而不会影响该图像的质量和视觉效果，利用这些像素能隐藏足够的秘密信息。

将一个秘密信息隐藏在图片中要通过特定的隐藏算法来实现，其目的是，使隐藏有秘密信息的图片在正常的视觉下是看不出来的，而只有拥有提取算法的人，才能从该图片中提取出秘密信息。

4．音乐隐藏技术

音乐作品中也可以隐藏信息。比如，音阶中的第 i 个音符出现了 n 次，则在第 i 个位置放置第 n 个字母。德国作曲家巴赫（Johann Sebastian Bach）就喜欢这种加密。在他1750年创作的乐曲"Vor deinen Thron"的乐谱中（G 大调），g 出现两次（放置字母 B），a 出现一次（放置字母 A），b 出现3次（放置字母 C），c 出现8次（放置字母 H），其秘密是 BACH，即他本人的名字。

同样，计算机中的数字音乐文件，如当前流行的 MP3 格式的音乐文件也可以隐藏秘密信息而不影响其音质和听觉效果。

第二节　置　换　密　码

把明文中的字母重新排列，字母本身不变，但其位置改变了，这样编成的密码称为置换密码。最简单的置换密码是把明文中的字母顺序倒过来，然后截成固定长度的字母组作为密文。

例如：

明文：明晨 5 点发动反攻。

MING　CHEN　WU　DIAN　FA　DONG　FAN　GONG

密文：GNOGN　AFGNO　DAFNA　IDUWN　EHCGN　IM

倒序的置换密码显然是很弱的。另一种置换密码是把明文按某一顺序排成一个矩阵，然后按另一顺序选出矩阵中的字母以形成密文，最后截成固定长度的字母组作为密文。

例如：明文：MING　CHEN　WU　DIAN　FA　DONG　FAN　GONG

矩阵：MINGCH　　　选出顺序：按列

　　　ENWUDI

　　　ANFADO

　　　NGFANG

　　　ONG

密文：MEANO　INNGN　NWFFG　GUAA　CDDN　HIOG

由此可以看出，改变矩阵的大小和选出顺序可以得到不同形式的密码，其中有一种巧妙的方法：首先选用一个词语作为密钥，去掉重复字母；然后按字母的字典顺序给密钥字母一个编号，于是得到一组与密钥词语对应的数字序列；最后据此数字序列中的数字顺序按列选出密文。

例如：

明文：MING　CHEN　WU　DIAN　FA　DONG　FAN　GONG

密钥：玉兰花

数字序列：　6　　5　　3　　1　　4　　2

矩阵：　　　M　　I　　N　　G　　C　　H

　　　　　　E　　N　　W　　U　　D　　I

　　　　　　A　　N　　F　　A　　D　　O

　　　　　　N　　G　　F　　A　　N　　G

　　　　　　O　　N　　G

密文：　GUAA　HIOG　NWFFG　CDDN　INNGN　MEANO

这种置换密码的密钥是矩阵的选出顺序,而密钥词语仅仅是使密钥便于记忆罢了。置换密码比较简单,它经不起已知明文攻击。但是,把它与其他密码技术相结合,可以得到十分有效的密码。

第三节 代 替 密 码

首先构造一个或多个密文字母表,然后用密文字母表中的字母或字母组来代替明文字母或字母组,各字母或字母组的相对位置不变,但其本身改变了,这样编成的密码称为代替密码。

按代替密码所使用的密文字母表的个数可将代替密码分为单表代替密码、多表代替密码和多名代替密码。

一、单表代替

单表代替密码又称单代替密码。它只使用一个密文字母表,并且用密文字母表中的一个字母来代替一个明文字母表中的一个字母。

设 A 和 B 分别为含 n 字母的明文字母表和密文字母表:

$$A=\{a_0, a_1, \cdots, a_{n-1}\}$$
$$B=\{b_0, b_1, \cdots, b_{n-1}\}$$

定义由 A 到 B 的一一映射:$f: A \rightarrow B$

$$f(a_i)=b_i$$

设明文 $M=(m_0, m_1, m_2, \cdots, m_{n-1})$,则 $C=(f(m_0), f(m_1), \cdots, f(m_{n-1}))$。可见,简单代替密码的密钥就是映射函数 f 或密文字母表 B。

下面介绍几种典型的简单代替密码。

(1) 加法密码。

加法密码的映射函数为

$$f(a_i)=b_i=a_j$$
$$j=i+k \bmod n \tag{2-3-1}$$

式中:$a_i \in A$,k 是满足 $0<k<n$ 的正整数。

著名的加法密码是古罗马的凯撒大帝(Caesar)使用过的一种密码。凯撒密码取 $k=3$,因此其密文字母表就是把明文字母表循环左移 3 位后得到的字母表。例如:

$$A=\{A,B,C,\cdots,X,Y,Z\}$$
$$B=\{D,E,F,\cdots,A,B,C\}$$

明文:MING CHEN WU DIAN FA DONG FAN GONG
密文:PLQJ FKHQ ZX GLDQ ID GRQJ IDQ JRQJ

(2) 乘法密码。

乘法密码的映射函数为

$$f(a_i)=b_i=a_j$$

$$j=ik \bmod n \quad (2\text{-}3\text{-}2)$$

其中，要求 k 与 n 互素。这是因为仅当 $(k,n)=1$ 时，才存在两个数 x,y 使得 $xk+yn=1$，才有 $xk=1 \bmod n$，进而有 $i=xj \bmod n$，密码才能正确解密。

例如，当用英文字母表作为明文字母表而取 $k=13$ 时，便会出现：

$$f(A)=f(C)=f(E)=\cdots=f(Y)=A$$
$$f(B)=f(D)=f(F)=\cdots=f(Z)=N$$

此时的密文表变为整个密文表只包含 A 和 N 两个字母，密文将不能正确解密。
而若选 $k=5$，便得到如下的合理的密文字母表：

$$A=\{A,B,C,D,E,F,G,H,I,J,K,L,M,N,O,P,Q,R,S,T,U,V,W,X,Y,Z\}$$
$$B=\{A,F,K,P,U,Z,E,J,O,T,Y,D,I,N,S,X,C,H,M,R,W,B,G,L,Q,V\}$$

（3）仿射密码。

乘法密码和加法密码相结合便构成仿射密码。仿射密码的映射函数为

$$f(a_i)=b_i=a_j$$
$$j=ik_1+k_0 \bmod n \quad (2\text{-}3\text{-}3)$$

其中，要求 $(k_1,n)=1$ 且 $0<k_0<n$。
仿此可构造更复杂的多项密码：

$$f(a_i)=a_j$$
$$j=i^t k_t + i^{t-1} k_{t-1} + \cdots + ik_1 + k_0 \bmod n \quad (2\text{-}3\text{-}4)$$

其中，要求 $(k_i,n)=1, i=1,2,\cdots,t, 0<k_0<n$。

（4）密钥词语代替密码。

选用一个词语作为密钥编制密码的方法在置换密码中曾得到应用。这一方法同样可以用到代替密码中，首先随机地选择一个词组或短语作为密钥，去掉重复字母，把结果作为矩阵的第一行。其次在明文字母表中去掉矩阵第一行中的字母，并将剩余字母依次写入矩阵的其余行。最后按某一顺序从矩阵中取字母构成密文字母表。例如：

密钥： H O N G Y E
矩阵： H O N G Y E　　选出顺序：按列
　　　 A B C D F I
　　　 J K L M P Q
　　　 R S T U V W
　　　 X Z

$$A=\{A,B,C,D,E,F,G,H,I,J,K,L,M,N,O,P,Q,R,S,T,U,V,W,X,Y,Z\}$$
$$B=\{H,A,J,R,X,O,B,K,S,Z,N,C,L,T,G,D,M,U,Y,F,P,V,E,I,Q,W\}$$

明文：MING CHEN WU DIAN FA DONG FAN GONG
密文：LSTBJ KXTEP RSHTO HRGTB OHTBG TB

二、多表代替

简单代替密码很容易被破译，其原因在于只使用一个密文字母表，从而使得明文中

的一个字母只用唯一的密文字母表来代替。提高代替密码强度的一种方法是采用多个密文字母表，使明文中的每一个字母都有多种可能的字母来代替。

构造 d 个密文字母表：

$$B_j=\{b_{j0},b_{j1},\cdots,b_{jn-1}\} \qquad j=0,1,\cdots,d-1$$

定义 d 个映射

$$f_j: A \to B_j$$

$$f_j(a_i)=b_{ji} \qquad (2\text{-}3\text{-}5)$$

设明文 $M=(m_0,m_1,\cdots,m_{d-1},m_d,\cdots)$，$C=(f_0(m_0),f_1(m_1),\cdots,f_{d-1}(m_{d-1}),f_d(m_d),\cdots)$。

由于加密用到多个密文字母表，故称为多表代替密码。多表代替密码的密钥就是这组映射函数或密文字母表。

最著名的多表代替密码要算 16 世纪法国密码学者 Vigenre 使用过的 Vigenre 密码，如表 2-3-1 所列。

表 2-3-1 Vigenre 方阵

	明文字母																									
	A	B	C	D	E	F	G	H	I	J	K	L	M	N	O	P	Q	R	S	T	U	V	W	X	Y	Z
A	A	B	C	D	E	F	G	H	I	J	K	L	M	N	O	P	Q	R	S	T	U	V	W	X	Y	Z
B	B	C	D	E	F	G	H	I	J	K	L	M	N	O	P	Q	R	S	T	U	V	W	X	Y	Z	A
C	C	D	E	F	G	H	I	J	K	L	M	N	O	P	Q	R	S	T	U	V	W	X	Y	Z	A	B
D	D	E	F	G	H	I	J	K	L	M	N	O	P	Q	R	S	T	U	V	W	X	Y	Z	A	B	C
E	E	F	G	H	I	J	K	L	M	N	O	P	Q	R	S	T	U	V	W	X	Y	Z	A	B	C	D
F	F	G	H	I	J	K	L	M	N	O	P	Q	R	S	T	U	V	W	X	Y	Z	A	B	C	D	E
G	G	H	I	J	K	L	M	N	O	P	Q	R	S	T	U	V	W	X	Y	Z	A	B	C	D	E	F
H	H	I	J	K	L	M	N	O	P	Q	R	S	T	U	V	W	X	Y	Z	A	B	C	D	E	F	G
I	I	J	K	L	M	N	O	P	Q	R	S	T	U	V	W	X	Y	Z	A	B	C	D	E	F	G	H
J	J	K	L	M	N	O	P	Q	R	S	T	U	V	W	X	Y	Z	A	B	C	D	E	F	G	H	I
K	K	L	M	N	O	P	Q	R	S	T	U	V	W	X	Y	Z	A	B	C	D	E	F	G	H	I	J
L	L	M	N	O	P	Q	R	S	T	U	V	W	X	Y	Z	A	B	C	D	E	F	G	H	I	J	K
M	M	N	O	P	Q	R	S	T	U	V	W	X	Y	Z	A	B	C	D	E	F	G	H	I	J	K	L
N	N	O	P	Q	R	S	T	U	V	W	X	Y	Z	A	B	C	D	E	F	G	H	I	J	K	L	M
O	O	P	Q	R	S	T	U	V	W	X	Y	Z	A	B	C	D	E	F	G	H	I	J	K	L	M	N
P	P	Q	R	S	T	U	V	W	X	Y	Z	A	B	C	D	E	F	G	H	I	J	K	L	M	N	O
Q	Q	R	S	T	U	V	W	X	Y	Z	A	B	C	D	E	F	G	H	I	J	K	L	M	N	O	P
R	R	S	T	U	V	W	X	Y	Z	A	B	C	D	E	F	G	H	I	J	K	L	M	N	O	P	Q
S	S	T	U	V	W	X	Y	Z	A	B	C	D	E	F	G	H	I	J	K	L	M	N	O	P	Q	R
T	T	U	V	W	X	Y	Z	A	B	C	D	E	F	G	H	I	J	K	L	M	N	O	P	Q	R	S
U	U	V	W	X	Y	Z	A	B	C	D	E	F	G	H	I	J	K	L	M	N	O	P	Q	R	S	T
V	V	W	X	Y	Z	A	B	C	D	E	F	G	H	I	J	K	L	M	N	O	P	Q	R	S	T	U
W	W	X	Y	Z	A	B	C	D	E	F	G	H	I	J	K	L	M	N	O	P	Q	R	S	T	U	V
X	X	Y	Z	A	B	C	D	E	F	G	H	I	J	K	L	M	N	O	P	Q	R	S	T	U	V	W
Y	Y	Z	A	B	C	D	E	F	G	H	I	J	K	L	M	N	O	P	Q	R	S	T	U	V	W	X
Z	Z	A	B	C	D	E	F	G	H	I	J	K	L	M	N	O	P	Q	R	S	T	U	V	W	X	Y

(左侧列标为"密钥字母")

Vigenre 密码使用 26 个密文字母表，像加法密码一样，它们是依此把明文字母表循环左移 0，1，2，…，25 位的结果。选用一个词组或短语作密钥，以密钥字母控制使用哪个密文字母表。

把 26 个密文字母表排在一起称为 Vigenre 方阵。

Vigenre 密码的代替规则是用明文字母在 Vigenre 方阵中的列和密钥字母在 Vigenre 方阵中的行的交点处的字母来代替该明文字母。例如，设明文字母为 P，密钥字母为 Y，则用字母 N 来代替明文字母 P。又例如：

明文：MING CHEN WU DIAN FA DONG FAN GONG
密钥：XING CHUI PING YE KUO YUE YONG DA JIANG LIU
密文：JQAME OYVLC QOYRP URMHK DOAMR NP

Vigenre 密码的解密就是利用 Vigenre 方阵进行反代替。

三、多名代替

为了抵抗频率分析攻击，希望密文中不残留明文字母的痕迹。一种明显的方法是设法将密文字母的频率拉平。这便是多名代替密码的出发点。

设明文字母表 $A=\{a_0,a_1,a_2,\cdots,a_{n-1}\}$，对于每一个明文字母 a_i，作一个与之对应的字符子集 B_i，且使 B_i 中的字符个数正比于 a_i 在明文中的相对频率，称 B_i 为 a_i 的多名字符集。以集合 $B=\{B_i|\ i=0,1,\cdots,n-1\}$，作为密文字母表。定义映射函数如下：

$$f: A \to B$$
$$f(a_i)=b_{i,j} \quad \text{而} \ b_{i,j} \in B_i \tag{2-3-6}$$

即映射函数 f 将明文字母 a_i 映射到它的一个多名字符 $b_{i,j}$。

设明文 $M=(m_0,m_1,\cdots,m_{n-1})$，则相应的密文 $C=(f(m_0),f(m_1),\cdots,f(m_{n-1}))=(c_0,c_1,\cdots,c_{n-1})$，其中 c_i 是根据映射函数从多名字符集中随机地选取的一个多名字符。

多名密文字母表如表 2-3-2 所示。

表 2-3-2　多名密文字母表

字母	多名字符集合										
A	3	16	29	94	31	47	68	52			
B	87	71									
C	80	26	7								
D	11	40	62	93							
E	2	15	28	37	54	41	60	73	89	21	57	76
F	9	70									
G	94	82									
H	99	43	51	24	0	17					
I	4	19	27	81	33	46	66				
J	90										
K	39										
L	1	45	14	96							
M	10	88									
N	13	5	20	50	49						
O	6	18	95	74	59	48	23	30			
P	91	53									
Q	38										
R	92	79	42	58	12						
S	35	44	61	56	85	77					
T	8	25	63	55	72	64	86	97	98		

续表

字母	多名字符集合		
U	32	65	83
V	78		
W	67	75	
X	69		
Y	22	84	
Z	36		

四、转轮密码

20世纪初，人们发明了各种各样的机械加密设备来自动地处理信息的加密问题，转轮密码机（rotor machine）是这一时期的杰出代表，它是由一个键盘、一组用线路连接起来的机械轮组成的加密机，能实现长周期的多表代替密码，曾被广泛地用于第一次及第二次世界大战的密码通信中。

转轮密码机是由一个用于输入的键盘和一组转轮组成的，转轮之间由齿轮进行连接，其原理如图2-3-1所示，它是一个三转轮密码机模型，3个带有数字矩形代表3个转轮，从左到右分别命名为慢转子、中转子和快转子。从键盘输入的明文电信号从慢转子进入转轮密码机，最后从快转子输出密文。每个转轮具有26个输入引脚（转轮左边一列数字）和26个输出引脚（转轮右边的一列数字），其内部连线将每个输入引脚连接到一个对应的输出引脚，每个转轮内部相当于一个单表代替。

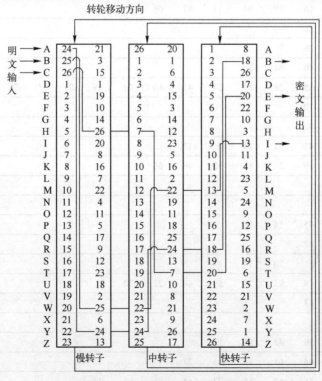

图2-3-1 三转轮密码机的初始状态

转轮密码机的工作原理是：当按下某一键时，电信号从慢转子的输入引脚进入，经过内部连线流经每个转轮，最后从快转子的输出引脚输出密文。例如在图 2-3-1 中，如果按下字母键 A，则一个电信号被加到慢转子的输入引脚 24 并通过内部连线接到慢转子的输出引脚 24，经过中转子的输入引脚 24 和输出引脚 24，连接到快转子的输入引脚 18，最后从快转子的输出引脚 18 输出密文（字母 B）。

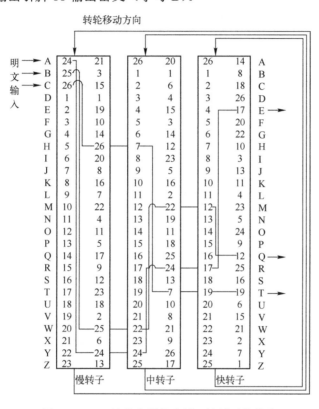

图 2-3-2　三转轮密码机击键一次以后的状态

事实上，转轮密码机中的每个转轮都有可能在转动，其规律是：当快转子转动 26 次以后，中转子就转动一个位置；而当中转子转动 26 次以后，慢转子就转动一个位置。因此，在加密（或解密）26×26×26 个字母以后，所有转轮都恢复到初始状态。也就是说，一个有 3 个转轮的转轮密码机是一个周期长度为 26×26×26（17576）的多表代替密码。

转轮密码机的典型代表有恩尼格马（Enigma）密码机，它是由德国密码专家阿图尔·舍尔比乌斯于 1923 年发明的，在第二次世界大战中希特勒曾将它作为德军陆、海、空三军最高级密码使用。其他的转轮机还有瑞典人于 1934 年发明的哈格林 M-209 密码机，第二次世界大战中 HagelinC-36 型密码机曾在法国军队中广泛使用。HagelinC-48 型密码机即 M-209，具有重量轻、体积小、结构紧凑等优点，曾被装备到美军师到营级部队，并在朝鲜战争中使用过。日本设计的红密（RED）机和紫密（PURPLE）机，它们都属于转轮密码机。

第四节 古典密码分析

古典密码的分析方法主要包括：穷举分析，数学分析和统计分析。

一、穷举分析

穷举分析即依次试遍所有可能的密钥对所获取密文进行解密，直到得到正确的明文。

二、数学分析

数学分析即利用一个或多个已知变量（如已知密文或明密文对）用数学关系式表示出所求未知量（如明文或密钥等）。已知量和未知量的关系视加密和解密的算法而定，寻求这种关系是数学分析的关键所在。

三、统计分析

任何自然语言都有许多固有的统计特性。如果自然语言的这种统计特性在密文中有所反映，则密码分析者便可通过分析明文和密文的统计规律而将密码破译。许多古典密码都可以用统计分析的方法破译。

（一）语言的统计特性

随便阅读一篇英文文献，立刻就会发现，其中字母 E 出现的次数比其他字母都多。如果进行认真统计，并且所统计的文献的篇幅足够长，便可以发现各种字母出现的相对频率十分稳定。而且，只要文献不特别专门化，对不同的文献进行统计所得的频率大体相同。表 2-4-1 给出了英文字母的频率，同时显示出英文字母频率的分布模式。

表 2-4-1 英文字母频率的分布

字母	频率	
A	8.167	＊＊＊＊＊＊＊＊＊＊＊＊＊＊＊＊
B	1.492	＊＊＊
C	2.782	＊＊＊＊＊＊
D	4.253	＊＊＊＊＊＊＊＊
E	12.702	＊＊＊＊＊＊＊＊＊＊＊＊＊＊＊＊＊＊＊＊＊＊＊＊＊
F	2.228	＊＊＊＊
G	2.015	＊＊＊＊
H	6.094	＊＊＊＊＊＊＊＊＊＊＊＊
I	6.966	＊＊＊＊＊＊＊＊＊＊＊＊＊＊
J	0.153	
K	0.722	＊＊
L	4.025	＊＊＊＊＊＊＊＊
M	2.406	＊＊＊＊＊
N	6.749	＊＊＊＊＊＊＊＊＊＊＊＊＊
O	7.507	＊＊＊＊＊＊＊＊＊＊＊＊＊＊＊

续表

字母	频率	
P	1.929	****.
Q	0.095	
R	5.987	************
S	6.327	*************
T	9.056	******************
U	2.758	*****
V	0.978	**
W	2.360	*****
X	0.150	
Y	1.974	****
Z	0.074	

注：*代表频率 0.5

进一步，根据各字母频率的大小可将英文字母分为几组。如表 2-4-2 所列。

表 2-4-2 英文字母频率分布

极高频率字母组	E
次高频率字母组	T A O I N S H R
中等频率字母组	D L
低频率字母组	C U M W F G Y P B
甚低频率字母组	V K J X Q Z

不仅单字母以相当稳定的频率出现，而且双字母组（相邻的两个字母）和三字母组（相邻的三个字母）同样如此。出现频率最高的 30 个双字母组依次是：

TH HE IN ER AN RE ED ON
ES ST EN AT TO NT HA ND
OU EA NG AS OR TI IS ET
IT AR TE SE HI OF

出现频率最高的 20 个三字母组依次是：

THE ING AND HER ERE ENT THA NTH WAS
ETH FOR DTH HAT SHE ION HIS STH ERS
VER

特别值得注意的是，THE 的频率几乎是排在第二位的 ING 的 3 倍，这对于破译密码是很有帮助的。此外，统计资料还表明：

（1）英文单词以 E, S, D, T 为结尾的约占一半；

（2）英文单词以 T, A, S, W 为起始字母的约占一半。

以上所有这些统计数据，对于密码分析者来说都是十分有用的信息。除此之外，密码分析者的文学、历史、地理等方面的知识对于破译密码也是十分重要的因素。

最后指出，上述统计数据是对非专业性文献中的字母进行统计得到的。如果考虑实际文献中的标点、间隔、数字等符号，则统计数据将有所不同。例如，计算机程序文件的字符频率分布与报纸政治评论的字符频率分布有显著不同。

（二）单表代替密码的统计分析实例

这里主要分析简单代替密码。对于加法密码，根据式（2-3-1）可知，密钥整数 k 只有 $n-1$ 个不同的取值。对于明文字母表为英文字母表的情况，k 只有 25 种可能的取值。即使是对于明文字母表为 8 位扩展 ASCII 码而言，k 也只有 255 种可能的取值。因此，只要对 k 的可能取值逐一穷举就可破译加法密码。乘法密码比加法密码更容易破译。根据式（2-3-2）可知，密钥整数 k 要满足条件$(n,k)=1$，因此，k 只有 $\varphi(n)$ 个不同的取值。去掉 $k=1$ 这一恒等情况，k 的取值只有 $\varphi(n)-1$ 种。这里 $\varphi(n)$ 为 n 的欧拉函数。对于明文字母表为英文字母表的情况，k 只能取 3,5,7,9,11,15,17,19,21,23,25 共 11 种不同的取值，比加法密码弱得多。仿射密码的保密性能好一些。但根据式（2-3-3），可能的密钥也只有 $n(\varphi(n)-1)$ 种。对于明文字母表为英文字母表的情况，可能的密钥只有 $26\times(12-1)=286$ 种。这一数目对于古代密码分析者企图用穷举全部密钥的方法破译密码，可能会造成一定的困难，然而对于应用计算机进行破译来说，这就是微不足道的了。

本质上，密文字母表实际上是明文字母表的一种排列。设明文字母表含 n 个字母，则共有 n! 种排列，对于明文字母表为英文字母表的情况，可能的密文字母表有 $26!\approx 4\times 10^{26}$。由于密钥词组代替密码的密钥词组可以随意地选择，故这 26! 种不同的排列中的大部分被用作密文字母表是完全可能的。即使使用计算机，企图用穷举一切密钥的方法来破译密钥词组代替密码也是不可能的。那么，密钥词组代替密码是不是牢不可破呢？其实不然，因为穷举并不是攻击密码的唯一方法。这种密码仅在传短的消息时是保密的，一旦消息足够长，密码分析者便可利用其他的统计分析的方法迅速将其攻破。

字母和字母组的统计数据对于密码分析者来说是十分重要的。因为它们可以提供有关密钥的许多信息。例如，由于字母 E 比其他字母的频率都高得多，如果是简单代替密码，那么可以预计大多数密文将包含一个频率比其他字母高的字母。当出现这种情况时，完全有理由猜测这个字母所对应的明文字母就是 E。进一步比较密文和明文的各种统计数据及其分布模式，便可确定出密钥，从而攻破简单代替密码。例如，加法密码的密文字母频率分布是其明文字母频率分布的一种循环平移。而乘法密码的密文字母频率分布是其明文字母频率分布的某种等间隔抽样。由于多表代替密码和多名代替密码的每一个明文字母都有多个不同的密文字母来代替，因此它们的密文字母频率分布是比较平坦的，所以它们的保密性比简单代替密码高。但是仍然有其他统计特性在密文留下痕迹，因此仍然是可以攻破的。

下面举例说明一般单表代替密码统计分析过程。

密文：

YKHLBA JCZ SVIJ JZB LZVHI JCZ VHJ DR IZXKHLBA VSS RDHEI DR YVJV
LBXSKYLBA YLALJVS IFZZXCCVI LEFHDNZY EVBTRDSY JCZ FHLEVHT HZVIDB
RDH JCLI CVI WZZB JCZ VYNZBJ DR ELXHDZSZXJHDBLXIJCZ XDEFSZQLJT DR
JCZ RKBXJLDBI JCVJ XVB BDP WZ FZHRDHEZY WT JCZ EVXCLBZ CVI HLIZB

YHVEVJLXVSST VI V HZIKSJ DR JCLI HZXZBJ YZNZSDFEZBJ LB JZXCBDSDAT EVBT DR JCZ XLFCZH ITIJZEI JCVJ PZHZ DBXZ XDBIL YZHZY IZXKHZ VHZ BDP WHZVMVWSZ

首先统计密文的单字母频率数，并将字母分组。

单字母频率数：

A	B	C	D	E	F	G	H	I	J	K	L	M	N	O	P	Q	R	S	T	U
5	24	19	23	12	7	0	24	21	29	6	20	1	3	0	3	1	11	14	9	0

V	W	X	Y	Z
27	5	17	12	45

字母分组：

极高频率字母组	Z
次高频率字母组	J V B H D I L C
中等频率字母组	X S E Y R
低频率字母组	T F K A W N P
甚低频率字母组	M Q G O U

由于密文太少，故统计与明文统计数据不尽相同。尽管如此，已足以破译该密文。

密文字母 Z 的频率最高，它一定是明文字母 E。在英语中只有一个单字母单词 A，因此可以断定密文字母 V 对应于明文字母 A。三字母 JCZ 的频率最高，因此它一定就是 THE。密文字母 J 对应于明文字母 T，密文字母 C 对应于明文字母 H。考查双字母单词 VI。因为已知 V 对应于 A，根据英语知识，只可能是 AN, AS, AM, AT。首先它不是 AN，否则因其后有冠词 A 而语法不通。又因 J 对应于 T，故又不是 AT，只能是 AS 或 AM。明文字母 M 属于低频字母，而密文字母 I 属于高频字母，因此密文字母 I 对应于明文字母 S，密文 VI 的明文为 AS。考查三字母单词 VSS。因为已知 V 的明文为 A，在英语中 A 后面接两个相同字母的单词只有 ALL，因此密文字母 S 对应于明文字母 L。在三字母单词 VHZ 中，因为已知 V 的明文为 A, Z 的明文为 E，根据英语知识它只能是 ARE 或 AGE。因为 H 在密文中属于高频字母，G 在明文字母中属于低频字母，故 H 的明文为 R。仿此分析三个字母单词 JZB，可知密文字母 B 对应于明文字母 N，JZB 的明文为 TEN。分析四字母单词 JCLI，可知密文字母 L 对应于明文字母 I。分析四字母单词 WZZB，可知密文字母 W 对应于明文字母 B。由双字母单词 WT 可知密文字母 T 对应于明文字母 Y。由密文 HZVIDB 可推出密文字母 D 对应于明文字母 O。双字母单词 DR 的频率很高，已知 D 的明文是 O，则 R 的明文一定是 F。由三字母组 BDP 可推出密文字母 P 对应于明文字母 W。在密文 DBXZ 中，因为已知 D，B，Z 的明文，故可推出密文字母 X 对应于明文字母 C。从密文 EVBT 可推出密文字母 E 对应于明文字母 M。从密文 IFZZXC 可推出密文字母 F 对应于明文字母 P。从密文 FZHRDHEZY 可推出密文字母 Y 对应于明文字母 D。从密文 JZXCBDSDAT 可推出密文字母 A 对应于明文字母 G。同时注意到三字母尾 LBA 的频率较高，进一步证明这一推断是正确的。从密文 YKHLBA 可推出密文字母 K 对应于明文字母 U。从密文 LEFHDNZY 可推出密文字母 N 对应于明文字母 V。最后从 WHZVMVPZHZ 可知 M 对应于 K。至此，整个密文全部译出：

DURING THE LAST TEN YEARS THE ART OF SECURING ALL FORMS OF DATA INCLUDING DIGITAL SPEECH HAS IMPROVED MANYFOLD THE PRIMARY REASON FOR THIS HAS BEEN THE ADVENT OF MICROELECTRONICS THE COMPLEXITY OF THE FUNCTION THAT CAN NOW BE PERFORMED BY THE MACHINE HAS RISEN DRAMATICALLY AS A RESULT OF THIS RECENT DEVELOPMENT IN TECHNOLOGY MANY OF THE CIPHER SYSTEM THAT WERE ONCE CONSIDERED SECURE ARE NOW BREAKABLE

从以上例子可以看出，破译单代替密码的大致过程是：首先统计密文的各种统计特征，如果密文量比较大，则完成这步后便可确定出大部分密文字母；其次分析双字母、三字母密文组，以区分元音和辅音字母；最后分析字母较多的密文，在这一过程中大胆使用猜测的方法，如果猜对一个或几个词，就会大大加快破译过程。密码破译是十分复杂和需要极高智力的劳动。世界上第一台计算机一诞生便投入密码破译的应用，目前计算机已经成为密码破译的主要工具。可以预计，随着计算机技术的发展，计算机在密码破译中将会发挥更大的作用。

本章小结

本章主要介绍了两种典型的古典密码，即置换密码和代替密码。对古典密码的分析破译方法也进行了简要介绍。古典密码虽然简单，且易于破译，但其编制的思想对近代和现代密码学有着重要影响。后续序列密码和分组密码中一些典型的密码算法还用到了置换密码和代替密码。

思考题与习题

1. 置换密码与代替密码的区别是什么？
2. 用 playfair 算法加密明文 "playfair cipher was actually invented by wheatstone"。密钥是 cryptography。
3. 用 Vigenere 算法加密明文 "we are discovered save yourself"。密钥是 deceptive。
4. 已知某密码算法的加密方式为：$C = f_2(f_1(M))$，其中 M 为明文，C 为密文，变换 f_1 为 $C = (7M+5) \bmod 26$，变换 f_2 为置换 $T = (31254)$，今收到一份用这种密码加密的密文 C=ficxsebfiz，求对应的明文 M。
5. 设英文字母 A, B, C, ···, Z 分别编码为 0,1,···,25。已知单表加密变换为：$C = (11M+2) \bmod 26$，其中 M 表示明文，C 表示密文。试对密文 VMWZ 解密。
6. 频率分析法的基本方法是什么？
7. 为什么单表代替密码的保密性较差？如何对其进行改进？

第三章 序列密码

密码类型根据对明文消息加密方式的不同而分为序列密码和分组密码二大类。二者的主要区别在于对明文消息进行加密时的分组大小。序列密码可按字节、字符、单码、比特进行加密，通常是将明文消息逐位加密。而分组密码是将明文消息分组，然后逐组进行加密。

第一节 序列密码概述

一、序列密码起源

序列密码是现代密码学中的重要体制之一，它的起源可以追溯到 20 世纪 20 年代的 Vernam 体制。Vernam 体制的关键是生成随机的密钥序列，由于产生、存储以及分配随机密钥序列在当时都存在着一定的困难，所以 Vernam 体制没有得到广泛的应用。70 年代以来，随着数学理论和微电子技术的发展与完善，伪随机序列的产生、存储及分配都有了完善的理论和技术支撑，因此序列密码得到了长足的发展和应用。

二、序列密码原理

序列密码又称为流密码（stream cipher），其加密原理是将明文流与密钥流按顺序比特进行模二加（异或）运算，从而产生密文流的过程。

序列密码体制主要有两种：第一种是随机加密体制，即明文与随机的密钥序列相结合形成密文。如随机的"一次一密"密码体制。该体制的编码思想起源于 20 世纪 20 年代弗纳姆（Vernam）提出的一次一密纸带体制。当时弗纳姆提出，把二进制乱数记录在纸带上，发报时输入纸带并使它与二进制明文进行二进制模二加。这种体制的保密性完全取决于乱数的随机性。后来，香农证明了如果乱数是真正随机的，则这种体制就是理论上不可破的。第二种是伪随机加密体制，即明文与伪随机密钥发生器产生的伪随机乱数相结合而形成密文。该体制的保密程度不仅与产生的伪随机乱数的质量有关，而且取决于密码方案的整体保密性，即要求方案中各个环节的不可分离性要好。

"一次一密"密码在理论上是不可被译的这一事实使人们感觉到，如果能以某种方式仿效"一次一密"密码，则将可以得到保密性很高的密码。长期以来，人们试图以序列密码的方式仿效"一次一密"密码，从而促进了序列密码的研究和发展。目前，序列密码的理论已经比较成熟，而且有工程实现容易、效率高等特点，所以序列密码成为许多重要领域应用的主流密码体制。

为了序列密码的安全应使用尽可能长的密钥，而长密钥的存储、分配都很困难。于是人们采用了一个短的种子密钥来控制某种算法产生出长的密钥序列，供加解密使用，而短的种子密钥的存储、分配都容易。

如图 3-1-1 所示，给出了序列密码的原理，序列密码加解密器采用简单的模 2 加法器，这使得序列密码的工程实现十分方便。于是，序列密码的关键是产生密钥序列的算法。密钥序列产生算法应能产生随机性和不可预测性好的密钥序列，目前已有许多产生优质密钥序列的算法。保持通信双方的精确同步是序列密码实际应用中的关键技术。由于通信双方必须能够产生相同的密钥序列，所以这种密钥序列不可能是真随机序列，只能是伪随机序列，即具有良好的随机性和不可预测性的伪随机序列。

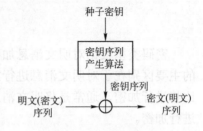

图 3-1-1　序列密码

为了产生出随机性好而且周期足够长的密钥序列，密钥序列产生算法都采用带存储的时序算法，其理论模型为有限自动机，其实现电路为时序电路，因此，如何设计一个良好的密钥流发生器，使其产生随机性好的密钥流是序列密码体制的关键所在。

第二节　保　密　理　论

1949 年，香农《保密系统的通信理论》的论文首次用概率统计的观点对信息保密问题作了全面阐述，为密码系统的设计与分析提供了科学的思路和手段，宣告了科学密码学时代的到来。

本章首先介绍信息论的基本概念，进一步给出了密码学中的信息论模型及密码系统的完善保密性。与信息论方法不同，计算复杂性理论是研究密码保密性的另一种重要方法，在密码分析中有十分重要的应用，本章最后简单介绍计算复杂性理论。

一、信息论基本概念

（一）信息量和熵

从生活经验中我们知道，当知道一场比赛的结果时，就从该比赛结果中获得了一定信息，因为在比赛结果公布之前，我们并不能确定比赛结果。事实上，我们是从结果不能预先确定的事件的发生中获得信息的，即信息蕴含于事件发生结果的不确定性中。对于不确定性，其数学模型可以用概率论中的概率分布描述。

定义 3.1　设 $X=\{x_1, x_2, \cdots, x_n\}$ 是一个 n 元事件集合，p 是集合 X 上的一个概率分布，即 x_i 出现的概率为 $p(x_i) \geq 0$，且 $\sum_{i=1}^{n} p(x_i) = 1$，则称 (X, p) 是一个实验，并称 x_i 是该实验的一个随机事件，其中 $p(x_i)$ 是随机事件 x_i 出现的概率。

对于物质的质量、长度等属性，我们已有相应的定量刻画方法，那么如何定量刻画信息呢？生活经验告诉我们，如果你事先知道某随机事件 x_i 出现的概率 $p(x_i)$ 很大，那么事件 x_i 的发生就没有提供多大的信息，特别地，当知道一事件必定发生时，则该事件发生后没有提供任何信息；反之，如果你知道该随机事件出现的概率 $p(x_i)$ 很小，那么 x_i 一旦发生就提供了很大的信息。因此，如果将一个随机事件 x_i 提供的信息量 $I(x_i)$ 作为该事件发生概率 $p(x_i)$ 的函数，即 $I(x_i)=f(p(x_i))$，则函数 f 应该具有以下性质。

（1）信息量 $I(x_i)$ 是概率 $p(x_i)$ 的单调递减函数。

（2）$I(x_i) \geq 0$，且当 $p(x_i)=1$ 时，$f(p(x_i))=0$。

（3）如果事件 x_i 和 y_j 是独立的，则事件 x_iy_j 提供的信息量应是事件 x_i 和 y_j 分别提供的信息量之和，即 $f(p(x_i)p(y_j))=f(p(x_i))+f(p(y_j))$。

香农将事件 x_i 的自信息量 $I(x_i)$ 定义为该事件概率的负对数，该定义符合上述 3 条基本性质。

定义 3.2 设 $X=\{x_1, x_2, \cdots, x_n\}$，$p$ 是集合 X 上的一个概率分布，即 x_i 出现的概率为 $p(x_i) \geq 0$，且 $\sum_{i=1}^{n} p(x_i) = 1$，则 $I(x_i) = -\log_b p(x_i)$ 是事件 x_i 的自信息量。

对数的底决定了信息量的单位，当以 2 为底时，信息量的单位是比特（bit）；当以 e 为底时，信息量的单位是奈特（nat）；当以 10 为底时，信息量的单位是迪特（det）。底的选取由所分析的问题决定。在没有特殊说明的情况下，本书约定 $b=2$，即信息量单位取为比特。

例 3.1 设某密码算法的密钥由 64 个二进制数组成，所有可能密钥构成的集合为 $X=\{0,1\}^{64}$，且每个密钥的选取概率都相等，则利用穷举攻击法一旦破译成功，就可获得 64bit 的密钥信息。

信息量是针对事件集合中一个特定事件定义的，那么整个事件集合 X 的信息量的平均值该如何定义呢？

定义 3.3 设 $X=\{x_1, x_2, \cdots, x_n\}$，$p$ 是集合 X 上的一个概率分布，即事件 x_i 出现的概率为 $p(x_i) \geq 0$，且 $\sum_{i=1}^{n} p(x_i) = 1$，则集合 X 中事件 x_i 出现时提供的信息量的数学期望

$$H(X) = \sum_{i=1}^{n} p(x_i) I(x_i) = -\sum_{i=1}^{n} p(x_i) \log_2 p(x_i)$$

为概率分布 p 的熵。熵即实验前，实验结果平均包含的未知信息量，也即实验结果的平均不确定程度，或实验后，从实验结果中平均获得的信息量。

例 3.2 设 $X=\{x_0, x_1, x_2\}$，$p(x_0)=0.5$，$p(x_1)=p(x_2)=0.25$，则 $I(x_0) = -\log_2 p(x_0) = \log_2 2 = 1\text{bit}$，$I(x_1) = I(x_2) = \log_2 4 = 2\text{bit}$，因此 $H(X)=0.5\times1+0.25\times2+0.25\times2=1.5\text{bit}$

熵具有下列性质。

（1）确定性：当事件集 X 中某随机事件出现的概率为 1 时，$H(X)=0$。

（2）非负性：$H(X) = -\sum_{i=1}^{n} p(x_i) \log_2 p(x_i) \geq 0$。

（3）极值性：当事件集 X 中的事件等概出现时，$H(X)$ 达到最大值 $\log_2 n$，即

$$H(X) \leqslant \log_2 n$$

（4）可加性：若两个事件集 X 与 Y 相互独立，则事件集 XY 的熵等于各事件集的熵之和，即

$$H(XY)=H(X)+H(Y)$$

熵的基本性质与我们对信息量的直觉是一致的，且易证熵满足性质（1）、（2）、（4），对于性质（3）的证明则需用到引理 3.1。

引理 3.1（Jensen 不等式） 设 f 是区间 I 上的一个连续严格凸函数，若 $a_i>0$ 且 $a_1+a_2+\cdots+a_n=1$，则对任意，有 $x_1,x_2,\cdots,x_n \in I$

$$\sum_{i=1}^n a_i f(x_i) \leqslant f\sum_{i=1}^n a_i x_i$$

等号成立当且仅当 $x_1=x_2=\cdots=x_n$。

下面证明性质（3）。

证明：根据 $H(X)$ 的定义，有 $H(X) \geqslant 0$。根据 Jensen 不等式，有

$$H(X) = -\sum_{i=1}^n p(x_i)\log_2 p(x_i)$$

$$= \sum_{i=1}^n p(x_i)\log_2 \frac{1}{p(x_i)} \leqslant \log_2 \sum_{i=1}^n p(x_i) \times \frac{1}{p(x_i)} = \log_2 n$$

等号成立当且仅当 $p(x_i)=1/n$，$1 \leqslant i \leqslant n$。

（二）联合熵、条件熵和平均互信息

现实生活中的事件都不是独立的，很多随机事件之间都相互有联系和影响，例如，密文空间的概率分布是由明文空间及密钥空间的概率分布共同决定的。如何定量刻画多个随机事件相互提供的信息量呢？本节讨论联合熵、条件熵和互信息的概念。

定义 3.4 设集合 $X=\{x_1,x_2,\cdots,x_n\}$，$Y=\{y_1,y_2,\cdots,y_n\}$，$p(x_i,y_j)$ 是 $X \times Y$ 上的一个概率分布，令

$$H(X,Y)=\sum_{i,j}p(x_i,y_j)I(x_i,y_j)=-\sum_{i,j}p(x_i,y_j)\log_2 p(x_i,y_j)$$

则称 $H(X,Y)$ 为 X 与 Y 的联合熵。

其中，$I(x_i,y_j)$ 是随机事件 x_i 与 y_j 自信息量，$H(X,Y)$ 则反映了事件集 X 和 Y 所包含的平均未知信息量。

定义 3.5 设集合 $X=\{x_1,x_2,...,x_n\}$，$Y=\{y_1,y_2,...,y_n\}$，$p(x_i|y_j)$ 是在事件 y_j 发生条件下事件 x_i 发生的概率，令

$$H(X|Y)=\sum_{i,j}p(x_i,y_j)I(x_i|y_j)=-\sum_{i,j}p(x_i,y_j)\log p(x_i|y_j)$$

则称 $H(X|Y)$ 为 X 关于 Y 的条件熵。

其中，$I(x_i|y_j)$ 为在事件 y_j 发生条件下 x_i 的条件自信息量。

下面介绍熵的链法则，将联合熵、条件熵和信息熵之间联系起来。

定理 3.1（熵的链法则）

$$H(X, Y)=H(Y)+H(X|Y)=H(X)+H(Y|X)$$

熵的链法则可推广到 n 个事件集的情况：

$$H(X_1, X_2, \cdots, X_n)=H(X_1)+H(X_2|X_1)+\cdots+H(X_n|X_1\cdots X_{n-1})$$

$H(X|Y)$ 反映在事件集 Y 已知条件下，事件集 X 仍具有的平均未知信息量。显然 $H(X|Y) \leqslant H(X)$，当且仅当 X 与 Y 相互独立时等号成立，这说明在限定条件情况下熵会减小，将减小的这部分熵定义为平均互信息量，即

$$I(X; Y)=H(X)-H(X|Y) \text{ 或 } I(X; Y)=H(Y)-H(Y|X)$$

$I(X; Y)$ 可理解为从 Y 中提取的 X 的信息量；或者从 X 中提取的 Y 的信息量。熵、条件熵、联合熵、平均互信息量之间的关系可用图 3-2-1 表示。

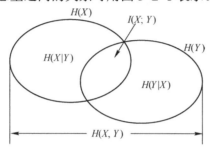

图 3-2-1　各类熵之间的关系图

易证定理 3.2 及定理 3.3 成立。

定理 3.2　$I(X; Y)=H(X)+H(Y)-H(X, Y)$

定理 3.3　$I(X; Y) \geqslant 0$ 且 $I(X; Y)=0$ 的充要条件是 X 与 Y 相互独立。

二、香农保密理论

评价一个密码体制的安全性主要有 3 种不同标准：一种是计算安全性，又称为实际保密性。在现实生活中，人们通常通过几种特定的攻击类型来研究计算上的安全性，如穷尽密钥搜索攻击。一个密码系统是"计算上安全的"，即利用已有的最好方法破译该密码系统所需要的时间、空间或资金代价超过了攻击者所能承担的范围。问题在于目前还没有一个已知的密码体制可以在这个定义下被证明是安全的，但由于这一标准的可操作性，它又成为最适用的标准之一。

第二种标准是可证明安全性，它将对密码体制的任何有效攻击都规约到解一类已知难题，即使用多项式规约技术形式化证明一种密码体制的安全性，例如椭圆曲线公钥密码算法可以归约为椭圆曲线离散对数难题。但该方法只是说明密码体制的安全性和另一个问题是相关的，并没有完全证明安全性。

第三种是无条件安全或完善保密，即使攻击者拥有无限的计算资源仍然不能破译该密码系统，则称其为无条件安全。

在上述 3 条安全标准的判定中，只有无条件安全性和信息论有关，为利用信息论研

究密码体制的完善保密性,首先给出密码体制的概率模型。

（一）密码体制的概率模型

信息的传输是由通信系统完成的,而信息的保密则是由密码系统完成的。在通信过程中,发送方发出的信息 m 在信道中进行传输时往往受到各种干扰,使 m 出错变成 m',合法接收者要从 m' 中恢复 m,必须识别出 m' 中哪些信息是错的。因此,发送方需要对 m 进行适当编码,使合法接收者通过译码器对 m' 中的错误进行纠正。对消息 m 进行加密的过程类似于对 m 进行干扰,密文 c 相当于被干扰的信息 m',破译者相当于在有干扰信道下的接收者,他要设法去除"干扰"还原出明文,密码系统如图3-2-2所示。

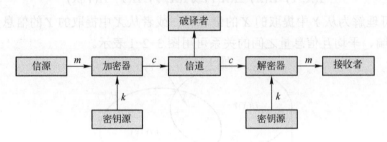

图 3-2-2 密码系统模型图

1. 信源

离散信源可以产生字符或字符串,设源字母表为：$X=\{a_i|i=0,1,\cdots,q-1\}$,其中 q 为正整数,即信源中字母的个数。字母 a_i 出现的频率为 $p(a_i)$,$0 \leqslant p(a_i) \leqslant 1$,$0 \leqslant i \leqslant q-1$,且 $\sum_{i=0}^{q-1} p(a_i)=1$。若只考虑长为 r 的信源,则明文空间为

$$M=\{m|m=(m_1, m_2, \cdots, m_r)| m_i \in X, 1 \leqslant i \leqslant r\}$$

若信源是无记忆的,则

$$p(m)=p(m_1, m_2, \cdots, m_r)=\prod_{i=1}^{r} p(m_i)$$

若信源是有记忆的,则需要考虑明文空间 M 中各元素的概率分布。信源的统计特性对密码体制的设计和分析有重要影响。

2. 密钥源

密钥源用于产生密钥,密钥通常是离散的。设密钥源字母表为 $Y=\{b_j|j=0,1,\cdots,p-1\}$,其中 p 是一个正整数,表示密钥源字母表中字母的个数。字母 b_j 的出现概率记为 $p(b_j)$,$0 \leqslant p(b_j) \leqslant 1$,$0 \leqslant j \leqslant p-1$,且 $\sum_{i=0}^{p-1} p(b_i)=1$。

密钥源通常是无记忆的,并且满足均匀分布。因此 $p(b_j)=1/p$,$0 \leqslant i \leqslant p-1$。若只考虑长为 s 的密钥,则密钥空间为

$$K=\{k|k=(k_1, k_2, \cdots, k_s)| k_j \in Y, 1 \leqslant j \leqslant s\}$$

一般情况下,合法的密文接收者知道密钥空间 K 和所使用的密钥 k,且明文空间和

密钥空间是相互独立的。

3．加密器

加密器在密钥 $k=(k_1, k_2, \cdots, k_s)$ 的控制下将明文 $m=(m_1, m_2, \cdots, m_r)$ 变换为密文 $c=(c_1, c_2, \cdots, c_t)$，即

$$(c_1, c_2, \cdots, c_t)=E_k(m_1, m_2, \cdots, m_r)$$

其中 t 是密文长度，一般情况下，密文的长度与明文长度相同，即 $t=r$，且密文字母表与明文字母表也相同。所有可能的密文构成密文空间 C，密文空间的统计特性由明文空间的统计特性和密钥空间的统计特性所决定，知道明文空间和密钥空间的概率分布，就可以确定密文空间的概率分布。

例 3.3 设有一个密码系统，明文空间 $M=\{a, b\}$，明文空间的概率分布为 $p(a)=1/4$，$p(b)=3/4$。密钥空间 $K=\{k_1, k_2, k_3\}$，密钥空间的概率分布为 $p(k_1)=1/2$，$p(k_2)=1/4$，$p(k_3)=1/4$。密文空间 $C=\{1, 2, 3, 4\}$。加密变换如表 3-2-1 所示，计算 $H(M)$，$H(K)$，$H(C)$，$H(M|C)$，$H(K|C)$。

表 3-2-1 例 3.3 的加密表

密钥	明文	
	a	b
k_1	1	2
k_2	2	3
k_3	3	4

$$H(M) = -p(a)\log_2 p(a) - p(b)\log_2 p(b)$$
$$= -\frac{1}{4}\log_2 \frac{1}{4} - \frac{3}{4}\log_2 \frac{3}{4} \approx 0.81$$

$$H(K) = -p(k_1)\log_2 p(k_1) - p(k_2)\log_2 p(k_2) - p(k_3)\log_2 p(k_3)$$
$$= -\frac{1}{2}\log_2 \frac{1}{2} - \frac{1}{4}\log_2 \frac{1}{4} - \frac{1}{4}\log_2 \frac{1}{4} = 1.5$$

为计算 $H(C)$，需首先计算密文的概率分布。

$$p(c=1) = p(m=a)p(k=k_1) = \frac{1}{4} \times \frac{1}{2} = \frac{1}{8}$$

$$p(c=2) = p(m=a)p(k=k_2) + p(m=b)p(k=k_1) = \frac{1}{4} \times \frac{1}{4} + \frac{3}{4} \times \frac{1}{2} = \frac{7}{16}$$

$$p(c=3) = p(m=a)p(k=k_3) + p(m=b)p(k=k_2) = \frac{1}{4} \times \frac{1}{4} + \frac{3}{4} \times \frac{1}{4} = \frac{1}{4}$$

$$p(c=4) = p(m=b)p(k=k_3) = \frac{3}{4} \times \frac{1}{4} = \frac{3}{16}$$

因此

$$H(C) = -\frac{1}{8}\log_2 \frac{1}{8} - \frac{7}{16}\log_2 \frac{7}{16} - \frac{1}{4}\log_2 \frac{1}{4} - \frac{3}{16}\log_2 \frac{3}{16} \approx 1.85$$

为计算 $H(M|C)$，需首先计算已知密文情况下明文的概率分布。

$$p(1|a) = p(k_1) = \frac{1}{2}, \, p(1|b) = 0$$

$$p(2|a) = p(k_2) = \frac{1}{4}, \ p(2|b) = p(k_1) = \frac{1}{2}$$

$$p(3|a) = p(k_3) = \frac{1}{4}, \ p(3|b) = p(k_3) = \frac{1}{4}$$

$$p(4|a) = 0, \ p(4|b) = p(k_3) = \frac{1}{4}$$

由贝叶斯公式可得

$$p(a|1) = \frac{p(a)p(1|a)}{p(1)} = \frac{\frac{1}{4} \times \frac{1}{2}}{\frac{1}{8}} = 1$$

同理可计算出

$p(b|1)=0$，$p(a|2)=1/7$，$p(b|2)=6/7$，$p(a|3)=1/4$，$p(b|3)=3/4$，$p(a|4)=0$，$p(b|4)=1$

于是

$$H(M|C) = p(1)H(M|1) + p(2)H(M|2) + p(3)H(M|3) + p(4)H(M|4)$$
$$= -\frac{1}{8}(1 \times \log_2 1 + 0 \times \log_2 0) - \frac{7}{16}\left(\frac{1}{7}\log_2 \frac{1}{7} + \frac{6}{7}\log_2 \frac{6}{7}\right)$$
$$- \frac{1}{4}\left(\frac{1}{4} \times \log_2 \frac{1}{4} + \frac{3}{4}\log_2 \frac{3}{4}\right) - \frac{3}{16}(0 \times \log_2 0 + 1 \times \log_2 1) \approx 0.46$$

同理可计算出 $H(K|C)$。

（二）唯一解码量

在设计密码体制时，应使破译者从密文 c 中尽可能少获得原明文信息，而合法接收者则要从密文 c 中尽可能多地获取原明文信息。本节讨论敌手截取的密文长度与密码体制安全性之间的关系，首先应用证明过的有关密码体制的熵结构，给出密码体制的各类熵之间的基本关系，其中条件熵 $H(K|C)$ 称为密钥含糊度，度量了给定密文条件下密钥仍然具有的不确定性，定理 3.4 给出了 $H(K|C)$ 的计算方法。

定理 3.4 设 M, C, K 分别是明文空间、密文空间和密钥空间，则有

$$H(K|C) = H(K) + H(M) - H(C)$$

证明： 根据熵的链法则，有

$$H(K, M, C) = H(C|K, M) + H(K, M)$$

在已知明文及密钥的情况下，条件熵 $H(C|K, M)=0$，由于明文空间与密钥空间统计独立，因此有

$$H(K, M, C) = H(K, M) = H(K) + H(M)$$

同理，有

$$H(K, M, C) = H(M|K, C) + H(K, C) = H(K, C)$$

所以

$$H(K|C) = H(K, C) - H(C) = H(K, M, C) - H(C) = H(K) + H(M) - H(C)$$

由条件熵的性质，有 $H(K|C^{r+1}) \leq H(K|C^r)$，即随着 r 的增加，密钥含糊度 $H(K|C^r)$ 是非增的。若 $H(K|C^r) \to 0$，就可唯一确定密钥，从而实现破译。

定义 3.6 称 $v=\min\{r\in N: H(K|C^r)=0\}$ 是密码体制在唯密文攻击下的唯一解码量。

当截获的密文数量小于 r 时，存在多种可能的密钥，这些可能的密钥称为伪密钥。例如，单表加密中密文为"WANAJW"，通过穷举攻击，可以得到两个"有意义的"明文："river"和"arena"分别对应密钥 $k=5$ 和 $k=22$，这两个密钥中，只有一个是正确的，另一个就是伪密钥，因此，该密码体制的唯一解码量应大于 5。

之所以能从密文中获取密钥信息，实质上利用了明文字符序列的非均匀分布特性，即冗余度。由熵的极值性知等概信源具有最大熵，长度为 L 的明文字符序列所能达到的最大熵为 $L\log_2|X|$，其中 $|X|$ 是所有明文字符集合 X 中的元素个数，而自然语言通常都不是等概的，设明文的实际熵只有 $H(X^L)$，将等概明文空间与明文实际熵之间的差值称为该语言的冗余度，即该明文序列具有的已被确定的信息量 D_L。冗余是指一串字母或单词中有一部分字母或单词是多余的，它们的存在完全是由于语法规律、格式规律及统计规律的需要，例如，英语中的冠词"The"对句子的含义并没有什么影响。

定义 3.7 对于明文字符集 X，称

$$D_L = L\log_2|X| - H(X^L)$$

为长度为 r 的明文序列的冗余度，并称

$$\delta_L = \frac{D_L}{L} = \log_2|X| - \frac{H(X^L)}{L}$$

为长度为 L 的明文序列单字符的平均冗余度。

例 3.4 对于由 128 个二进制数构成的某类密钥的熵是 56bit，其每个字母的最大熵可以达到

$$\delta_L = \log_2|X| - \frac{H(X^L)}{L} = 1 - \frac{56}{128} = 0.56 \text{ bit}$$

不同类别的明文具有不同冗余度，只要针对长度为 L 的该类明文进行大量统计就会发现，当 L 很大时，δ_L 的值就会趋于稳定，因此，一类明文的冗余度实际上是对该类明文进行大量统计后得到的。

$$\delta = \lim_{L\to\infty}\delta_L = \lim_{L\to\infty}\frac{D_L}{L}$$

例如，普通英语每个字母平均冗余信息量为 3.2bit。

那么，在唯密文攻击条件下，密钥含糊度何时为零呢？

定理 3.5 设密文字符是近似随机的，且明文字符集 X 与密文字符集 Z 中的元素个数相同，则唯一解码量

$$v = H(K)/\delta$$

定理 3.5 直观解释为：每个密文字符平均泄露 δ bit 的密钥信息，当密文序列中各字符相互独立时，v 个密文字符平均泄露 δv bit 的密钥信息，密钥共有 $H(K)$ 比特信息，因此要从 v 个密文字符中获得全部密钥信息，只需 δv 与 $H(K)$ 相等即可。

（三）完善保密密码体制

依据密码体制的概率模型，条件熵 $H(M|C)$ 表示密文已知时，明文仍然具有的不确定

度，平均互信息 $I(M; C)$ 是密文泄露有关明文信息量的一种测度。同时，条件熵 $H(K|C)$ 表示密文已知时，密钥仍然具有的不确定度，而平均互信息 $I(K; C)$ 是密文泄露有关密钥信息量的一种测度，上述熵之间的关系如图 3-2-3 所示。

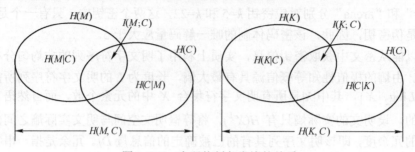

图 3-2-3 密码体制各类熵的关系

可以证明：

$$I(M; C)=H(M)-H(M|C)$$
$$I(K; C)=H(K)-H(K|C)$$

并且对于任意密码系统，已知密钥和密文，可以唯一确定明文，即 $H(M|CK)=0$，所以有 $I(M; CK)=H(M)-H(M|CK)=H(M)$。

定理 3.6 对于任意密码系统，有 $I(M; C) \geqslant H(M)-H(K)$。

证明：对于任意密码系统，已知密文及密钥可以求出明文，即 $H(M|KC)=0$，因此有

$$H(K|C)=H(K|C)+H(M|KC)$$
$$=H(KC)-H(C)+H(M|KC)$$
$$=H(MKC)-H(C)$$
$$=H(MK|C)$$
$$=H(K|MC)+H(MC)-H(C)$$
$$=H(M|C)+H(K|MC)$$
$$\geqslant H(M|C)$$

又因为 $H(K) \geqslant H(K|C)$，所以有

$$I(M; C)=H(M)-H(M|C) \geqslant H(M)-H(K|C) \geqslant H(M)-H(K)$$

定义 3.8 设 M 和 C 分别是一个密码体制的明文空间和密文空间，若 $I(M; C)=0$，则称该密码体制是完善保密的。

一个完善保密码体制需要满足哪些条件呢？定理 3.7 给出了完善保密密码系统需满足的必要条件，定理 3.8 给出了完善保密密码系统的另一充要条件。

定理 3.7 一个密码系统完善保密的必要条件是 $H(K) \geqslant H(M)$。

定理 3.8 设 (M, C, K, E, D) 是一密码体制，满足 $|M|=|C|=|K|$，该密码体制是完全保密的，当且仅当每一密钥被等概率地使用，且对任意明文 x 和密文 y，存在唯一密钥 k，将 x 加密成 y。

证明：假设这个密码体制是完善保密的。由上面可知，对于任意的 $x \in M$ 和 $y \in C$，一定至少存在一个密钥 k 满足 $E_k(x)=y$，因此有不等式：

$$|C|=|\{E_k(x), k\in K\}|\leqslant|K|$$

但是我们假设$|C|=|K|$，因此一定有

$$|\{E_k(x), k\in K\}|=|K|$$

即不存在两个不同的密钥 k_1 和 k_2 使得

$$E_{k_1}(x) = E_{k_2}(x) = y$$

因此对于 $x\in M$ 和 $y\in C$，刚好存在一个密钥 k 使得 $E_k(x)=y$。

记 $n=|K|$，设 $M=\{x_i, 1\leqslant i\leqslant n\}$ 并且固定一个密文 $y\in C$，设密钥为 $k_1, k_2, \cdots, k_n$，并且

$$E_{k_i}(x_i) = y, 1\leqslant i\leqslant n$$

使用贝叶斯定理，有

$$p(x_i\mid y) = \frac{p(y\mid x_i)p(x_i)}{p(y)} = \frac{p(K=k_i)p(x_i)}{p(y)}$$

考虑完善保密的条件 $p(x_i|y)=p(x_i)$。在这里，我们有 $p(k_i)=p(y)$，$1\leqslant i\leqslant n$，也就是说，所有密钥都是等概率使用的。密钥的数目为 K，我们得到对任意 $k\in K$，有 $p(k)=1/|K|$。若两个假设的条件都是成立的，可得到密码体制是完善保密的。

定理 3.8 也可描述为定理 3.9。

定理 3.9 设 $E: M\times K\to C$ 是一个密码体制的加密算法，且 $|M|=|C|=|K|$，若该密码体制利用密钥序列 $\{k_i\}_{i=1}^{n}$ 按照 $c_i=E(k_i, m_i)$ 的方式对 M 上的明文序列 $\{m_i\}_{i=1}^{n}$ 加密，则该密码体制是完善保密的当且仅当以下两个条件成立：

（1）密钥序列 $k_1, k_2, \cdots, k_n$ 相互独立，且 $k_i(1\leqslant i\leqslant n)$ 在 K 上服从均匀分布。

（2）对任意 $m\in M$，$c\in C$ 都存在唯一的密钥 $k\in K$，使得 $E_k(m)=c$。

一次一密密码系统是信息论中用于说明完善保密性的经典实例，设明文为 $m=m_1m_2\cdots m_r$，密钥为 $k=k_1k_2\cdots k_r$，密文为 $c=c_1c_2\cdots c_r$，并假设所有数据均表示为二进制序列，加密算法为按位模 2 加，即 $c_i=m_i\oplus k_i$。

定理 3.10 一次一密密码系统是完善保密的。

证明：一次一密密码系统的真值表如表 3-2-2 所示。

表 3-2-2 一次一密加密运算真值表

m_i	k_i	c_i
0	0	0
0	1	1
1	0	1
1	1	0

条件概率 $p(m_i|c_i)$ 计算如下：

$$p(0|0) = p(1|0) = p(0|1) = p(1|1) = \frac{1}{2}$$

明文空间的概率分布为

$$p(1) = p(0) = \frac{1}{2}$$

所以对 $\forall m_i, c_j \in \{0,1\}$，有 $p(m_i|c_j)=p(m_i)$，因此互信息为

$$I(m_i;c_j) = \log \frac{p(m_i|c_j)}{p(m_i)} = 0$$

故 $I(M;C)=0$，即明文与密文统计独立。

一般情况下的完善保密系统应该如何设计呢？

"一次一密"密码系统具有完善保密性，即从密文中得不到关于明文或密钥的任何信息，但该体制中真随机密钥序列较难产生，而且该体制所需密钥数量同明文数量一样，即随着明文的增长，密钥也同步增长，从而对大量真随机密钥的存储、传输和管理带来很大难度，较难实现。但在军事和外交领域，一次一密密码体制仍然有着重要应用。

三、计算复杂性理论

理论上的保密性是基于攻击者拥有无限资源的假设下进行研究的，实际上攻击者所拥有的设备和时间总是有限的，因此，无论是密码设计者还是破译者，都十分重视密码的实际保密性能，即该密码系统在现有计算资源下，被破译所需时间是否同消息的最小保密时间相符，所需空间是否大于现有计算机容量。

由于理论上保密的密码体制在密钥的传输、存储和销毁过程难以确保密钥序列的秘密性，密钥使用过程中的复用也会破坏密钥的随机性，因此，现代密码设计一般不再追求完善保密性，转而关注密码体制的实际保密性。研究密码的实际保密性，计算复杂性理论是一个重要工具。本节给出计算复杂性理论的主要概念、算法的复杂性、问题的复杂性、易解问题和难解问题等概念。

（一）问题与算法

现代密码分析需要借助计算机完成，然而计算机的处理速度在不断提高，应当如何度量一个问题的复杂性呢？首先给出"问题"的定义。

定义 3.9 问题是一个需要回答的一般性提问，由三部分组成。

（1）输入参数 a。

（2）输出参数 x，即问题的答案。

（3）答案 x 应满足的约束条件或性质。

如果给问题的所有未知参数均制定了具体值，就得到该问题的一个实例。

例如背包问题：给定 n 个整数 $a_1, a_2, \cdots, a_n$ 和整数 s，问是否存在 n 维二元向量$(x_1, x_2, \cdots, x_n)$，使得 $a_1x_1+a_2x_2+\cdots+a_nx_n=s$。

这里：

（1）$a_1, a_2, \cdots, a_n$ 和整数 s 是输入参数。

（2）n 维二元向量$(x_1, x_2, \cdots, x_n)$是输出参数。

（3）答案应满足的约束条件就是 $a_1x_1+a_2x_2+\cdots+a_nx_n=s$。

算法是求解一个问题的、已定义好的、一系列按次序执行的具体步骤，是求解某个问题的一系列计算过程，也可以认为是求解某个问题的通用计算机程序。例如，求两个

整数最大公因数的欧几里得算法。

（二）算法的计算复杂性

一个算法的复杂性是运算它所需的计算能力，由该算法所需的最长时间与最大存储空间所决定。因此，时间复杂性和空间复杂性是刻画一个算法的计算复杂性的两个基本指标。一个算法用于同一问题的不同规模的实例所需时间 T 与空间 S 往往不同，因此将 T 和 S 表示为问题规模 n 的函数 $T(n)$ 和 $S(n)$。一个算法的运行时间是指算法在执行所需的基本运算的次数或步骤。一般地，很难给出 $T(n)$ 的确切表达式，当 n 很大时，$T(n)$ 随 n 变化的速度对算法的计算复杂性起主要作用，数学上，可以用 O 表征 $T(n)$ 随 n 的变化速度。$T(n)$ 的类型是决定算法运行时间的关键因素，当 $T(n)$ 是 n 的指数函数时，随着输入规模 n 的增大，$T(n)$ 的增长非常迅速，这时即使计算机的运行速度有数百万倍的提高，运行时间也不可能有本质的降低。当 $T(n)$ 是 n 的多项式函数时，随着输入规模 n 的增大，$T(n)$ 的增长速度较指数函数的情况要缓慢。

设 $g(n)$ 是规模为 n 的某个多项式，称时间复杂性为 $T(g(n))$ 的算法是多项式时间算法，如果一个算法的时间复杂性不依赖于问题实例的规模 n，即为 $O(1)$，则它是常数的；如果时间复杂性是 $O(an+b)$，则它是线性的，记为 $O(n)$。将非多项式时间算法统称为指数时间算法，时间复杂性为 $O(2^n)$，在指数时间算法中，还有一类复杂性的增长速度介于多项式函数和 $O(2^n)$ 之间的算法，即亚指数级时间算法，$O(2^{\sqrt{n\log n}})$ 之类的算法被称为亚指数时间算法。

下面通过快速模幂算法计算 $x^e \bmod n$ 给出分析计算复杂性的例子。

快速模幂算法：

输入：x，模数 n 和正整数 e；

输出：$x^e \bmod n$

预处理：求出 e 的二进制表示 $e = \sum_{i=0}^{m-1} e_i 2^i$，即计算出 $(e_{m-1}, \cdots, e_1, e_0)$，其中 $e_{m-1}=1$。

主算法：

Step1 预置 $y=1$；

Step2 从 $i=m-1$ 到 $i=0$，依次执行：

（1）$y \leftarrow y^2 \bmod n$；

（2）当 $e_i=1$ 时，执行 $y \leftarrow y \cdot x \bmod n$。

Step3 输出 y。

记 $w_e = \sum_{i=0}^{m-1} e_i$ 是 e 的二进制表示中 1 的个数，则快速模幂运算共需 $m=1+\log_2 e$ 次模平方运算和 w_e 次模乘运算。若将上述两个运算的事件复杂性的量级看作相同的，则其事件复杂性为 $O(\log_2 e)$ 次乘法运算，因此，快速模幂运算具有多项式时间的计算复杂性。

粗略地说，多项式时间算法等同于有效的或好的算法，而指数时间算法则被认为是无效的算法，但当输入的规模不太大时，多项式时间算法的运行时间未必小于指数时间算法的运行时间。

（三）问题的复杂性

问题复杂性理论主要研究一个问题的固有难度，掌握一个问题的固有复杂性，对于密码系统设计和密码分析具有重要意义。在有些情况下一个密码的破译可归约为求解某个典型问题，如果这个典型问题有一个实际可行的解决方案，那么密码破译就可实现。反之，依据某些难解的典型问题可以生成实际不易破译的密码。

求解一个典型问题往往有许多算法，我们关注的是计算复杂性和存储复杂性最好的算法，因为该算法的复杂性反映了问题的固有难度。问题复杂性理论可以帮助我们探讨在求解该问题的许多算法中哪种算法所需的时间和空间最小。问题复杂性理论以算法复杂性理论为工具，将大量典型问题按求解代价进行分类，对于多项式时间内可判定的问题可具体分为 P 问题、NP 问题和 NPC 问题等。

定义 3.10　对于一个问题，若存在一个算法，使得对该问题的解的每个猜测，都能够输出该猜测正确与否的判定，则称该问题是可判定问题，否则称为不可判定问题。

只有可判定问题研究其求解算法才有意义，因此，计算复杂性理论只关注可判定问题。

定义 3.11　对于可判定问题，如果存在一个能够解答该问题的每个实例的算法，则称该问题是可解的，否则称该问题是不可解的。

我们关注的是一个问题的实际可解性，因此一个算法的时间复杂性是多项式事件还是指数时间是十分重要的。

定义 3.12　对于一个问题，若存在一个多项式时间的求解算法，则称该问题是 P 问题；若存在一个多项式时间算法，使得对该问题求解的每个猜测，该算法都能够输出其正确与否的判断，则称该问题是 NP 问题。

一般情况下，NP 问题就是对其解的每个猜测，都能实际可行地验证该猜测是否正确的问题，P 问题就是能够实际可行地求出其解的问题。密码学中的求解问题，大多为 NP 问题，例如，对于加密算法 $c=E(k,m)$，其安全性依赖于密钥求解问题的难解决性，即在已知 c 和 m 的条件下，求解 k 的问题是难解问题，但对每个可能的密钥 k，一般都能在多项式时间内判断出该猜测正确与否。

在 NP 问题中，有一类最难的问题，称为 NP 完全问题，即 NPC 问题。

定义 3.13　称一个 NP 问题是 NPC 问题，如果能够证明该问题是 P 问题，就能够证明所有的 NP 问题都是 P 问题。

计算复杂性理论为密码系统的设计与分析提供了理论依据和可能的途径。在设计密码算法时，通常将在已知密钥时的加解密问题设计成 P 问题，将破译问题最好设计成 NPC 问题，而不能设计成 P 问题，这即是公钥密码的设计思想，具体来讲，是利用单向陷门函数实现数据加密。

计算复杂性理论的密码学价值还体现在，一些 NP 完全理论中的研究方法逐渐被人们所借鉴，例如，利用多项式归约技术形式化证明密码体制或密码协议的安全性目前已得到广泛认可。

第三节　移位寄存器理论

一、移位寄存器

序列密码的关键是设计一个随机性好的密钥流发生器，为了研究密钥发生器，挪威政府的首席密码学家 Ernst Selmer 于 1965 年提出了移位寄存器理论，它是序列密码中研究随机密钥流的主要数学工具。

1．移位寄存器

移位寄存器是指有 n 个寄存器（称为 n-级移位寄存器）$r_1,r_2,\cdots,r_n$ 从右到左排列，每个寄存器中能存放 1 位二进制数，所有寄存器中的数可以统一向右（或向左）移动 1 位，称为进动 1 拍。即 r_1 的值(b_1)右移 1 位后输出，然后 r_2 的值(b_2)送 r_1，r_3 的值(b_3)送 $r_2\cdots$，最后，r_n 的值(b_n)送 r_{n-1}。如图 3-3-1 所示是移位寄存器的示意图。

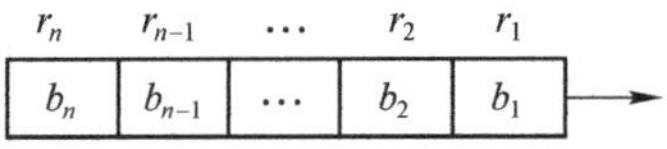

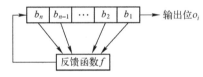

图 3-3-1　移位寄存器的示意图

2．反馈移位寄存器

反馈移位寄存器（feedback shift register，FSR）是由 n 位的寄存器和反馈函数（feedback function）组成，如图 3-3-2 所示。n 位移位寄存器的初始值称为移位寄存器的初态。

图 3-3-2　反馈移位寄存器示意图

反馈移位寄存器的工作原理是：移位寄存器中所有位的值右移 1 位，最右边一个寄存器移出的值是输出位，最左边一个寄存器的值由反馈函数的输出值填充，此过程称为进动 1 拍。反馈函数 f 是 n 个变元($b_1,b_2,\cdots,b_n$)的布尔函数。移位寄存器根据需要不断地进动 m 拍，便有 m 位的输出，形成输出序列 $o_1,o_2,\cdots,o_m$。

反馈函数 f 若对应的布尔函数是线性函数，则称该反馈移存器为线性反馈移存器（记作 LFSR），否则称为非线性反馈移存器（记作 NLFSR）。

一般地，一个 r 级线性移存器的反馈逻辑函数表示为

$$f(x)=c_rx_r\oplus c_{r-1}x_{r-1}\oplus\cdots\oplus c_1x_1$$

其线性递推式为

$$a_n=c_1a_{n-1}\oplus c_2a_{n-2}\oplus\cdots\oplus c_{r-1}a_{n-r+1}\oplus c_ra_{n-r}$$

反馈多项式为

$$F(X)=c_rX^r\oplus c_{r-1}X^{r-1}\oplus\cdots\oplus c_1X\oplus 1$$

（其中 c_i=1 表示该级参加模 2 加；c_i=0 表示不参加模 2 加，常数项 1 表示有反馈）。

例 3.5 图 3-3-3 所示为一个 3-级的反馈移位寄存器，反馈函数 $f(x)=b_3 \oplus b_2$，初态为 010，求其输出序列的前 8bit。

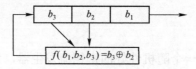

图 3-3-3 3-级的反馈移位寄存器

输出序列生成过程如下：

状态		输出位
010	→	0
101	→	1
110	→	0
011	→	1
101	→	1
110	→	0
011	→	1
101	→	1

因此，对应初态(010)的输出序列的前 8bit 为 01011011。

3．输出序列的周期

移位寄存器的周期是指输出序列中连续且重复出现部分的长度（位数）。如例 3.5 输出序列中连续且重复出现的序列为 101，所以其周期为 3，可表示为 $(101)^\infty$。

4．状态及其转移图

某一时刻移位寄存器中所有位的值称为一个状态。n-级的 FSR 共有 2^n 个状态，例如 3-级移位寄存器的状态共有 $2^3=8$ 个，它们分别是：000，001，010，011，100，101，110，111。

但是，在给定的反馈移位寄存器的输出序列中并非所有的状态都能被用到，如例 3.1 除初始状态以外，仅有 3 个状态周期地参与了输出序列的产生，如图 3-3-4 所示。将输出序列用图的方式表示出来称为序列圈，如图 3-3-5 所示。

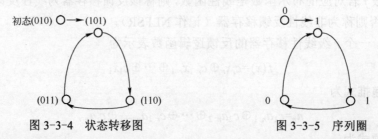

图 3-3-4 状态转移图　　　　　　图 3-3-5 序列圈

二、线性反馈移位寄存器

线性反馈移位寄存器（linear feedback shift register，LFSR），是一种特殊的 FSR，其

反馈函数是移位寄存器中某些位的异或，参与运算的这些位称为抽头位（tap）。如图 3-3-6 所示，是 LFSR 的一般组成结构图，例 3.5 是一个 3-级的 LFSR。

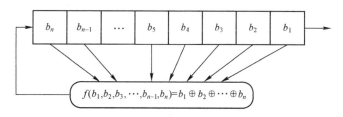

图 3-3-6　LFSR 的一般结构

n-级 LFSR 的有效状态为 2^n-1（全 0 状态除外，因全 0 状态的输出序列一直为全 0），即理论上能够产生周期为 2^n-1 的伪随机序列。但要产生最大周期的输出序列，抽头位有一定的要求。

例 3.6　设 3-级的 LFSR，抽头位为 t_3t_1，即反馈函数 $f(x)=b_3 \oplus b_1$，初态为 010，求其输出序列，并画出其移位寄存器结构图、状态转移图及序列圈。

根据题意可知其 LFSR 结构图如图 3-3-7 所示。

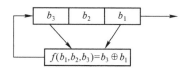

图 3-3-7　3-级 LFSR 结构图

输出序列生成过程如下：

状态		输出位
010	→	0
001	→	1
100	→	0
110	→	0
111	→	1
011	→	1
101	→	1
010	→	0

因此，对应于初态（010）的输出序列为：01001110…，其状态转移图以及序列圈这里略。可以看出其输出序列的周期为 7。

从例 3.5 与例 3.6 可以看到，它们都是 3-级的 LFSR 且初态都相同，区别仅在于抽头位不同，但它们却有不同的输出周期。由此可见，抽头位对输出周期长度的影响起着决定性的作用。

那么初态对输出周期的长度有没有影响呢？不妨设 3-级 LFSR，抽头位为 t_3t_1，如图 3-3-7 所示。设初态为 100，可以求出从初态开始的一个周期的输出序列，它的周期仍为 7,由此可见,对于 n-级的 LFSR,若其周期达到 2^n-1,其输出序列的周期不因初态的改变而变化。那么,如何使 n-级的 LFSR 产生周期尽可能长并且随机性能良好的输出序列呢?

三、m-序列

线性移位寄存器输出序列的性质完全由反馈函数所决定,也即完全由连接多项式所决定,有了连接多项式的概念便可利用数学工具深入研究线性移位寄存器的输出序列的性质。目前,线性移位器的输出序列理论已经十分成熟,n 级线性移位器的状态周期 $\leqslant 2^n-1$,其输出序列的周期 $\leqslant 2^n-1$,只要选择合适的连接多项式便可使线性移位器的输出序列的周期达到最大值 2^n-1,并称此时的输出序列为最大长度线性移位寄存器输出序列,简称为 m-序列。m-序列具有良好的随机性。

(1) 在一个周期内,0 与 1 出现的次数接近相等。即 0 出现的次数为 $2^{n-1}-1$,1 出现的次数为 2^{n-1}。

(2) 称序列中连续的 i 个 1 为长度等于 i 的 1 游程,同样,称序列中连续的 i 个 0 为长度等于 i 的 0 游程,将序列的一个周期首尾相接,其游程总数 $N=2^{n-1}$,其中 1 游程和 0 游程的数目各占一半,当 $n>2$ 时,游程分布如下($1 \leqslant i \leqslant n-2$)。

① 长为 i 的 1 游程有 $N/2^{i+1}$ 个;
② 长为 i 的 0 游程有 $N/2^{i+1}$ 个;
③ 长为 $n-1$ 的 0 游程有 1 个;
④ 长为 n 的 1 游程有 1 个;

(3) 自相关函数 $C(\tau)\begin{cases} 1, & \tau=0 \\ -1/p, & 0<\tau \leqslant p-1 \end{cases}$

由于 m-序列良好的随机性。它不仅在密码方面,而且在通信、雷达等方面都得到广泛应用。

当且仅当连接多项式 $g(x)$ 为本原多项式时,其线性移位寄存器的输出序列为 m-序列。设 $f(x)$ 为 $GF(2)$ 上的多项式,使 $f(x)|x^p-1$ 的最小正整数 p 称为 $f(x)$ 的周期。如果 $f(x)$ 的次数为 n,且其周期为 2^n-1,则称 $f(x)$ 为本原多项式。已经证明,对于任意的正整数 n,至少存在一个 n 次本原多项式。这表明,对于任意的 n 级线性移位寄存器,至少有一种连接方式使其输出序列为 m-序列。

以上的 3 个特性是一个随机序列的基本特性,对于一个不是真正随机意义下的序列,如果它具有类似的特性,就称其为伪随机序列,理论上可以证明 m-序列具有这些特性,因此,m-序列是一种伪随机序列。

四、非线性移位寄存器

(一)非线性反馈移位寄存器

非线性反馈移位寄存器(NLFSR)可以是想要的任何形式,如图 3-3-8 所示。其中"⊙"是乘法运算,"∨"是或运算,"∧"是与运算。图 3-3-8 所示为一种非线性反馈移位寄存器的模型。

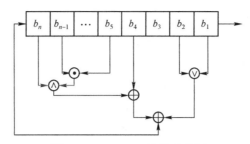

图 3-3-8　NLFSR 结构示意图

对于非线性反馈移位寄存器，目前尚没有系统的数学理论可以对其进行分析，所以可能存在以下问题：

（1）在输出序列中 0 与 1 不平衡。比如 1 比 0 多，或游程数比预期的要少。
（2）序列的最大周期可能比预期的要短。
（3）序列的周期可能因初态的不同而不同。
（4）序列的随机性可能仅有一段时间，然后"死锁"成一个单值。

因此，非线性反馈移位寄存器还不能大规模作为密钥流发生器来使用。

例 3.7　图 3-3-9 所示为一个 3-级的 NLFSR，设初态为 101，求其输出序列。

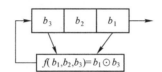

图 3-3-9　3-级 NLFSR 结构图

输出序列产生过程如下：

状态		输出位
101	→	1
110	→	0
010	→	0
001	→	1
000	→	0
000	→	0
000	→	0

因此，对应初态（101）的输出序列为：1001000…

若初态为 100，可以求出输出序列为：0010000…

进一步，若初态为 011，则输出序列为：1100000…

可以看出，一般的非线性反馈移位寄存器的输出序列无法预测，目前还不能简单地作为密钥流发生器来使用。

非线性反馈移位寄存器的输出序列的周期最大可达 2^n，并称周期达到最大值的非线性移位寄存器序列为 M 序列，M 序列具有下面定理所述的随机统计特性。

定理 3.11　在 n 级 M 序列的一个周期内，0 与 1 的个数各为 2^{n-1}，在 M 序列的一个周期圈中，总游程为 2^{n-1}，对 $1\leqslant i\leqslant n-2$，长为 i 的游程数为 2^{n-1-i}，其中 0、1 游程各半，长为 $n-1$ 的游程不存在，长为 n 的 0 游程和 1 的游程各 1 个。

证明： 在 M 序列的状态构成的一个周期内，$GF(2)$ 上的每个 n 长状态恰好出现一次，而由状态圈中各状态的第 1 分量构成的序列就是对应的 M 序列的一个周期，故其中 0，1 各为 2^{n-1} 个，关于游程特性，对 $n=1,2$ 易证结论成立，对当 $n>2$，当 $1\leqslant i\leqslant n-2$ 时，n 级 M 序列的一个周期圈中，长为 i 的 0 游程数目等于序列中如下形式的状态数目：$\underbrace{100\cdots01}_{i\uparrow 0}*\cdots*$，其中 $(n-i-2)$ 个 * 号位置可任取 0 和 1 值。因而这种状态数目为 2^{n-i-2}。

对长为 n 的 0 游程，其形式为 $\overbrace{10\cdots01}^{n\uparrow 0}$，由序列周期为 2^n 知，$f(0,0,\cdots,0)=1$，故长为 n 的 0 游程一个；若有

$n-1$ 长为 0 的游程，其形式为 $\overbrace{10\cdots01}^{n-1\uparrow 0}$，而 $\overbrace{10\cdots00}^{n-1\uparrow 0}$ 已出现在 n 长的 0 游程中，故周期圈中它不可能再出现，因而不存在 $n-1$ 长 0 游程。1 游程数目可类似求得。

定理 3.12 $GF(2)$ 上 n 级 M 序列的数目为 $2^{2^{n-1}-n}$。

证明略

由上面性质可见，M 序列具有很好的随机统计特性，又有大量的不同序列可供选用，因而它在序列密码中一直是人们研究的主要内容之一。

n 级移位寄存器共有 2^{2^n} 种不同的反馈函数，而线性反馈函数只有 2^{n-1} 种，其余均为非线性的。可见，非线性反馈函数的数量是巨大的。但是值得注意的是，并非这些非线性反馈函数都能生成良好的密钥序列，其中 M 序列是比较好的一种。

一般的非线性反馈移位器研究尚处于艰难的研究之中，所以目前人们所研究更多的还是在线性移位寄存器基础上的非线性化问题。

（二）非线性前馈序列

前面提到，线性移位寄存器序列虽然不能直接作为密钥使用，但可作为驱动源以其输出推动一个非线性组合函数所决定的电路来产生非线性序列。实际上，这就是非线性前馈序列生成器，线性移位寄存器用来保证密钥流的周期长度，非线性组合函数用来保证密钥的各种密码性能，以抗击各种可能的攻击，许多专用流密码算法都是用这种方法构造的，其中不少是安全的。为了叙述方便，用图 3-3-10 表示。

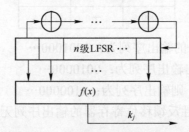

图 3-3-10 非线性前馈序列生成器

图中 $f(x)$ 是一个 n 元布尔函数，对于 LFSR 的状态变量，由非线性函数滤波后得到输出序列 $\{k_j\}$，称这种生成器为前馈网络，称 $\{k_j\}$ 为前馈序列，于是布尔函数 $f(x)$ 在这里

也被称为前馈函数,用 $\delta_j=(S_j,S_{j+1},\cdots,S_{j+n-1})$ 表示 n 级 LFSR 在时刻 j 的移存器状态,用 δ_0 表示初态。显然,前馈序列 $\{k_j\}$ 的周期不会超过 δ_j 可能达到的最大周期 2^n-1,所以总是选取 n 级 m 序列生成器作为驱动器 LFSR。假定 LFSR 是某个 n 级 m 序列生成器,$\delta_0\neq 0$。$f(0)=0$,则任意给定前馈序列的前 2^n-1 位 $k_j(j=0,1,2,\cdots,2^n-2)$ 时,$f(x)$ 便唯一确定了。因为这时 $\delta_j(j=0,1,2,\cdots,2^n-2)$ 取遍 $GF(2^n)$ 中非零向量。$f(0)=0$,$f(\delta_j)=k_j(j=0,1,2,\cdots,2^n-2)$ 确定了 $f(x)$ 的真值表,这一事实可叙述如下:

引理 3.2 在图 3-3-10 中,n 级 LFSR 为 n 级 m 序列生成器时,对任一组不全为 0 的 $k_j(j=0,1,2,\cdots,2^n-2)$,存在唯一的前馈函数 $f(x)$,使前馈序列是周期序列

$$k=k_0k_1\cdots k_n$$

这里 $f(0)=0$。

引理 3.2 表明线性复杂度为 n 的 M 序列经过适当的前馈函数滤波,可以得到一个周期为 2^n-1 的前馈序列,同时可证明相对于驱动序列,其复杂度呈指数增长。

并且,前馈序列的线性复杂度和前馈函数的次数密切相关。另外,前馈序列的统计特性与 $f(x)$ 密切相关,如增加前馈函数的项数可改善前馈序列的统计特性。

根据以上讨论,前馈序列生成器中,布尔函数的特性决定着前馈序列的性能。因此,布尔函数是前馈密钥设计的一个关键。

(三)非线性组合序列

前面讨论的前馈序列是由一个线性移位寄存器驱动的非线性的前馈序列生成器所产生的序列,这类序列的周期只能是 2^{n-1} 的因子,为了提高序列的线性复杂度和随机性,一种自然的方法就是在驱动部分用多个 LFSR 进行组合,这就是本节要讨论的由多个线性移位寄存器驱动的非线性组合序列(生成器),如图 3-3-11 所示。

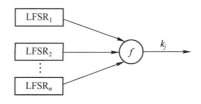

图 3-3-11 非线性组合序列生成器

$LFSR_i(i=1,2,\cdots,n)$ 为 n 个级数分别为 $r_1,r_2,\cdots,r_n$ 的线性移位寄存器,相应的序列分别为 $a_i=\{a_{ij}\}(i=1,2,\cdots,n)$,$f(x)=f(x_1,\cdots,x_n)$ 是 n 元布尔函数。令 $k_j=f(a_1,\cdots,a_n)$,则序列 $k=\{k_j\}$ 是由图 3-3-11 所示生成器产生的序列。

称 $f(x)$ 为非线性组合函数,$\{k_j\}$ 为非线性组合序列。关于非线性组合序列有如下结论:

定理 3.13 设 $a_{ij},\{k_j\},f(x),r_i,(i=0,1,2,\cdots,n)$,如前所述,若 r_i 两两互素,$f(x)$ 与各变元均有关,则 $\{k_j\}$ 周期为 $\prod_{i=1}^{n}(2^{r_i}-1)$,线性复杂度为 $C(\{k_j\})=f(r_1,r_2,\cdots,r_n)$,其中 $f(r_1,r_2,\cdots,r_n)$ 中按实数域上运算。

证明略。

可见,采用非线性组合函数对多个 m 序列进行组合,可提高序列周期和线性复杂度。

除以上两类之外,还有多路复合序列和钟控序列,这类序列也可归结为非线性组合序列,可看作非线性组合序列的特殊形式。

第四节 序列密码工作方式

在实际应用中,序列密码体制有两种不同的工作方式,根据密钥流的产生是否依赖于消息流(明文流或密文流),可以将序列密码的工作方式分为同步序列密码和自同步序列密码。

一、同步序列密码

同步方式是指密钥流的产生需要收发双方进行同步,密钥流完全独立于消息流,称这类序列密码为同步序列密码(synchronous stream cipher)。图 3-4-1 是同步方式原理图,其中的 KG 是 key-stream generator 的缩写,即密钥序列发生器。对于同步序列密码,只要通信双方的密钥序列产生器具有相同的种子密钥和相同的初始状态,就能产生相同的密钥序列。在保密通信过程中,通信的双方必须保持精确的同步,收方才能正确解密,如果失去同步收方将不能正确解密,例如,如果通信中丢失或增加一个密文字符,则收方将一直错误,直至重新同步为止,这是同步序列密码的一个主要缺点,但是同步序列密码对失步的敏感性,使我们能够容易检测插入、删除、重播等主动攻击。同步序列密码的一个优点是没有错误传播,当通信中某些密文字符产生了错误,只影响相应字符的解密,不影响其他字符。

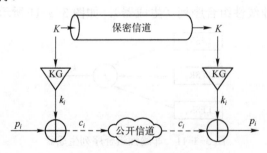

图 3-4-1 同步方式原理图

二、自同步序列密码

自同步方式是指收发双方中的任何一方,其密钥流的产生都依赖于密文流,称这类序列密码为自同步序列密码(self-synchronous stream cipher),如图 3-4-2 所示。设密钥序列产生器具有 n 位存储,其密文位 c_i 不仅与当前的明文 p_i 相关,而且也与后 n 个明文位 $p_{i+1}, p_{i+2}, \cdots, p_{i+n}$ 相关,假设在通信过程中密文位 c_i 位发生了错误,则导致明文位 p_i 错误,而且只具有 n 位存储,所以 c_i 的错误,只能在密钥序列产生器中存活 n 个节拍,因而影响其后的 n 个密钥位的正确性,相应地影响到其后的 n 个明文位的正确性。在这 n 节拍过后,c_i 的错误影响消失,因此,对于同步序列密码,只要接收端连续收到 n 个错误的明文位,通信双方的密钥序列产生器便自动地恢复同步,因此被称为自同步序列密码。例如,用分组密码的输出反馈模式作为密钥序列产生器,便可构成自同步序列密码,自同步序列密码由于具有自同步性,所以对主动进攻的反应没有同步序列密码敏感。

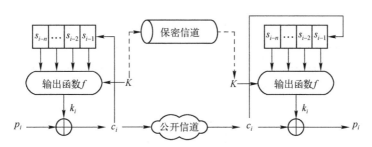

图 3-4-2 自同步方式原理图

图 3-4-3 所示为一种简单的自同步密钥流发生器,移位寄存器为 2 级,初态为 s_0s_1。由图可知 $s_0s_1 \to k_1$,$s_1c_1 \to k_2$,$c_1c_2 \to k_3$,$c_2c_3 \to k_4$,…。这样,若接收端收到错误的 c_1 时,便会导致 k_2、k_3 出错,但 k_4 及其以后的密钥序列不会受到影响。图 3-4-4 具体说明了收发双方密钥流发生器中密钥与移位寄存器状态之间的关系。

为了进一步理解自同步工作方式的原理,可以设起始状态下,收发双方的移位寄存器初态为 $s_0s_1=01$,$K=1$,则收发双方的 $k_1=0$。设明文序列流为 10110101,则发送过程中移位寄存器的状态、密钥 k_i、明文 p_i 以及密文 c_i 的变化过程如图 3-4-5 所示。

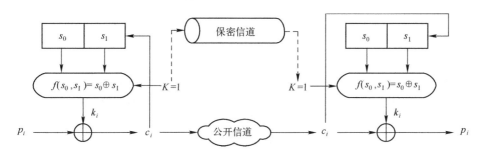

图 3-4-3 一种简单的自同步密钥流发生器

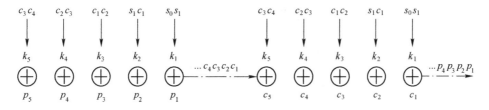

图 3-4-4 自同步方式加密过程示意图

假设传输过程中密文的第 3 位丢失(图 3-4-5 种带阴影的字符 0),则在收方只会导致第 3 位(收方已丢失)后连续的 2 位(图 3-4-6 中带阴影的部分)解密错误,而不影响以后的其他位。

i	...	8	7	6	5	4	3	2	1
$s_0 s_1$	...	1,0	0,1	1,0	0,1	1,0	1,1	1,1	0,1
k	...	1	1	1	1	1	1	1	1
k_i	...	0	0	0	0	0	1	1	0
p_i	...	1	0	1	0	1	1	0	1
c_i	...	1	0	1	0	1	0	1	1

图 3-4-5　自同步方式加密过程

i	...	8	7	6	5	4	3	2	1
$s_0 s_1$	...	...	1,0	0,1	1,0	1,1	1,1	1,1	0,1
k	...	...	1	1	1	1	1	1	1
k_i	...	...	0	0	0	1	1	1	0
p_i	...	...	1	0	1	0	1	1	1
c_i	...	...	1	0	1	1	0	0	1

图 3-4-6　自同步方式解密过程

第五节　密钥流发生器模型

一、前馈序列

　　Geffe 发生器是前馈序列的典型模型，它由 3 个 LFSR 及前馈逻辑电路组成，如图 3-5-1 所示。其中 LFSR-1、LFSR-2 及 LFSR-3 是 3 个不同级的线性反馈移位寄存器。Geffe 发生器的前馈逻辑电路形成输出函数 $g(x)=(x_1 x_2) \oplus (\overline{x_2} x_3)$。$g(x)$ 为非线性函数，当 LFSR-2 输出为 1 时，$g(x)$ 输出位是 LFSR-1 的输出位；当 LFSR-2 输出为 0 时，$g(x)$ 输出位是 LFSR-3 的输出位。

　　虽然这种发生器从理论上看起来很好，但实质上其安全性很弱，并不能抵抗相关分析。

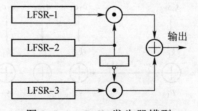

图 3-5-1　Geffe 发生器模型

二、钟控序列

　　钟控序列是指根据时钟脉冲的高低来控制输出序列的密钥流发生器，如图 3-5-2

所示，是一种简单的钟控序列模型。当 LFSR-1 为 1 时，时钟信号被采样，即能通过"与门"驱动 LFSR-2 进动一拍；当 LFSR-1 为 0 时，时钟信号不被采样，即不能通过"与门"，此时 LFSR-2 不进动，重复输出前 1 位。这种发生器比较简单，所以不安全。

图 3-5-2　钟控序列模型

交错停走式发生器使用了 3 个不同级的 LFSR，如图 3-5-3 所示。当 LFSR-1 的输出为 1 时，LFSR-2 被时钟驱动；当 LFSR-1 的输出为 0 时，LFSR-3 被时钟驱动。整个发生器的输出是 LFSR-2 的输出与 LFSR-3 输出的异或。这个发生器具有周期长和线性复杂度高的特点。这种发生器的设计者也找到了针对 LFSR-1 的相关分析方法，所以它并不安全，但是这种设计思想可以借鉴。

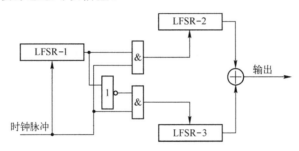

图 3-5-3　交错停走式发生器模型

三、门限发生器

门限发生器如图 3-5-4 所示，它通过可变数量的 LFSR 来达到安全，其理论根据是，如果使用了很多个 LFSR，那么将很难被破译。使用这个发生器时，要求所有的 LFSR 的级数互素，并且所有的 LFSR 多项式都是本原的，这样可以达到最大的周期。其工作原理是，如果过半的 LFSR 的输出为 1，则发生器的输出为 1；如果过半的 LFSR 的输出是 0，则发生器的输出为 0。

理论上可以证明这种发生器不能抵抗相关分析，所以建议不要直接使用这种发生器。

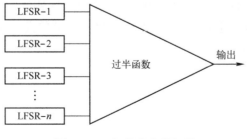

图 3-5-4　门限发生器如图

第六节 典型序列密码算法

一、RC4算法

RC4算法是由 Ron Rivest 于 1987 年为 RSA 数据安全公司设计的可变密钥长度的序列密码，广泛用于商业密码产品中。1994 年 9 月有人把它的源代码匿名张贴到 Crypherpunks 邮件列表中，于是迅速传遍全世界。

RC4算法非常简单，易于描述。用 1～256 字节（8～2048bit）的可变长度密钥初始化一个 256 字节的状态矢量 S，S 的元素记为 $S[0],S[1],\cdots,S[255]$，从始至终置换后的 S 包含从 0 到 255 的所有 8bit 数。对于加密和解密，字节 K 由 S 中 256 个元素按一定方式选出一个元素而生成。每生成一个 K 的值，S 中的元素就被重新置换一次。

1. 初始化 S

开始时，S 中元素的值被置为按升序从 0 到 255，即 $S[0]=0,S[1]=1,\cdots,S[255]=255$。同时建立一个临时矢量 T。如果密钥 K 的长度为 256 字节，则将 K 赋给 T。否则，若密钥长度为 keylen 字节，则将 K 的值赋给 T 的前 keylen 个元素，并循环重复用 K 的值赋给 T 剩下的元素，直到 T 的所有元素都被赋值，这些预操作可概括如下。

```
/*初始化*/
for i=0 to 255 do
  S[i]=i;
  T[i]=K[i mod keylen]
```

然后用 T 产生 S 的初始置换。从 $S[0]$ 到 $S[255]$，对每个 $S[i]$，根据由 $T[i]$ 确定的方案，将 $S[i]$ 置换为 S 中的另一字节：

```
/*S 的初始序列*/
j=0
for i=0 to 255 do
  j=(j+s[i]+T[i])mod 256
  swap(s[i], s[j]);
```

因为对 S 的操作仅是交换，所以唯一的改变就是置换。S 仍然包含所有值为 0 到 255 的元素。

2. 密钥流的生成

矢量 S 一旦完成初始化，输入密钥就不再被使用。密钥流的生成是从 $S[0]$ 到 $S[255]$，对每个 $S[i]$，根据当前 S 的值，将 $S[i]$ 与 S 中的另一字节置换。当 $S[255]$ 完成置换后，操作继续重复，从 $S[0]$ 开始：

```
/*密钥流的产生*/
i, j=0
while(true)
i=(i+1)mod 256
j=(j+S[i])mod 256
swap(sEi], s[j])
```

t=(sEi+s[j])mod 256；
k=S[t]

加密时，将 k 的值与下一明文字节异或；解密时，将 k 的值与下一密文字节异或。

二、A5-1 算法

A5 是欧洲数字蜂窝移动电话系统（GSM）中使用的序列密码加密算法，用于从用户手机到基站的连接加密，由法国人设计。

A5-1 加密算法是一种流密码，通过密钥流对明文加密，因此有流密码的优点。初始向量是 64bit 的会话密钥和 22bit 的帧序列号。会话密钥在通话期间被使用，但是帧序列号在通话期间会改变。这样，会生成唯一的 228bit 密钥流控制两个方向的信道，每个方向的 114bit 密钥流与 114bit 的明文/密文进行异或运算，产生 114bit 密文/明文。加密过程如图 3-6-1 所示。

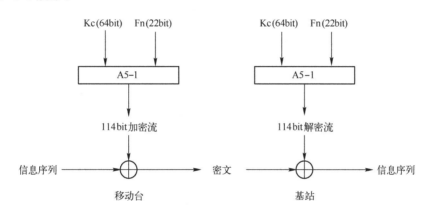

图 3-6-1　A5-1 加密算法

密钥流的生成可以分成 3 个阶段，第一阶段，3 个移位寄存器初始全部设置为 0，然后在 64 个周期内，将每个线性反馈移位寄存器都移位 64 次（不带钟控），每次移位后将密钥 $k[i]$(i=0, 1, 2,…, 63)与每个线性反馈移位寄存器的最低位比特异或；之后，在 22 个时钟周期内，将每个线性反馈移位寄存器都移位 22 次（不带钟控），每次移位后将 22bit 帧序列 $F[i]$(i=0, 1, 2,…, 21)与每个线性反馈移位寄存器的最低位比特异或；记第一阶段后的内部状态为 S1。

第二阶段，由状态 S1 出发，按照钟控规则移位 100 个周期，与第一阶段不同的是，不进行异或操作，舍弃密钥流。记此时的内部状态为 S2。

第三阶段：由状态 S2 出发，按照钟控规则对 R1，R2，R3 进行移位操作。R1，R2，R3 的最高位异或生成 228bit 的密钥流，应用于加/解密明/密文流。

根据 A5-1 加密算法的描述和 A5-1 加密算法密钥流的产生的内容，可以总结出如图 3-6-2 所示的加密算法结构图。

A5-1 算法由 3 个 LFSR 组成 R1，R2，R3。R1 的抽头序列是 18、17、16 和 13，R2

的抽头序列是 21 和 20，R3 的抽头序列是 22、21、20 和 7。则它们的生成多项式如式（3-6-1）所示。且线性反馈移位寄存器的多项式均为本原多项式，故由 R1，R2，R3 产生的序列有最长周期。

$$\begin{cases} F_1(x) = x^{19} + x^{18} + x^{17} + x^{14} + 1 \\ F_2(x) = x^{22} + x^{21} + 1 \\ F_3(x) = x^{23} + x^{22} + x^{21} + x^8 + 1 \end{cases} \quad （3-6-1）$$

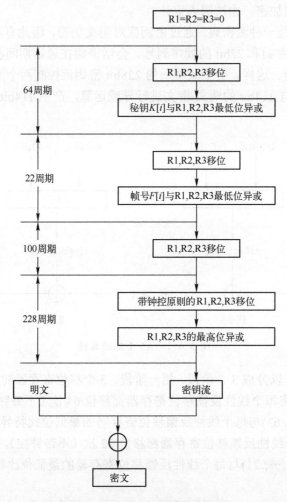

图 3-6-2 A5-1 加密算法结构图

A5-1 的钟控机制采用择多逻辑，在每一轮中时钟至少驱动 2 个 LFSR 移位。有 3 个钟控输入（分别为每个线性反馈移位寄存器的中间位，即 R1[8]，R2[10]，R3[10]）和 3 个钟控输出（分别控制每个线性反馈移位寄存器的停/走）。每次移位前计算 R1[8]，R2[10] 和 R3[10] 中数量多的数字。例如 3 个比特为(0, 0, 0)，则 majority(0,0,0) = 0。择多逻辑真值表如表 3-6-1 所列。

表 3-6-1 择多逻辑真值表

R1[8]	R2[10]	R3[10]	maj	L1	L2	L3
0	0	0	0	1	1	1
1	0	0	0	0	1	1
0	1	0	0	1	0	1
0	0	1	0	1	1	0
0	1	1	1	0	1	1
1	0	1	1	1	0	1
1	1	0	1	1	1	0
1	1	1	1	1	1	1

注：① maj 是指 majority(R1[8], R2[10], R3[10]) 的结果值。
② L1，L2，L3 分别表示 R1，R2，R3 是否移动的布尔值。

带钟控规则的 R1，R2，R3 的操作过程如图 3-6-3 所示。

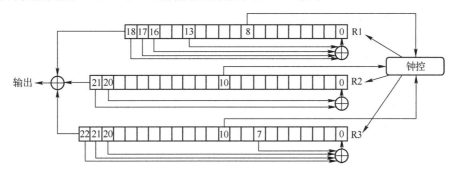

图 3-6-3 带钟控规则的 LFSR 操作图

本 章 小 结

本章介绍了序列密码的起源及原理、保密理论基础、移位寄存器理论、序列密码工作方式、密钥流发生器模型和典型序列密码算法 RC4 和 A5-1。

思考题与习题

1．序列密码分为哪两种体制，有什么区别？
2．画出使用序列密码的保密通信模型，并简单描述其保密通信过程。
3．线性反馈移位寄存器的周期与初态有关吗？
4．能否直接使用线性反馈移位寄存器的 m 序列作为序列密码的密钥流序列？简述 m 序列在序列密码中的应用。
5．设 $f(a_1,a_2,a_3,a_4) = a_1 + a_4 + 1 + a_2 a_3$，初始状态为 $(a_1,a_2,a_3,a_4) = (1,1,0,1)$，求此非线性反馈移位寄存器的输出序列及周期。

6. 一个 3 级线性反馈移位寄存器，结构如下图所示，其初始状态为 100，指出其抽头位，写出其反馈函数和连接多项式，画出状态转移图和序列圈。

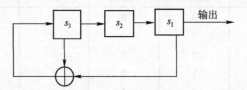

7. 已知某序列密码的加密方式为 $m_i \oplus k_i = c_i, i = 1, 2, \cdots$，且密钥序列由 4 级本原移存器产生。今截收到一段密文为：$c_1 c_2 \cdots c_{15}$=101100110111010，且知一些对应的明文为：$m_1 m_2 m_3 m_4$=0011, $m_6 m_7$=01，求：

（1）该 4 级本原移存器的线性递推式。

（2）$c_8 c_9 \cdots c_{15}$ 对应的明文。

8. 已知某线性反馈移位寄存器反馈函数为 $f(a_1, a_2, a_3, a_4) = a_1 \oplus a_3 \oplus a_4$，则：

（1）求该移存器的线性递推式。

（2）设初始状态为 $(a_1 a_2 a_3 a_4) = (1011)$，求最后输出的序列。

9. 已知 $f(x) = x^6 \oplus x \oplus 1$ 是 6 次本原多项式，a 是 $f(x)$ 生成的 m 序列，求：

（1）序列 a 的周期是多少？

（2）一个周期内，0、1 各出现多少次？

（3）一个周期内，游程分布如何？

第四章 分 组 密 码

分组密码是现代密码学的重要分支之一,也是应用最广泛、影响最大的一种密码体制。例如,国际上著名的数据加密标准 DES 和高级加密标准 AES 都是分组密码体制。所以,分组密码体制的设计原理是现代密码学研究的重要内容之一。本章将对分组密码的基本设计原理、结构及其工作模式进行详细的介绍。

第一节 分组密码概述

一、分组密码原理

分组密码是将明文按照某一规定的 n bit 长度分组(最后一组长度不够时要用规定的值填充,使其成为完整的一组),然后使用相同的密钥对每一分组分别进行加密,固定长度的输入块,在密钥的控制下,变换成固定长度的输出块。若对输入的信息用二进制表示,则输入明文块 $X=(x_1,x_2,\cdots,x_n)$ 和输出密文块 $Y=(y_1,y_2,\cdots,y_n)$ 均为二元数字序列,它们的每个分量 $x_i,y_i \in GF(2)$。分组密码和序列密码不同之处就在于:分组密码输出块中的每一位数字不仅与相应时刻输入明文块中对应的数字和密钥 K 有关,而且与整组明文数字有关。在相同密钥下,分组密码对长为 n 的输入明文组所实施的变换是相同的。所以,我们只需要研究对任一组明文数字的变换规则。

在讨论二元的情况下,分组密码就是将明文输入映射为密文输出的一个置换,置换的选择由密钥 K 决定,所有可能的置换构成一个对称群,实用中的各种分组密码,所用的置换不过是上述置换集中的一个很小子集。设计分组密码的问题在于找到一种算法,能在密钥控制下从一个足够大且足够好的置换子集中,简单而迅速地选出一个置换,用来对当前的输入的明文数字组进行加密变换。因此,设计的算法应满足下述要求。

(1)分组的字长 n 要足够大,以抗报文的穷尽攻击。

(2)密钥的有效量足够大,以抗密钥的穷尽攻击。

(3)由密钥确定置换的算法足够复杂,以抗报文的统计分析。

在实际使用中,要实现上述 3 个要求并非易事。为了便于实现,实际中常常将较简单易于实现的密码系统进行组合,构成较复杂的密钥有效量较大的密码系统。香农曾提出了两种可能的组合方法:其一是"概率加权和"的方法,即以一定的概率随机地从几个系统中选择一个用于加密当前的明文。设有 r 个子系统 $T_1,T_2,\cdots,T_r$,相应被选用的概率为 $P_1,P_2,\cdots,P_r$,其中:$\sum_{i=1}^{r} P_i = 1$,则其概率和系统可表示为 $T=P_1T_1+ P_2T_2+\cdots+ P_rT_r$。

显然，系统 T 的密钥量将是各子系统密钥量之和。另一种是"乘积密码"的方法。例如，设有两个子系统 T_1 和 T_2，加密是先以 T_1 对明文进行加密，然后再以 T_2 对所得结果进行加密。其中，T_1 的密文空间作为 T_2 的"明文"空间，乘积密码可表示成 $T=T_2 \cdot T_1$。

利用这两种方法，可将简单易于实现的密码组合成复杂的更为安全的密码。

二、分组密码设计思想

分组密码算法的设计思想有两种：扩散（diffusion）和混淆（confusion），采用扩散和混淆的方法，能更好地抗击统计分析破译法。扩散就是将每一位明文数字的影响尽可能散布到较多个输出的密文数字中去，以便隐蔽明文数字的统计特性。这一想法可推广到将任一位密钥数字的影响尽量地扩展到更多个密文数字中去，以防止对密钥进行逐段破译。而混淆是指在加密变换过程中使明文、密钥以及密文之间的关系尽可能地复杂化，以防止密码破译者采用统计分析进行破译攻击。但是，将明文和密钥进行混淆作用时，要满足所实施的变换必须是可逆的，且变换和逆变换过程应当容易实现。乘积密码有助于实现扩散和混淆。选择某个较简单的密码变换，在密钥控制下以迭代方式多次利用它进行加密变换，就可实现较好的扩散和混淆的效果。

三、分组密码结构

（一）Feistel 结构

在密码学研究中，Feistel 密码结构是用于分组密码中的一种对称结构。以它的发明者 Horst Feistel 为名，而 Horst Feistel 本人是一位物理学家兼密码学家，在他为 IBM 工作的时候，为 Feistel 密码结构的研究奠定了基础。很多密码标准都采用了 Feistel 结构，其中包括 DES。Feistel 的优点在于：由于它是对称的密码结构，所以对信息的加密和解密的过程就极为相似，甚至完全一样。这就使得在实施的过程中，对编码量和线路传输的要求就减少了几乎一半。

Feistel 在 1973 年首次踏上历史舞台。当时美国联邦政府正试图采用 DES，于是便使用 Feistel 网络作为 DES 的要素之一。Feistel 在物理上的反复使得它在硬件上的实施非常容易，尤其是在支持 DES 计算的硬件。

1. Feistel 的构造过程

令 F 为轮函数；令 $K_1, K_2, \cdots, K_n$ 分别为第 $1, 2, \cdots, n$ 轮的子密钥。那么基本构造过程如下。

（1）将明文信息均分为两块：(L_0, R_0)。

（2）在每一轮中，进行如下运算（i 为当前轮数）：

$L_{i+1} = R_i$;

$R_{i+1} = L_i \oplus F(R_i, K_i)$。（其中 $\oplus$ 为异或操作）

所得的结果即为 (L_{i+1}, R_{i+1})。

2. 解密过程

对于密文 (R_{n+1}, L_{n+1})，我们将 i 由 n 向 0 进行操作，即，$i = n, n-1, \cdots, 0$。然后对密文进行加密的逆向操作，如下。

(1) $R_i = L_{i+1}$。

(2) $L_i = R_{i+1} \oplus F(L_{i+1}, K_i)$（其中 $\oplus$ 为异或操作）。

所得结果为 (L_0, R_0)，即原来的明文信息。具体如图 4-1-1 所示。

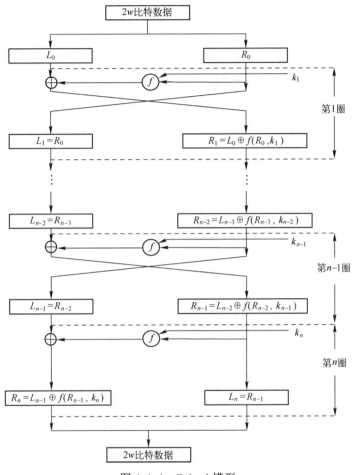

图 4-1-1　Feistel 模型

3．影响 Feistel 结构的因素

影响 Feistel 结构的因素有如下 5 个。

（1）块的大小：大的块会提高加密的安全性，但是会降低加密、解密的速度。截至 2013 年，比较流行的这种方案是 64bit。而 128bit 的使用也比较广泛。

（2）密钥的大小：同上。现在流行的是 64bit，而 128bit 正逐渐成为主流。

（3）循环次数（轮次数）：每多进行一轮循环，安全性就会有所提高。现阶段比较流行的是 16 轮。

（4）子密钥的生成算法：生成算法越复杂，则会使得密码被破译的难度增强，即信息会越安全。

（5）轮函数的复杂度：轮函数越复杂，则安全性越高。

（二）S-P 网络

分组密码另一种典型结构是 S-P 网络，具体如图所示 4-1-2 所示，它是在圈（子）密钥参与下将非线性代替 S 层和置换 P 层复合组成的圈函数进行多次迭代构成的密码结构。S-P 网络的结构非常简单，非线性代替 S 层被称为混乱层，它采用代替原理设计，主要起混乱的作用；置换 P 层被称为扩散层，它采用移位原理设计，主要起扩散的作用；k 是圈子密钥，参与圈变换。

在 S-P 网络中，利用非线性代替 S 层得到分组小块的混乱、扩散，再利用比特置换 P 层错乱非线性代替后的各个输出比特，以实现整体扩散的效果，这样经过若干次的局部混乱和整体扩散之后，输入的明文和密钥就可得到足够的混乱和扩散，这是 S-P 网络实现混乱和扩散的基本思想。S-P 网络中的比特置换 P 还可基于加减密码设计为线性变换，从而达到更好的扩散效果。

S-P 密码具有结构简单、扩散速度快等诸多优点，但也具有加、脱密过程结构不相同的缺点。后面要介绍的高级数据加密标准 AES 就是典型的 S-P 网络，其加解密算法虽然不完全相同，但是也采用了相似的结构。

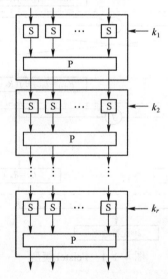

图 4-1-2　S-P 网络的结构框图

第二节　数据加密标准 DES

一、DES 的产生背景

为了适应社会对计算机数据安全保密越来越高的需求，美国国家标准局（NBS）于 1973 年向社会公开征集一种用于政府机构和商业部门对非机密的敏感数据进行加密的加密算法。许多公司都提交了自己的加密算法，经过评测，最后选中了 IBM 公司提交的 Lucifer 加密算法。经过一段时间的试用和征求意见，美国政府于 1977 年 1 月 5 日颁布了数据加密标准（data encryption standard），简称为 DES。

DES 的设计目标是：用于加密保护静态存储和传输信道中的数据，安全使用 10～15 年。

DES 综合运用了置换、代替、代数等多种密码技术。它设计精巧、实现容易、使用方便，堪称是适应计算机环境的近代传统密码的一个典范。DES 的设计充分体现了香农信息保密理论所阐述的设计密码的思想，标志着密码的设计与分析达到了新的水平。DES 算法是第一个公开的分组密码算法，是密码学发展的一个重要的阶段，对算法的标准化研究和分组密码的发展有重大意义。

二、DES 的整体结构

DES 是一种分组密码。明文、密文和密钥的分组长度都是 64bit。

DES 是面向二进制的密码算法。因而能够加解密任何形式的计算机数据。

DES 是对合运算，因而加密和解密共用同一算法，使工程实现的工作量减半。

DES 的整体结构如图 4-2-1 所示。

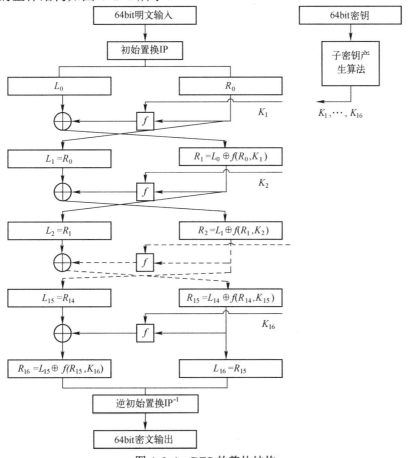

图 4-2-1　DES 的整体结构

三、DES 的加密过程

（1）64bit 密钥经子密钥产生算法产生出 16 个子密钥 $K_1, K_2, \cdots, K_{16}$，分别供第 1 次，第 2 次，…，第 16 次加密迭代使用。

(2) 64bit 明文首先经过初始置换 IP (initial permutation), 将数据打乱重新排列并分成左右两半。左边 32bit 构成 L_0, 右边 32bit 构成 R_0。

(3) 由加密函数 F 实现子密钥 K_1 对 R_0 的加密, 结果得 32bit 的数据组 $F(R_0, K_1)$。$F(R_0, K_1)$ 再与 L_0 模 2 相加, 又得到一个 32bit 的数据组 $L_0 \oplus F(R_0, K_1)$。以 $L_0 \oplus F(R_0, K_1)$ 作为第 2 次加密迭代的 R_1, 以 R_0 作为第 2 次加密迭代的 L_1。至此, 第 1 次加密迭代结束。

(4) 第 2 次加密迭代至第 16 次加密迭代分别用子密钥 $K_1, \cdots, K_{16}$ 进行, 其过程与第 1 次加密迭代相同。

(5) 第 16 次加密迭代结束后, 产生一个 64bit 的数据组。以其左边 32bit 作为 R_{16}, 以其右边作为 L_{16}, 两者合并再经过逆初始置换 IP^{-1}, 将数据重新排列, 便得到 64bit 密文。至此加密过程全部结束。

综上可将 DES 的加密过程用如下的数学公式描述:

$$\begin{cases} L_i = R_{i-1} \\ R_i = L_{i-1} \oplus f(R_{i-1}, K_i) \\ i = 1, 2, 3, \cdots, 16 \end{cases} \quad (4\text{-}2\text{-}1)$$

四、DES 的算法细节

下面详细介绍 DES 的算法细节。

1. 子密钥的产生

64bit 密钥经过置换选择 1、循环左移、置换选择 2 等变换, 产生 16 个子密钥。子密钥的产生过程如图 4-2-2 所示, 其中产生每一个子密钥所需的循环左移位数在表 4-2-1 中给出。

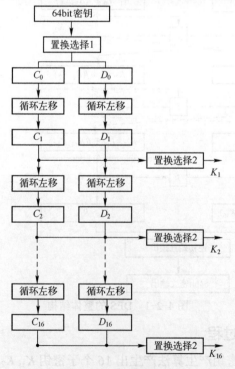

图 4-2-2 子密钥产生

第四章 分组密码

表 4-2-1 循环左移位数表

迭代次数	1	2	3	4	5	6	7	8	9	10	11	12	13	14	15	16
循环左移称位数	1	1	2	2	2	2	2	2	1	2	2	2	2	2	2	1

1）置换选择 1

64 位的密钥分为 8 个字节，每个字节的前 7 位是真正的密钥位，而第 8 位是奇偶校验位。置换选择 1 的作用有两个：一是从 64 位密钥中去掉 8 个奇偶校验位；二是把其余 56 位密钥位打乱重排，且将前 28 位作为 C_0，后 28 位作为 D_0。置换选择 1 规定：C_0 的各位依次为原密钥中的第 57，49，…，1，…，44，36 位；D_0 的各位依次为原密钥中的第 63，55，…，7，…，12，4 位。置换选择 1 的矩阵在图 4-2-3 中给出。

C_0

57	49	41	33	25	17	9
1	58	50	42	34	26	18
10	2	59	51	43	35	27
19	11	3	60	52	44	36

D_0

63	55	47	39	31	23	15
7	62	54	46	38	30	22
14	6	61	53	45	37	29
21	13	5	28	20	12	4

图 4-2-3 置换选择 1

2）置换选择 2

置换选择 2 从 C_i 和 D_i（56 位）中选择出一个 48 位的子密钥 K_i。置换选择 2 的矩阵在图 4-2-4 中给出。其中规定：子密钥 K_i 中的各位依次是子密钥 C_i 和 D_i 中的 14，17，…，5，3，…，29，32 位。

2．初始置换 IP

初始置换 IP 是 DES 的第一步密码变换。初始置换的作用在于将 64 位明文打乱重排，并分成左、右两半。左边 32 位作为 L_0，右边 32 位作为 R_0，供后面的加密迭代使用。初始置换 IP 的矩阵在图 4-2-5 中给出。其置换矩阵说明：置换后 64 位数据的 1，2，…，64 位依次是原明文数据的 58，50，…，2，60，…15，7 各位。

14	17	11	24	1	5
3	28	15	6	21	10
23	19	12	4	26	8
16	7	27	20	13	2
41	52	31	37	47	55
30	40	51	45	33	48
44	49	39	56	34	53
46	42	50	36	29	32

图 4-2-4 置换选择 2

58	50	42	34	26	18	10	2
60	52	44	36	28	20	12	4
62	54	46	38	30	22	14	6
64	56	48	40	32	24	16	8
57	49	41	33	25	17	9	1
59	51	43	35	27	19	11	3
61	53	45	37	29	21	13	5
63	55	47	39	31	23	15	7

图 4-2-5 初始置换 IP

3．加密函数

加密函数是 DES 的核心部分。它的作用是在第 i 轮加密迭代中用子密钥 K_i 对 R_{i-1} 进行加密。其框图如图 4-2-6 所示。

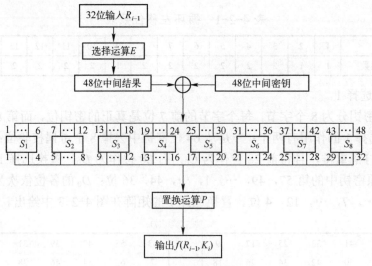

图 4-2-6 加密函数 f

在第 i 轮迭代加密中选择运算 E 对 32 位的 R_{i-1} 的各位进行选择和排列，产生一个 48 位的结果。此结果与子密钥 K_i 模 2 相加，然后送入代替函数组 S。代替函数组由 8 个代替函数（也称 S 盒）组成，每个 S 盒有 6 位输入，产生 4 位的输出。8 个 S 盒的输出合并，结果得到一个 32 位的数据组。此结果再经置换运算 P，将其位置顺序打乱重排。置换运算 P 的输出便是加密函数的输出 $f(R_{i-1}, K_i)$。

1）选择运算 E

选择运算 E 对 32 位的数据组 A 的各位进行选择和排列，产生一个 48 位的结果，选择运算 E 的矩阵如图 4-2-7 所示。这说明选择运算 E 是一种扩展运算，它将 32 位的数据扩展为 48 位的数据，以便与 48 位的子密钥模 2 相加并满足代替函数组 S 对数据长度的要求。由选择运算矩阵可知，它是通过重复选择某些数据位来达到数据扩展的目的。

2）代替函数组 S

代替函数组由 8 个代替函数组成，8 个 S 盒分别记为 S_1，S_2，S_3，S_4，S_5，S_6，S_7，S_8。代替函数组的输入是 48 位的数据，从第 1 位到第 48 位依次加到 8 个 S 盒的输入端。每个 S 盒有一个选择矩阵，规定了其输出与输入的选择规则。选择矩阵有 4 行 16 列，每行都是 0~15 这 16 个数字，但每行的数字的排列都不同，而且 8 个选择矩阵彼此也不同。每个 S 盒有 6 位输入，产生 4 位的输出。选择规则是：S 盒的 6 位输入中的第 1 位和第 6 位数字组成的二进制数值代表选中的行号，其余 4 位数字所组成的二进制数值代表选中的列号，而处在被选中的行号和列号交点处的数字便是 S 盒的输出（以二进制形式输出）。例如，设输入为 101011，第 1 位和第 6 位数字组成的二进制数为 11=(3)$_{10}$，表示选中 S_1 的行号为 3 的那一行，其余 4 位数字所组成的二进制数为 0101=(5)$_{10}$，表示选中 S_1 列号为 5 的那一列。交点处的数字是 9，则 S_1 的输出为 1001。S 盒的选择矩阵 S_1 到 S_8 由表 4-2-2 给出。

表 4-2-2 代替函数组

	0	1	2	3	4	5	6	7	8	9	10	11	12	13	14	15	
0	14	4	13	1	2	15	11	8	3	10	6	12	5	9	0	7	
1	0	15	7	4	14	2	13	1	10	6	12	11	9	5	3	8	S_1
2	4	1	14	8	13	6	2	11	15	12	9	7	3	10	5	0	
3	15	12	8	2	4	9	1	7	5	11	3	14	10	0	6	13	

	0	1	2	3	4	5	6	7	8	9	10	11	12	13	14	15	
0	15	1	8	14	6	11	3	4	9	7	2	13	12	0	5	10	
1	3	13	4	7	15	2	8	14	12	0	1	10	6	9	11	5	S_2
2	0	14	7	11	10	4	13	1	5	8	12	6	9	3	2	15	
3	13	8	10	1	3	15	4	2	11	6	7	12	0	5	14	9	

	0	1	2	3	4	5	6	7	8	9	10	11	12	13	14	15	
0	10	0	9	14	6	3	15	5	1	13	12	7	11	4	2	8	
1	13	7	0	9	3	4	6	10	2	8	5	14	12	11	15	1	S_3
2	13	6	4	9	8	15	3	0	11	1	2	12	5	10	14	7	
3	1	10	13	0	6	9	8	7	4	15	14	3	11	5	2	12	

	0	1	2	3	4	5	6	7	8	9	10	11	12	13	14	15	
0	7	13	14	3	0	6	9	10	1	2	8	5	11	12	4	15	
1	13	8	11	5	6	15	0	3	4	7	2	12	1	10	14	9	S_4
2	10	6	9	0	12	11	7	13	15	1	3	14	5	2	8	4	
3	3	15	0	6	10	1	13	8	9	4	5	11	12	7	2	14	

	0	1	2	3	4	5	6	7	8	9	10	11	12	13	14	15	
0	2	12	4	1	7	10	11	6	8	5	3	15	13	0	14	9	
1	14	11	2	12	4	7	13	1	5	0	15	10	3	9	8	6	S_5
2	4	2	1	11	10	13	7	8	15	9	12	5	6	3	0	14	
3	11	8	12	7	1	14	2	13	6	15	0	9	10	4	5	3	

	0	1	2	3	4	5	6	7	8	9	10	11	12	13	14	15	
0	12	1	10	15	9	2	6	8	0	13	3	4	14	7	5	11	
1	10	15	4	2	7	12	9	5	6	1	13	14	0	11	3	8	S_6
2	9	14	15	5	2	8	12	3	7	0	4	10	1	13	11	6	
3	4	3	2	12	9	5	15	10	11	14	1	7	6	0	8	13	

	0	1	2	3	4	5	6	7	8	9	10	11	12	13	14	15	
0	4	11	2	14	15	0	8	13	3	12	9	7	5	10	6	1	
1	13	0	11	7	4	9	1	10	14	3	5	12	2	15	8	6	S_7
2	1	4	11	13	12	3	7	14	10	15	6	8	0	5	9	2	
3	6	11	13	8	1	4	10	7	9	5	0	15	14	2	3	12	

	0	1	2	3	4	5	6	7	8	9	10	11	12	13	14	15	
0	13	2	8	4	6	15	11	1	10	9	3	14	5	0	12	7	
1	1	15	13	8	10	3	7	4	12	5	6	11	0	14	9	2	S_8
2	7	11	4	1	9	12	14	2	0	6	10	13	15	3	5	8	
3	2	1	14	7	4	10	8	13	15	12	9	0	3	5	6	11	

S 盒是 DES 保密性的关键所在。它是一种非线性变换，也是 DES 中唯一的非线性运算。如果没有它，整个 DES 将成为一种线性变换，这将是不安全的。关于 S 盒的设计细节，IBM 公司和美国国家保密局（NSA）至今尚未完全公布。研究表明，S 盒至少满足以下准则。

（1）输出不是输入的线性和仿射函数。
（2）任意改变输入中的一位，输出至少有两位发生变化。
（3）保持输入中的 1 位不变，其余 5 位变化，输出中的 0 和 1 的个数接近相等。

随着对 DES 研究的深入，人们发现，除了以上 3 条准则外，S 盒还必须满足抗差分攻击和抗线性攻击的要求。人们猜测，IBM 公司和美国国家保密局（NSA）至今尚未公布的关键细节就在于此。

3）置换运算 P

置换运算 P 把 S 盒输出的 32 位数据打乱重排，得到 32 位的加密函数结果。置换 P 与 S 盒互相配合提高 DES 的安全性。置换运算 P 如图 4-2-8 所示。

4. 逆初始置换 IP^{-1}

逆初始置换 IP^{-1} 是初始置换 IP 的逆置换。它把第 16 轮加密迭代的结果打乱重排，形成 64 位密文。至此，加密过程完全结束。逆初始置换的置换矩阵如图 4-2-9 所示。

16	7	20	21
29	12	28	17
1	15	23	26
5	18	31	10
2	8	24	14
32	27	3	9
19	13	30	6
22	11	4	25

图 4-2-8 置换运算 P

40	8	48	16	56	24	64	32
39	7	47	15	55	23	63	31
38	6	46	14	54	22	62	30
37	5	45	13	53	21	61	29
36	4	44	12	52	20	60	28
35	3	43	11	51	19	59	27
34	2	42	10	50	18	58	26
33	1	41	9	49	17	57	25

图 4-2-9 逆初始置换 IP^{-1}

初始置换 IP 和逆初始置换 IP^{-1} 密码意义不大，因为 IP 和 IP^{-1} 没有密钥参与，而且在其置换矩阵公开的情况下求出另一个是很容易的。它们的主要作用是把输入数据打乱重排，以打乱原始输入数据的原有格式。

五、DES 的解密过程

由于 DES 的运算是对合运算，所以解密和加密可共用同一个运算，只是子密钥使用的顺序不同。把 64 位密文当作明文输入，而且第 1 轮解密迭代使用子密钥 K_{16}，第 2 轮解密迭代使用子密钥 K_{15}，第 16 轮解密迭代使用子密钥 K_1，最后的输出便是 64 位明文。

解密过程可用如下的数学公式描述：

$$\begin{cases} R_{i-1} = L_i \\ L_{i-1} = R_i \oplus f(L_i, K_i) \\ i = 16, 15, \cdots, 1 \end{cases} \quad (4\text{-}2\text{-}2)$$

六、DES 的可逆性

可逆性是对密码算法的基本要求。我们下面证明 DES 的可逆性。
定义变换 T 是把 64 位数据的左、右两半交换位置，即

$$T(L, R)=(R, L) \tag{4-2-3}$$

记 DES 第 i 轮中的主要运算为

$$F_i(L_{i-1}, R_{i-1})=(L_{i-1}\oplus f(R_{i-1}, K_i), R_{i-1}) \tag{4-2-4}$$

把式（4-2-3）和式（4-2-4）结合，便构成 DES 的轮运算

$$H_i=F_iT \tag{4-2-5}$$

因为，$T^2=(L, R)=(L, R)=I$
其中 I 为恒等变换，于是，有

$$T=T^{-1} \tag{4-2-6}$$

所以 T 变换是对合运算。

同样，
$$\begin{aligned}F_i^2 &= F_i(L_{i-1}\oplus f(R_{i-1},K_i),R_{i-1})\\ &=(L_{i-1}\oplus f(R_{i-1},K_i)\oplus f(R_{i-1},K_i),R_{i-1})\\ &=(L_{i-1},R_{i-1})\\ &=I\end{aligned} \tag{4-2-7}$$

所以 F_i 变换也是对合运算。
根据式（4-2-6）和式（4-2-7）可得

$$(F_iT)(TF_i)=F_iF_i=I$$

所以

$$(F_iT)^{-1}=(TF_i) \tag{4-2-8}$$

于是可把 DES 的加密和解密过程写成如下表达式：

$$\text{DES}(M)=\text{IP}^{-1}(F_{16})(TF_{15})(TF_{14})\cdots(TF_3)(TF_2)(TF_1)\text{IP}(M) \tag{4-2-9}$$

$$\text{DES}^{-1}(C)=\text{IP}^{-1}(F_1)(TF_2)(TF_3)\cdots(TF_{14})(TF_{15})(TF_{16})\text{IP}(C) \tag{4-2-10}$$

把式（4-2-9）代入式（4-2-10）中，根据式（4-2-7）和式（4-2-8）容易证明

$$(\text{DES})(\text{DES}^{-1})=(\text{DES}^{-1})(\text{DES})=I \tag{4-2-11}$$

式（4-2-11）说明 DES 算法是可逆的。
另外，考查式（4-2-9）和式（4-2-10）可知，DES 和 DES^{-1} 除了子密钥的使用顺序相反之外是相同的，所以 DES 的运算是对合运算。

七、DES 的安全性分析

1. 对于其设计目标 DES 是安全的

DES 综合运用了置换、代替和代数等多种密码技术，是一种乘积密码。在算法结构上采用置换、代替、模 2 加等基本密码运算构成轮加密函数，对轮加密函数进行 16 次迭

代。而且算法为对合运算，工程实现容易。DES 使用了初始置换 IP 和逆初始置换 IP^{-1}。使用这个置换运算的目的是把数据彻底打乱重排，打乱原始明文数据的原有格式。它们在密码意义上作用不大，因为它们与密钥无关，置换关系固定，一旦置换矩阵公开后便无多大密码意义。在轮加密函数中，选择运算 E 一方面把数据打乱重排，另一方面将 32 位的数据扩展为 48 位的数据，以便与 48 位的子密钥模 2 相加并满足 S 盒组对数据长度的要求。DES 算法中除了 S 盒是非线性变换外，其余变换均为线性变换，所以 DES 安全的关键是 S 盒。这个非线性变换的本质是数据压缩，它把 6 位的数据压缩为 4 位数据。S 盒为 DES 提供了多种安全的密码特性。例如，S 盒的输入中任意改变 1 位，其输出至少变化 2 位。因为算法中使用了 16 次迭代，从而使得即使改变输入明文或密钥中的一位，密文都会发生约 32 位的变化，大大提高了保密性。此外，S 盒和置换 P 互相配合，形成了很强的抗差分攻击和抗线性攻击能力，其中抗差分攻击能力更强一些。DES 的子密钥产生和使用也很有特色，它确保了原密钥中的各位的使用次数基本相等。实验表明，56 位密钥的每一位的使用次数都是在 12～15，这也使 DES 的保密性得到进一步的提高。

20 多年的应用实践证明了 DES 作为商业密码，用于其设计目标是安全的。在这期间没有发现 DES 存在严重的安全缺陷。它在世界范围内得到广泛应用，为确保信息安全作出了不可磨灭的贡献。

2．DES 存在安全弱点

DES 在总的方面是极其成功的，但同时也不可避免地存在着一些弱点和不足。

1）密钥较短

面对计算能力调整发展的形势，DES 采用 56 位密钥，显然短了一些。如果密钥的长度再长一些，将会更安全。

2）存在弱密钥

DES 存在弱密钥和半弱密钥。在 16 次加密迭代中分别使用不同的子密钥是确保 DES 安全强度的一种重要措施。但是实际上却存在着一些密钥，由它们产生的 16 个子密钥不是互不相同，而是有相重的。

设 K 是给定的密钥，如果由 K 所产生的子密钥

$$K_1 = K_2 = \cdots = K_{16}$$

则称 K 为弱密钥。如果 K 为弱密钥，则有

$$\text{DES}(\text{DES}(M, K), K) = M$$

$$\text{DES}^{-1}(\text{DES}^{-1}(M, K), K) = M$$

$$\text{DES}(M, K) = \text{DES}^{-1}(M, K)$$

即当 K 为弱密钥时，经过两次加密和两次解密都可恢复出明文，加密和解密没有区别。

产生弱密钥的原因是子密钥产生算法中的 C 和 D 寄存器中的数据在循环移位下出现重复所致。据此可推出有以下四个弱密钥：

01	01	01	01	01	01	01	01
1F	1F	1F	1F	0E	0E	0E	0E
E0	E0	E0	E0	F1	F1	F1	F1
FE	FE	FE	FE	FE	FE	FE	FE

除了存在弱密钥外 DES 还存在半弱密钥。设 K 是给定的密钥，如果由 K 所产生的子密钥 $K_1, K_2, \cdots, K_{16}$ 中存在重复者但不是完全相同，则称 K 为半弱密钥。下列半弱密钥所产生的 16 个子密钥中只有两种不相同的子密钥，每种出现 8 次。

01	FE	01	FE	01	FE	01	FE
FE	01	FE	01	FE	01	FE	01
1F	E0	1F	E0	0E	E0	0E	E0
E0	1F	E0	1F	F1	0E	F1	0E
01	E0	01	0E	01	F1	01	F1
E0	01	E0	01	F1	01	F1	01
1F	FE	1F	FE	0E	FE	0E	FE
FE	1F	FE	1F	FE	0E	FE	0E
01	1F	01	1F	01	0E	01	0E
1F	01	1F	01	0E	01	0E	01
E0	FE	E0	FE	F1	FE	F1	FE
FE	E0	FE	E0	FE	F1	FE	F1

仿此可以分析其他半弱密钥，如 16 个子密钥中只有 4 种不相同的子密钥或者只有 8 种不相同的子密钥，等等。

弱密钥和半弱密钥的存在无疑是 DES 的一个不足。但由于弱密钥和半弱密钥的数量与密钥的总数 2^{56} 相比仍是微不足道的，所以这并不构成对 DES 的太大威胁，只要注意在实际应用中不使用这些弱密钥和半弱密钥即可。

3）互补对称性

设 $C=DES(M, K)$，则 $C'=DES(M', K')$，其中 M', C', K' 表示 M, C, K 的非，密码学上称这种特性为互补对称性。互补对称性使 DES 在选择明文攻击下所需的工作量减半。产生互补对称性的原因在于 DES 中两次 $\oplus$ 的配置。一次在 f 函数中 S 盒子之前，另一次在 f 函数输出之后。因为 $\oplus$ 运算具有这种特性：若 $y=x_1 \oplus x_2$，则 $y=x'_1 \oplus x'_2$。因此，当密钥和明文同时取非时，子密钥 K_i 取非，R_{i-1} 取非，经 E 运算后仍取非，但经 $\oplus$ 后输出不变，因此 S 盒子输出不变。到 f 函数输出之后的 $\oplus$ 时，因 L_{i-1} 已取非，故结果仍取非。

这种互补对称性将使选择明文攻击的工作量减半。这是因为在选择明文攻击时，攻击者可以选择明文并得到相应的密文。假设攻击者企图求出密钥，并采用穷举密钥试探方法。由于 DES 存在互补对称性，攻击者任取一个明文 M，并可得到密文 $C=DES(M, K)$，攻击者只要简单地对 C 取非，便得到另一明文 M' 在密钥 K' 加密下的密文 $C'=DES(M', K')$。因此攻击者只要做一次实验便可知道 K 和 K' 是否是所求的密钥，从而使穷举试探的工作量减半。

3．DES 算法攻击方法

DES 的实际密钥长度为 56bit，就目前计算机的计算能力而言，DES 不能抵抗对密钥的穷举搜索攻击。

1997 年 1 月 28 日，RSA 数据安全公司在 RSA 安全年会上悬赏 10000 美金破解 DES，科罗拉多州的程序员 Verser 在 Internet 上数万名志愿者的协作下用 96 天的时间找了密钥长度为 40bit 和 48bit 的 DES 密钥。

1998 年 7 月，电子边境基金会（EFF）使用一台价值 25 万美元的计算机在 56h 之内破译了 56bit 的 DES。

1999 年 1 月，电子边境基金会（EFF）通过 Internet 上的 10 万台计算机合作，仅用 22h 15min 就破解了 56bit 的 DES。

不过这些破译的前提是，破译者能识别出破译的结果确实是明文，即破译的结果必须容易辨认。如果明文加密之前经过压缩等处理，辨认工作就比较困难。

除了穷举搜索攻击法以外，破译分组密码的最常用的方法还有差分分析和线性分析两种。

（1）差分攻击。差分分析是 1990 年公开的一种选择明文攻击方法，其基本思想是：通过分析特定明文对的差分对密文对的差分的影响来获得可能性最大的密钥，主要适用于攻击迭代密码体制，诸如 DES、IDEA 等算法。差分在 DES 中定义为异或运算，不同的算法中定义不同。虽然差分分析法对破译 16 轮的 DES 不能提供一种有效的方法，但用它破译轮数较低的 DES 是很有效的。

差分分析的原理是，破译者通常选择具有固定差分的一对明文，这两个明文可随机选取，只要它们符合特定差分条件即可，密码分析者甚至可以不必知道它们的值。然后，使用输出密文中的差分，按照不同的概率分配给不同的密钥。随着对密文的分析越来越多，其中最有可能的一个密钥将显现出来，这就是正确的密钥。

（2）线性密码分析。该方法是 Mitsuru Matsui 于 1993 年公开的另一种对分组密码进行分析攻击的方法，这种方法试图通过大量的"明-密文对"找到分组密码算法中与密钥有关的线性方程，然后试着得到大量的这类关系从而确定密钥。

八、三重 DES

由于 DES 容易受到穷举式的密码分析，于是人们对于找到一种替代 DES 的加密算法非常感兴趣。一种方法是设计一个全新的算法，设计一个更加复杂的算法并增加密钥长度（后面会介绍到其中的几种）；另一种方法是使用现有的 DES 算法，但是要采取一种巧妙的方法增加密钥长度，这样可以保护用户在软件和设备方面的已有投资。3DES 就是一种改进的 DES 算法，如图 4-2-10 所示。

3DES 是指使用 3 组密钥 K_1、K_2、K_3 对同一组明文进行多重加密，密钥长度为 168(56×3)。在 DES 的标准报告 FIPS46-3 中推荐使用 $K_1=K_3$，此时密钥长度为 112(56×2)。中间采用解密形式并没有密码编码上的意义，它的唯一优点是可以利用三重 DES 对单重 DES 加密的数据进行解密，这是因为 $C = E_{K_1}[D_{K_1}[E_{K_1}[P]]] = E_{K_1}[P]$。

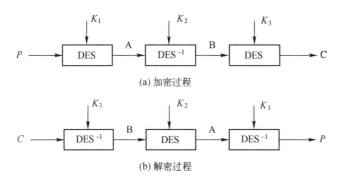

图 4-2-10 3DES 加、解密过程示意图

第三节 高级加密标准 AES

一、AES 的产生背景

1997 年 4 月 15 日，美国 ANSI 发起征集 AES（advanced encryption standard）的活动，并为此成立了 AES 工作小组。此次活动的目的是确定一个非保密的、公开技术细节的、全球免费使用的分组密码算法，以作为新的数据加密标准。1997 年 9 月 12 日，美国联邦登记处公布了正式征集 AES 候选算法的通告。对 AES 的基本要求是：比三重 DES 快、至少与三重 DES 一样安全、数据分组长度为 128bit、密钥长度为 128/192/256bit。

1998 年 8 月 12 日，首届 AES 候选会议上公布了 AES 的 15 个候选算法，任由全世界的各机构和个人攻击和评论。1999 年 3 月，在第 2 届 AES 候选会议上经过对全球各密码机构和个人对候选算法分析结果的讨论，从 15 个候选算法中、选出了 5 个。这 5 个是 RC6、Rijndael、SERPENT、Twofish 和 MARS，2000 年 4 月 13 日至 14 日，召开了第 3 届 AES 候选会议，继续对最后 5 个候选算法进行讨论。2000 年 10 月 2 日，NIST 宣布 Rijndael 作为新的 AES，至此，经过 3 年多的讨论，Rijndael 终于脱颖而出。Rijndael 由比利时的 Joan Daemen 和 Vincent Rijmen 设计，算法的原型是 Square 算法，它的设计策略是宽轨迹策略（widetrail strategy）。宽轨迹策略是针对差分分析和线性分析提出的，它的最大优点是可以给出算法的最佳差分特征的概率及最佳线性逼近的偏差的界。由此，可以分析算法抵抗差分密码分析及线性密码分析的能力。

Rijndael 密码的设计力求满足以下 3 条标准，即：安全性；代价；算法和实现特性。

安全性是评估中的最重要因素，包括下述要点：算法抗密码分析强度，稳定的数学基础，算法输出的随机性，与其他候选算法比较的相对安全性。

代价是评估的第二个重要因素，主要包括许可要求，在各种平台上的计算效率和内存空间的需求。由于最终的 AES 算法要求能够在世界范围内免费使用，因此在选择过程中必须考虑知识产权要求和潜在的矛盾，同时还必须考虑算法在各种平台上的速度。

算法和实现特性主要包括灵活性、硬件和软件适应性、算法的简单性等。算法的灵

活性应包括下述要点:

(1) 处理的密钥和分组长度必须超过最小的支持范围。

(2) 在许多不同类型的环境中能够安全和有效地实现。

(3) 可以作为序列密码、杂凑算法实现,并且可以提供附加的密码服务。算法必须能够用软件和硬件两种方法实现并且有利于有效的固件实现。

算法设计相对简单也是一个评估因素。

在正式介绍算法之前,还有一点要说明,Rijndael 和 AES 还是有区别的。Rijndael 和 AES 之间的唯一差别在于各自所支持的分组长度和密钥长度的范围不同。Rijndael 是具有可变分组长度和可变密钥长度的分组密码。其分组长度和密钥长度均可独立地设定为 32bit 的倍数,最小值为 128bit,最大值为 256bit。AES 将分组长度固定为 128bit,而且仅支持 128bit、192bit、或 256bit 的密钥长度。在 AES 的选择过程中,Rijndael 所具有的额外的分组长度和密钥长度没有评估。

二、Rijndael 的数学基础和设计思想

有限域中的元素可以用多种不同的方式表示。对于任意素数的方幂,都有唯一的一个有限域,因此 $GF(2^8)$ 的所有表示是同构的,但不同的表示方法会影响到 $GF(2^8)$ 上运算的复杂度,本算法采用传统的多项式表示法。将 $b_7b_6b_5b_4b_3b_2b_1b_0$ 构成的字节 b 看成系数在 {0,1} 中的多项式

$$b_7x^7 + b_6x^6 + b_5x^5 + b_4x^4 + b_3x^3 + b_2x^2 + b_1x + b_0$$

例如:十六进制数'57'对应的二进制数为 01010111,看成一个字节,对应的多项式为 $x^6+x^4+x^2+x+1$。在多项式表示中,$GF(2^8)$ 上两个元素的和仍然是一个次数不超过 7 的多项式,其系数等于两个元素对应系数的模 2 加(比特异或)。

例如:'57'+'83'='D4',用多项式表示为

$$(x^6+x^4+x^2+x+1)+(x^7+x+1)= x^7+x^6+x^4+x^2 (\bmod m(x))$$

用二进制表示为 01010111+10000011=11010100,由于每个元素的加法逆元等于自己,所以减法和加法相同。

要计算 $GF(2^8)$ 上的乘法,必须先确定一个 $GF(2)$ 上的 8 次的不可约多项式;$GF(2^8)$ 上两个元素的乘积就是这两个多项式的模乘(以这个 8 次不可约多项式为模)。在 Rijndael 密码中,这个 8 次不可约多项式确定为:$m(x)= x^8+x^4+x^3+x+1$,它的十六进制表示为 11B。

例如:'57'·'83'='C1',可表示为以下的多项式乘法:

$$(x^6+x^4+x^2+x+1) \cdot (x^7+x+1)=x^7+ x^6+1 (\bmod m(x))$$

乘法运算虽然不是标准的按字节的运算,但也是比较简单的计算部件。

以上定义的乘法满足交换律,且单位元'01'。另外,对任何次数小于 8 的多项式 $b(x)$,可用推广的欧几里得算法得 $b(x)a(x)+m(x)c(x)=1$,即 $a(x) \cdot b(x)=1 \bmod m(x)$,因此 $a(x)$ 是 $b(x)$ 的乘法逆元,再者,乘法还满足分配律:

$$a(x) \cdot (b(x)+c(x))=a(x) \cdot b(x)+a(x) \cdot c(x)$$

所以 256bit 值构成的集合,在以上定义的加法和乘法运算下,有有限域 $GF(2^8)$ 的结构。

GF(2^8)上还定义了一个运算，称为 x 乘法，其定义为

$$x \cdot b(x) = b_7x^8 + b_6x^7 + b_4x^5 + b_3x^4 + b_2x^3 + b_1x^2 + b_0x \pmod{m(x)}$$

如果 $b_7=0$，求模结果不变，否则为乘积结果减去 $m(x)$，即求乘积结果与 $m(x)$ 的异或。由此得出 x(十六进制数'02')乘 $b(x)$ 可以先对 $b(x)$ 在字节内左移一位(最后一位补 0)，若 $b_7=1$，则再与'1B'(其二进制为 00011011)做逐比特异或来实现，该运算记为 $b=x\text{time}(a)$。在专用芯片中，$x\text{time}$ 只需 4 个异或。x 的幂乘运算可以重复应用 $x\text{time}$ 实现，而任意常数乘法可以通过对中间结果相加实现。

例如，可按如下方式实现：

'57'·'02'=$x\text{time}$(57)='AE'；

'57'·'04'=$x\text{time}$(AE)='47'；

'57'·'08'=$x\text{time}$(47)='8E'；

'57'·'10'=$x\text{time}$(8E)='07'；

'57'·'13'='57'·('01'⊕'02'⊕'10')

='57'⊕'AE'⊕'07'='FE'

4 个字节构成的向量可以表示为系数在 GF(2^8)上的次数小于 4 的多项式。多项式的加法就是对应系数相加；换句话说，多项式的加法就是 4bit 向量的逐比特异或。

规定多项式的乘法运算必须要取模 $M(x)=x^4+1$，这样使得次数小于 4 的多项式的乘积仍然是一个次数小于 4 的多项式，将多项式的模乘运算记为 ⊗，设 $a(x)=a_3x^3+a_2x^2+a_1x+a_0$, $b(x)=b_3x^3+b_2x^2+b_1x+b_0$, $c(x)=a(x)\otimes b(x)=c_3x^3+c_2x^2+c_1x+c_0$。由于 $x^j \bmod (x^4+1) = x^{j \bmod 4}$，所以

$$c_0 = a_0b_0 \oplus a_3b_1 \oplus a_2b_2 \oplus a_1b_3$$
$$c_1 = a_1b_0 \oplus a_0b_1 \oplus a_3b_2 \oplus a_2b_3$$
$$c_2 = a_2b_0 \oplus a_1b_1 \oplus a_0b_2 \oplus a_3b_3$$
$$c_3 = a_3b_0 \oplus a_2b_1 \oplus a_1b_2 \oplus a_0b_3$$

可将上述计算表示为

$$\begin{pmatrix} c_0 \\ c_1 \\ c_2 \\ c_3 \end{pmatrix} = \begin{pmatrix} a_0 & a_3 & a_2 & a_1 \\ a_1 & a_0 & a_3 & a_2 \\ a_2 & a_1 & a_0 & a_3 \\ a_3 & a_2 & a_1 & a_0 \end{pmatrix} \begin{pmatrix} b_0 \\ b_1 \\ b_2 \\ b_3 \end{pmatrix}$$

注意到 $M(x)$ 不是 GF(2^8)上的不可约多项式（甚至也不是 GF(2)上的不可约多项式），因为此非 0 多项式的这种乘法不是群运算。不过 Rijndael 密码中，对多项式 $b(x)$，这种乘法运算只限于乘一个固定的逆元的多项式 $a(x)=a_3x^3+a_2x^2+a_1x+a_0$。

定理 4.1 系数在 GF(2^8)上的多项式 $a_3x^3+a_2x^2+a_1x+a_0$ 是模 x^4+1 可逆的，当且仅当矩阵

$$\begin{pmatrix} a_0 & a_3 & a_2 & a_1 \\ a_1 & a_0 & a_3 & a_2 \\ a_2 & a_1 & a_0 & a_3 \\ a_3 & a_2 & a_1 & a_0 \end{pmatrix}$$

在 $GF(2^8)$ 上可逆。

证明：$a_3x^3+a_2x^2+a_1x+a_0$ 是模 x^4+1 可逆的，当且仅当存在多项式 $h_3x^3+h_2x^2+h_1x+h_0$ 使得

$(a_3x^3+a_2x^2+a_1x+a_0)(h_3x^3+h_2x^2+h_1x+h_0)=1 \mod(x^4+1)$，因此，有

$(a_3x^3+a_2x^2+a_1x+a_0)(h_2x^3+h_1x^2+h_0x+h_3)=x \mod(x^4+1)$

$(a_3x^3+a_2x^2+a_1x+a_0)(h_1x^3+h_0x^2+h_3x+h_2)=x^2 \mod(x^4+1)$

$(a_3x^3+a_2x^2+a_1x+a_0)(h_0x^3+h_3x^2+h_2x+h_1)=x^3 \mod(x^4+1)$

将以上关系写成矩阵形式即得

$$\begin{pmatrix} a_0 & a_3 & a_2 & a_1 \\ a_1 & a_0 & a_3 & a_2 \\ a_2 & a_1 & a_0 & a_3 \\ a_3 & a_2 & a_1 & a_0 \end{pmatrix} \begin{pmatrix} h_0 & h_3 & h_2 & h_1 \\ h_1 & h_0 & h_3 & h_2 \\ h_2 & h_1 & h_0 & h_3 \\ h_3 & h_2 & h_1 & h_0 \end{pmatrix} = \begin{pmatrix} 1 & 0 & 0 & 0 \\ 0 & 1 & 0 & 0 \\ 0 & 0 & 1 & 0 \\ 0 & 0 & 0 & 1 \end{pmatrix}$$

$c(x)=x \otimes b(x)$ 定义为 x 与 $b(x)$ 的模 x^4+1 乘法，即 $c(x)= x \otimes b(x)=b_2x^3+b_1x^2+b_0x+b_3$。（证毕）其矩阵表示中，除 a_1='01'外，其他所有 a_i='00'，即

$$\begin{pmatrix} c_0 \\ c_1 \\ c_2 \\ c_3 \end{pmatrix} = \begin{pmatrix} 00 & 00 & 00 & 01 \\ 01 & 00 & 00 & 00 \\ 00 & 01 & 00 & 00 \\ 00 & 00 & 01 & 00 \end{pmatrix} \begin{pmatrix} b_0 \\ b_1 \\ b_2 \\ b_3 \end{pmatrix}$$

因此，x（或 x 的幂）模乘多项式相当于对字节构成的向量进行字节循环移位。

三、Rijndael 算法细节

Rijndael 是一个迭代型分组密码，其分组长度和密钥长度都可变，各自可以独立地指定为 128bit、192bit、256bit。

1. 状态、种子密钥和轮数

类似于明文分组和密文分组，算法的中间结果也须分组，称算法中间结果的分组为状态，所有的操作都在状态上进行。状态可以用以字节为元素的矩阵阵列表示，该阵列有 4 行，列数记为 N_b，N_b 等于分组长度除以 32。

种子密钥类似地用一个字节为元素的矩阵阵列表示，该阵列有 4 行，列数记为 N_k，N_k 等于分组长度除以 32。表 4-3-1 所列为 N_b=6 的状态和 N_k=4 的种子密钥的矩阵阵列表示。

表 4-3-1 N_b=6 的状态和 N_k=4 的种子密钥

a_{00}	a_{01}	a_{02}	a_{03}	a_{04}	a_{05}	k_{00}	k_{01}	k_{02}	k_{03}
a_{10}	a_{11}	a_{12}	a_{13}	a_{14}	a_{15}	k_{10}	k_{11}	k_{12}	k_{13}
a_{20}	a_{21}	a_{22}	a_{23}	a_{24}	a_{25}	k_{20}	k_{21}	k_{22}	k_{23}
a_{30}	a_{31}	a_{32}	a_{33}	a_{34}	a_{35}	k_{30}	k_{31}	k_{32}	k_{33}

有时可将这些分组当作一维数组，其每一元素是上述阵列表示中的 4 字节元素构成的列向量，数组长度可为 4、6、8，数组元素下标的范围分别是 0～3、0～5 和 0～7。4 字节元素构成的列向量有时也称为字。

算法的输入和输出被看成是由 8bit 字节构成的一维数组,其元素下标的范围是 0~$(4N_b-1)$,因此输入和输出以字节为单位的分组长度分别是 16、24 和 32,其元素下标的范围分别是 0~15、0~23 和 0~31。输入的种子密钥也看成是由 8 比特字节构成的一维数组,其元素下标的范围是 0~$(4N_k-1)$,因此种子密钥以字节为单位的分组长度也分别是 16、24 和 32,其元素下标的范围是 0~15、0~23 和 0~31。

算法的输入(包括最初的明文输入和中间过程的轮输入)以字节为单位按 $a_{00}a_{10}a_{20}a_{30}a_{01}a_{11}a_{21}a_{31}\cdots$ 的顺序放置到状态阵列中。同理,种子密钥以字节为单位按 $k_{00}k_{10}k_{20}k_{30}k_{01}k_{11}k_{21}k_{31}\cdots$ 的顺序放置到种子密钥阵列中。而输出(包括中间过程的轮输出和最后的密文输出)也是以字节为单位按相同的顺序从状态阵列中取出。若输入(或输出)分组中第 n 个元素对应于状态阵列的第 (i, j) 位置上的元素,则 n 和 (i, j) 有以下关系:

$$i = n \bmod 4; \quad j = [n/4]; \quad n = i + 4j$$

迭代的轮数记为 N_r,N_r 与 N_b 和 N_k 有关,见表 4-3-2,给出了 N_r 与 N_b 和 N_k 的关系。

表 4-3-2 迭代轮数 N_r 为 N_b 和 N_k 的函数

N_r	$N_b=4$	$N_b=6$	$N_b=8$
$N_k=4$	10	12	14
$N_k=6$	12	12	14
$N_k=8$	14	14	14

2. 轮函数

Rijndael 的轮函数由 4 个不同的计算部件组成,分别是:字节代换(SubByte)、行移位(ShiftRow)、列混合(MixColumn)、密钥加(AddRoundKey)。

1) 字节代换(SubByte)

字节代换是非线性变换,独立地对状态的每个字节进行。代换表(S 盒)是可逆的,由以下两个变换的合成得到。

首先,将字节看作 $GF(2^8)$ 上的元素,映射到自己的乘法逆元,"00"映射到自己。

其次,对字节做如下的(GF(2)上的,可逆的)仿射变换。

$$\begin{pmatrix} y_0 \\ y_1 \\ y_2 \\ y_3 \\ y_4 \\ y_5 \\ y_6 \\ y_7 \end{pmatrix} = \begin{pmatrix} 1 & 0 & 0 & 0 & 1 & 1 & 1 & 1 \\ 1 & 1 & 0 & 0 & 0 & 1 & 1 & 1 \\ 1 & 1 & 1 & 0 & 0 & 0 & 1 & 1 \\ 1 & 1 & 1 & 1 & 0 & 0 & 0 & 1 \\ 1 & 1 & 1 & 1 & 1 & 0 & 0 & 0 \\ 0 & 1 & 1 & 1 & 1 & 1 & 0 & 0 \\ 0 & 0 & 1 & 1 & 1 & 1 & 1 & 0 \\ 0 & 0 & 0 & 1 & 1 & 1 & 1 & 1 \end{pmatrix} \begin{pmatrix} x_0 \\ x_1 \\ x_2 \\ x_3 \\ x_4 \\ x_5 \\ x_6 \\ x_7 \end{pmatrix} + \begin{pmatrix} 1 \\ 1 \\ 0 \\ 0 \\ 0 \\ 1 \\ 1 \\ 0 \end{pmatrix}$$

上述 S-盒对状态的所有字节所做的变换记为 SubByte(State),如图 4-3-1 所示是字节代换示意图。

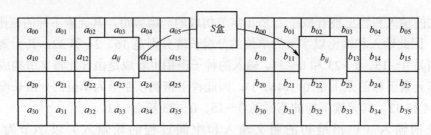

图 4-3-1　字节代换示意图

SubByte 的逆变换由代换表的逆表做字节代换，可通过如下两步实现：首先进行仿射变换的逆变换，再求每一字节在 $GF(2^8)$ 上逆元。

2）行移位（ShiftRow）

行移位是将状态阵列的各行进行循环移位，不同状态的位移量不同。第 0 行不移动，第 1 行循环左移 C_1 个字节，第 2 行循环左移 C_2 个字节，第 3 行循环左移 C_3 个字节。位移量 C_1、C_2、C_3 的取值与 N_b 有关，由表 4-3-3 给出。

表 4-3-3　对应于不同分组长度的位移量

N_b	C_1	C_2	C_3
4	1	2	3
6	1	2	3
8	1	3	4

按指定的位移量对状态的行进行的行移位运算记为 ShiftRow(State)，如图 4-3-2 所示为移位示意图。

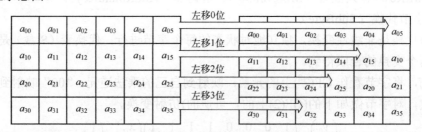

图 4-3-2　行移位示意图

ShiftRow 的逆变换是对状态阵列的后 3 列分别以位移量 N_b-C_1、N_b-C_2、N_b-C_3 进行循环移位，使得第 i 行第 j 列的字节移位到 $(j+N_b-C_i) \bmod N_b$。

3）列混合（MixColumn）

在列混合变换中，将状态阵列的每个列视为 $GF(2^8)$ 上的多项式，再与一个固定的多项式 $c(x)$ 进行模 x^4+1 乘法。当然要求 $c(x)$ 是模 x^4+1 可逆的多项式，否则列混合变换就是不可逆的，因而会使不同的输入分组对应的输出分组可能相同。Rijndael 的设计者给出的 $c(x)$ 为（系数用十六进制数表示）：

$$c(x)=`03`x^3+`01`x^2+`01`x+`02`$$

$c(x)$ 是与 x^4+1 互素的,因此是模 x^4+1 可逆的。列混合运算也可写为矩阵乘法。设 $b(x)=c(x)\otimes a(x)$,则

$$\begin{pmatrix} b_0 \\ b_1 \\ b_2 \\ b_3 \end{pmatrix} = \begin{pmatrix} 02 & 03 & 01 & 01 \\ 01 & 02 & 03 & 01 \\ 01 & 01 & 02 & 03 \\ 03 & 01 & 01 & 02 \end{pmatrix} \begin{pmatrix} a_0 \\ a_1 \\ a_2 \\ a_3 \end{pmatrix}$$

这个运算需要做 $GF(2^8)$ 上的乘法,但由于所乘的因子是 3 个固定的元素 02、03、01,所以这些乘法运算仍然是比较简单的。对状态 State 的所有列所做的列混合运算记为 MixColumn(state)。图 4-3-3 所示为列混合运算示意图。

列混合运算的逆运算是类似的,即每列都用一个特定的多项式 $d(x)$ 相乘。$d(x)$ 满足
$$('03'x^3+'01'x^2+'01'x+'02')\otimes d(x)='01'$$

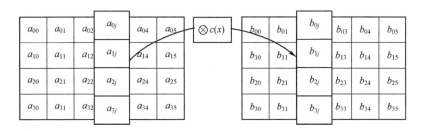

图 4-3-3 列混合运算示意图

由此可得:$d(x)='0B'x^3+'0D'x^2+'09'x+'0E'$

4)密钥加(AddRoundKey)

密钥加是将轮密钥简单地与状态进行逐比特异或。轮密钥由种子密钥通过密钥编排算法得到,轮密钥长度等于分组长度 N_b。状态 State 与轮密钥 RoundKey 的密钥加运算表示为 AddRoundKey(State,RoundKey)。图 4-3-4 所示为密钥加运算示意图。

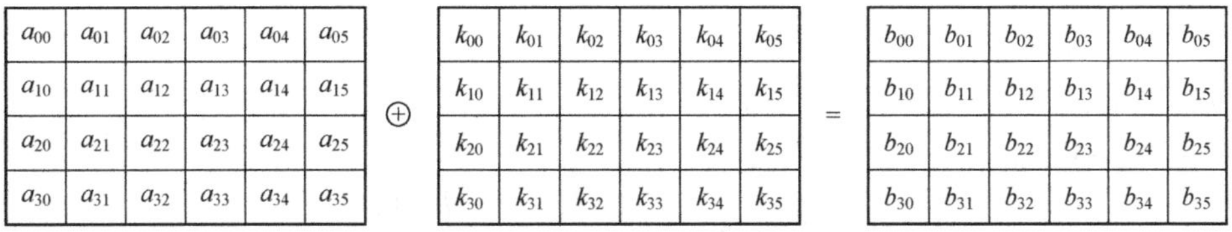

图 4-3-4 密钥加运算示意图

四、算法安全性分析

Rijndael 加解密算法中,每轮常数的不同消除了密钥的对称性,密钥扩展的非线性消除了相同密钥的可能性;加解密使用不同的变换,消除了在 DES 里出现的弱密钥和半弱密钥存在的可能性;总之,在 Rijndael 的加解密算法中,对密钥的选择没有任何限制。

经过验证,Rijndael 加解密算法能有效地抵抗目前已知的攻击方法的攻击。如部分

差分攻击、相关密钥攻击、插值攻击等。对于 Rijndael，最有效的攻击还是穷尽密钥攻击。依靠有限域/有限环的有关性质给加解密提供了良好的理论基础，使算法设计者可以既高强度地隐藏信息，又同时保证了算法可逆，又因为 Rijndael 算法在一些关键常数（如 $m(x)$）的选择上非常巧妙，使得该算法在正数指令和逻辑指令的支持下高速完成加解密，在专用的硬件上，速率可高于 1Gb/s，从而得到了良好的效率。除了加解密功能外，Rijndael 算法还可以实现如 MAC、Hash、同步流密码、生成随机数、自同步流密码等功能；Rijndael 算法可有效地应用于奔腾机、智能卡、ATM、HDTV（高清晰电视）、B-ISDN（宽带综合业务数字网络）、声音、卫星通信等各个方面。

第四节　国际数据加密标准 IDEA

国际数据加密算法（international data encryption algorithm，IDEA）由瑞士联邦理工学院的来学嘉和 James Massey 于 1990 年提出，分组长度为 64bit，密钥长度为 128bit。它能抵抗差分密码分析，目前还没有发现明显的安全漏洞，应用十分广泛。著名的电子邮件安全软件 PGP 就采用了 IDEA 进行数据加密。IDEA 的分组长度为 64bit，密钥长度为 128bit。其加、脱密运算用的是同一个算法，二者之间不同之处仅在于密钥调度不同。其加、脱密运算是在 128bit 初始密钥作用下，对 64bit 的输入数据分组进行操作，经 8 圈迭代后，再经过一个输出变换，得到 64bit 的输出数据分组。整个运算过程全部在 16bit 子分组上进行，因此该算法对 16bit 处理器尤其有效。

一、IDEA 数学基础

IDEA 加密流程中主要涉及以下 3 种运算。
（1）⊕ 表示 16bit 的逐位异或运算。
（2）+ 表示 16bit 整数的模 2^{16} 加法运算。
（3）⊗ 表示 16bit 整数的模 $2^{16}+1$ 乘法运算，其中全零子块处理为 2^{16}。

在逐位异或、模 2^{16} 加法和模 $2^{16}+1$ 乘法这 3 个不同的群运算中，需要特别注意的是模 $2^{16}+1$ 乘法运算⊗。在该运算中输入中的 0 要用 2^{16} 代替后参与运算，运算结果中的 2^{16} 要用 0 代替后输出。模 $2^{16}+1$ 乘法运算具体如下。

（1）若 $a=0$，则
$$ab\,\mathrm{mod}(2^{16}+1)=\begin{cases}1-b, & b=0,1\\ 2^{16}+1-b, & 2\leqslant b\leqslant 2^{16}-1\end{cases}$$

（2）若 $b=0$，则
$$ab\,\mathrm{mod}(2^{16}+1)=\begin{cases}1-a, a=0,1\\ 2^{16}+1-a, 2\leqslant a\leqslant 2^{16}-1\end{cases}$$

（3）若 $a\neq 0$，$b\neq 0$，则
$$ab\,\mathrm{mod}(2^{16}+1)=\begin{cases}ab(\mathrm{mod}\,2^{16})-ab(\mathrm{div}\,2^{16}), & ab(\mathrm{mod}\,2^{16})\geqslant ab(\mathrm{div}\,2^{16})\\ 0, ab(\mathrm{mod}\,2^{16})=ab(\mathrm{div}\,2^{16})-1\\ ab(\mathrm{mod}\,2^{16})-ab(\mathrm{div}\,2^{16})+2^{16}+1, & ab(\mathrm{mod}\,2^{16})<ab(\mathrm{div}\,2^{16})-1\end{cases}$$

其中：$ab(\mathrm{div}2^{16})$ 为 ab 除以 2^{16} 所得的商。

对于（3）进行简要说明。不妨用 $(ab)_h$ 表示 32bit 数 ab 的高 16 位，$(ab)_l$ 表示 32bit 数 ab 的低 16 位，则有

$$ab=(ab)_h 2^{16}+(ab)_l=(ab)_h(2^{16}+1)+(ab)_l-(ab)_h$$

故

$$ab\bmod(2^{16}+1)=\begin{cases}(ab)_l-(ab)_h,(ab)_l\geqslant(ab)_h\\0,(ab)_l=(ab)_h-1\\(ab)_l-(ab)_h+2^{16}+1,(ab)_l<(ab)_h-1\end{cases}$$

又

$$(ab)_l=ab(\bmod 2^{16}),\ (ab)_h=ab(\mathrm{div}2^{16})$$

故（3）成立。

二、IDEA 算法

1．IDEA 加密算法

IDEA 的加密过程如图 4-4-1 所示。其中 $X_i(i=1,2,3,4)$ 是 16bit 明文子块；$Y_i(i=1,2,3,4)$ 是 16bit 密文子块；$Z_i^{(r)}$(对于 $r=1,\cdots,8, i=1,2,3,4,5,6$；对于 $r=9,(i=1,2,3,4)$ 是 16bit 圈密钥子块。

首先，将待加密的 64bit 明文数据分成 4 个 16bit 子块 X_1, X_2, X_3, X_4，然后将这 4 个子块作为算法第 1 圈的输入，进行 8 圈迭代。在每一圈中，有 4 个 16bit 输入子块和 6 个 16bit 圈密钥子块参与运算，相互间进行异或、相加及相乘，结果输出 4 个 16bit 子块。经过 8 圈后所得的 4 个 16bit 子块再与 4 个 16bit 圈密钥子块进行输出变换，输出变换后的结果是 42 个 16bit 圈密钥子块，它们是由 128bit 初始密钥通过密钥生成算法产生的。

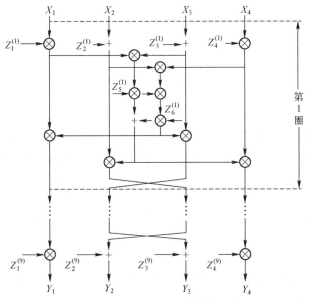

图 4-4-1 IDEA 加密算法

IDEA 加密依次经过 8 圈迭代和输出变换，下面分别进行介绍。

设每一圈的输入为 x_1, x_2, x_3, x_4，圈密钥子块依次为 $z_1, z_2, z_3, z_4, z_5, z_6$，则圈变换的执行过程如下。

（1）x_1 与 z_1 相乘。
（2）x_2 与 z_2 相加。
（3）x_3 与 z_3 相加。
（4）x_4 与 z_4 相乘。
（5）将第 1 步的结果与第 3 步的结果相异或。
（6）将第 2 步的结果与第 4 步的结果相异或。
（7）将第 5 步的结果与 z_5 相乘。
（8）将第 6 步的结果与第 7 步的结果相加。
（9）将第 8 步的结果与 z_6 相乘。
（10）将第 9 步的结果与第 7 步的结果相加。
（11）将第 9 步的结果与第 1 步的结果相异或。
（12）将第 9 步的结果与第 3 步的结果相异或。
（13）将第 10 步的结果与第 2 步的结果相异或。
（14）将第 10 步的结果与第 4 步的结果相异或。
（15）将第 12 步的结果与第 13 步的结果对换。

最后输出的 4 个 16bit 子块，即第 11、12、13、14 步的输出就是圈出。

在经过 8 圈迭代之后，最后有一个输出变换。设输出变换的输入为 x_1, x_2, x_3, x_4，所用的密钥子块依次为 z_1, z_2, z_3, z_4，则输出变换的执行过程如下。

（1）x_1 与 z_1 相乘。
（2）x_3 与 z_2 相加。
（3）x_2 与 z_3 相加。
（4）x_4 与 z_4 相乘。

最后输出的 4 个 16bit 子块即第 1、2、3、4 步的输出就是输出变换的输出。将这 4 个 16bit 子块级连接起来即为密文。

2. IDEA 解密算法

IDEA 的解密过程与加密过程基本上是相同的，唯一改变的是解密过程中所使用的 52 个 16bit 的解密密钥子块 $k_i^{(r)}$ 是由加密密钥子块 $z_i^{(r)}$ 按下述方式计算出来的。

$$(k_1^{(r)}, k_2^{(r)}, k_3^{(r)}, k_4^{(r)}) = ((z_1^{(10-r)})^{-1}, -z_3^{(10-r)}, -z_2^{(10-r)}, (z_4^{(10-r)})^{-1}) \quad r=2,\cdots,8$$

$$(k_1^{(r)}, k_2^{(r)}, k_3^{(r)}, k_4^{(r)}) = ((z_1^{(10-r)})^{-1}, -z_2^{(10-r)}, -z_3^{(10-r)}, (z_4^{(10-r)})^{-1}) \quad r=1,\cdots,9$$

$$(k_5^{(r)}, k_6^{(r)}) = (z_5^{(9-r)}, z_6^{(9-r)}) \quad r=1,\cdots,8$$

其中，z^{-1} 表示 z 的模 $2^{16}+1$ 的乘法逆，即 $z \otimes z^{-1}=1$，$-z$ 表示 z 的模 2^{16} 的加法，亦即 $-z+z=0$。加、解密子块的关系如表 4-4-1 所列。

表 4-4-1 IDEA 加、解密子密钥的关系

圈数	加密子密钥	解密子密钥
1	$Z_1^{(1)} Z_2^{(1)} Z_3^{(1)} Z_4^{(1)} Z_5^{(1)} Z_6^{(1)}$	$(Z_1^{(9)})^{-1} - Z_2^{(9)} - Z_3^{(9)} (Z_4^{(9)})^{-1} Z_5^{(8)} Z_6^{(8)}$
2	$Z_1^{(2)} Z_2^{(2)} Z_3^{(2)} Z_4^{(2)} Z_5^{(2)} Z_6^{(2)}$	$(Z_1^{(8)})^{-1} - Z_3^{(8)} - Z_2^{(8)} (Z_4^{(8)})^{-1} Z_5^{(7)} Z_6^{(7)}$
3	$Z_1^{(3)} Z_2^{(3)} Z_3^{(3)} Z_4^{(3)} Z_5^{(3)} Z_6^{(3)}$	$(Z_1^{(7)})^{-1} - Z_3^{(7)} - Z_2^{(7)} (Z_4^{(7)})^{-1} Z_5^{(6)} Z_6^{(6)}$
4	$Z_1^{(4)} Z_2^{(4)} Z_3^{(4)} Z_4^{(4)} Z_5^{(4)} Z_6^{(4)}$	$(Z_1^{(6)})^{-1} - Z_3^{(6)} - Z_2^{(6)} (Z_4^{(6)})^{-1} Z_5^{(5)} Z_6^{(5)}$
5	$Z_1^{(5)} Z_2^{(5)} Z_3^{(5)} Z_4^{(5)} Z_5^{(5)} Z_6^{(5)}$	$(Z_1^{(5)})^{-1} - Z_3^{(5)} - Z_2^{(5)} (Z_4^{(5)})^{-1} Z_5^{(4)} Z_6^{(4)}$
6	$Z_1^{(6)} Z_2^{(6)} Z_3^{(6)} Z_4^{(6)} Z_5^{(6)} Z_6^{(6)}$	$(Z_1^{(4)})^{-1} - Z_3^{(4)} - Z_2^{(4)} (Z_4^{(4)})^{-1} Z_5^{(3)} Z_6^{(3)}$
7	$Z_1^{(7)} Z_2^{(7)} Z_3^{(7)} Z_4^{(7)} Z_5^{(7)} Z_6^{(7)}$	$(Z_1^{(3)})^{-1} - Z_3^{(3)} - Z_2^{(3)} (Z_4^{(3)})^{-1} Z_5^{(2)} Z_6^{(2)}$
8	$Z_1^{(8)} Z_2^{(8)} Z_3^{(8)} Z_4^{(8)} Z_5^{(8)} Z_6^{(8)}$	$(Z_1^{(2)})^{-1} - Z_3^{(2)} - Z_2^{(2)} (Z_4^{(2)})^{-1} Z_5^{(1)} Z_6^{(1)}$
输出变换	$Z_1^{(9)} Z_2^{(9)} Z_3^{(9)} Z_4^{(9)}$	$(Z_1^{(1)})^{-1} - Z_2^{(1)} - Z_3^{(1)} (Z_4^{(1)})^{-1}$

3. IDEA 密钥生成算法

IDEA 的密钥生成算法比较简单。用于 8 圈迭代和输出变换的 52 个（8 圈迭代每圈 6 个，输出变换 4 个）16bit 密钥子块是由 128bit 初始密钥按下述方式生成的：首先将 128bit 初始密钥从左到右分成 8 个 16bit 子块，并将所得的 8 个子块直接作为最先使用的 8 个密钥子块 $Z_1^{(1)}, Z_2^{(1)}, Z_3^{(1)}, Z_4^{(1)}, Z_5^{(1)}, Z_6^{(1)}, Z_1^{(2)}, Z_2^{(2)}$，然后将上述 128bit 密钥循环左移 25 位，并将由此产生的 128bit 密钥再从左到右分成 8 个 16bit 子块，它们被作为随后的 8 个密钥子块 $Z_3^{(1)}, Z_4^{(1)}, Z_5^{(1)}, Z_6^{(1)}, Z_1^{(1)}, Z_2^{(1)}, Z_3^{(1)}, Z_4^{(1)}$，重复这个过程，直到产生 52 个 16bit 密钥子块。

与 Feistel 结构和 SPN 结构密码类似，IDEA 算法采用的 Lai-Massey 结构也采用轮函数的迭代，轮函数中均使用了用于混乱的变换和用于扩散的变换，只是对于 Feistel 结构和 SPN 结构这两种变换区分较为清晰，而对于 Lai-Massey 结构的密码，轮函数中变换的"混乱"和"扩散"的作用不易区分。

第五节 其他分组密码算法简介

一、RC5 算法

由 Ron Rivest 研制，明文分组长度可调（16~64bit），循环次数（0~255）可调，密钥长度可调（0~2024bit），能适应不同字长的 CPU。适合于硬件及软件实现，快速。RC5 已经被用于 RSA 数据安全公司（RSA data security）的主要产品中，如 BSAFE、JSAFE 以及 S/MAIL。

二、CAST-128 算法

由 Carlisle Adama 和 Stafford Tavares 研制的对称加密算法，具有 Feistel 体制结构，有 16 个循环并对 64bit 的明文分组进行加密产生 64bit 的密文分组。密钥长度从 40bit 开始可以按 8bit 递增到 128bit。

三、Camellia 算法

Camellia 算法由 NTT 和 Mitsubishi Electric Corporation 联合开发。作为欧洲新一代的加密标准，它具有较强的安全性，能够抵抗差分和线性密码分析等已知的攻击。与 AES 算法相比，Camellia 算法在各种软硬件平台上表现出与之相当的加密速度。另一特点是针对小规模硬件平台的设计。整个算法的硬件执行过程包括加密、解密和密钥扩展 3 个部分，只需占用 8.12KB 0.19μm COMS 工艺 ASIC 的库门逻辑。Camellia 算法分组长度为 128bit，支持 128bit、192bit 和 256bit 密钥长度。具有与 AES 同等级的安全强度及运算量。

第六节 分组密码的工作模式

分组密码在加密时，明文分组是固定的，而实际应用中待加密消息的数据量是不定的，数据格式可能是多种多样的。为了能在各种应用场合使用 DES，美国在 FIPSPUS 74 和 FIPSPUS 81 中定义了 DES 的 4 种运行模式，如表 4-6-1 所列。这些模式也可用于其他分组密码，下面以 DES 为例来介绍这 5 种模式。

一、电码本模式（ECB）

ECB（electronic codebook）模式是最简单的运行模式，它一次对一个 64bit 长的明文分组加密，而且每次的加密密钥都相同，如图 4-6-1 所示。当密钥取定时，对明文的每一个分组，都有一个唯一的密文与之对应。因此形象地说，可以认为有一个非常大的电码本，对任意一个可能的明文分组，电码本中都有一项对应于它的密文。

表 4-6-1 DES 的运行模式

模式	描述	用途
电码本模式（ECB）	每个明文组独立地以同一密钥加密	传送短数据（如一个加密密钥）
密文链接模式（CBC）模式	加密算法的输入是当前明文组与前一密文组的异或	传送数据分组；认证
密码反馈模式（CFB）	每次只处理输入的 $j$bit，将上次的密文用作加密算法的输入以产生伪随机输出，该输出再与当前明文异或以产生当前密文	传送数据流；认证
输出反馈模式（OFB）	与 CFB 类似，不同之处是本次加密算法的输入为前一次加密算法的输出	有扰信道上（如卫星通信）传送数据流
计数器模式（CTR）	对依次递增的计数器进行加密以产生伪随机输出，该输出与明文异或产生密文	传输大规模数据流

如果消息长于 64bit，则将其分为长为 64bit 的分组，最后一个分组如果不够 64bit，需要填充。解密过程也是一次对一个分组解密，而且每次解密都使用同一密钥。如图 4-6-1 所示，明文是由分组长为 64bit 分组序列 $P_1, P_2, \cdots, P_N$ 构成，相应的密文分组序列是 $C_1, C_2, \cdots, C_N$。

ECB 在用于短数据（如加密密钥）时非常理想，因此如果需要安全地传递 DES 密钥，ECB 是最适合的模式。

ECB 的最大特性是同一明文分组在消息中重复出现的话，产生的密文分组也相同。

第四章　分组密码

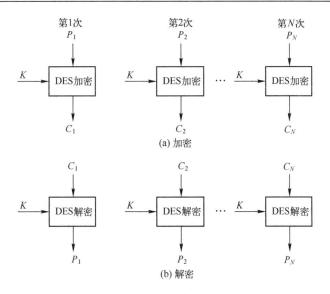

图 4-6-1　ECB 模式示意图

ECB 用于长消息时可能不够安全，如果消息有固定结构，密码分析者有可能找出这种关系。例如，如果已知消息是以某个预定义字段开始，那么分析者就可能得到很多明文－密文对。如果消息有重复的元素而重复的周期是 64 倍，那么密码分析者就能够识别这些元素。以上这些特性有助于密码分析者，有可能为其提供对分组的代换或重排的机会。

二、密文链接模式（CBC）

为了解决 ECB 的安全缺陷，可以让重复的明文分组产生不同的密文分组，CBC（cipher block chaining）模式就可满足这一要求。

图 4-6-2 所示为 CBC 模式示意图，它一次对一个明文分组加密，每次加密使用同一密钥，加密算法的输入是当前明文和前一次密文分组的异或，因此加密算法的输入不会显示出与这次的明文分组之间的固定关系，所以重复明文分组不会在密文中暴露出这种重复关系。

解密时，每一个密文分组解密后，再与前一个密文分组异或，即
$$D_K[C_N] \oplus C_{N-1} = D_K[E_K[C_{N-1} \oplus P_N]] \oplus C_{N-1}$$
$$= C_{N-1} \oplus P_N \oplus C_{N-1} = P_N（设 C_N = E_K[C_{N-1} \oplus P_N]）$$

因而产生出明文分组。

在产生第 1 个密文分组时，需要有一个初始向量 IV 与第 1 个明文分组异或。解密时，IV 和解密算法第 1 个密文分组的输出进行异或以恢复第 1 个明文分组。

IV 对于收发双方都应是已知的，为使安全性最高，IV 应像密钥一样被保护，可使用 ECB 加密模式来发送 IV。保护 IV 的原因如下：如果敌手能欺骗接收方使用不同的 IV 值，敌手就能够在明文的第 1 个分组中插入自己选择的比特值，这是因为：
$$C_1 = E_K[IV \oplus P_1]$$

97

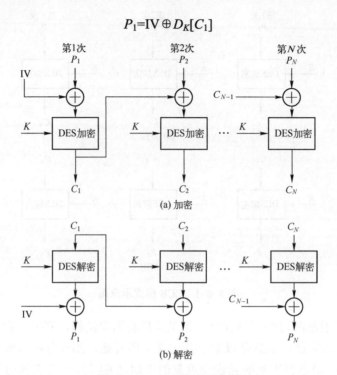

图 4-6-2 CBC 模式示意图

用 $X(i)$ 表示 64bit 分组 X 的第 i 个比特,那么 $P_1(i)=\text{IV}(i)\oplus D_K[C_1](i)$,由异或的性质得

$$P_1(i)'=\text{IV}(i)'\oplus D_K[C_1](i)$$

其中撇号表示比特补。上式意味着如果敌手篡改 IV 中的某些比特,则接收方收到的 P_1 中相应的比特也发生了变化。

由于 CBC 模式的链接机制,CBC 模式对加密长于 64bit 的消息非常合适。

CBC 模式除能够获得保密性外,还能用于认证。

三、密码反馈模式(CFB)

如上所述,DES 是分组长为 64bit 的分组密码,但利用 CFB(cipher feedback)模式或 OFB 模式可将 DES 转换为流密码。流密码不需要对消息填充,而且运行是实时的。因此,如果传送字母流,可使用流密码对每个字母直接加密并传送。

流密码具有密文和明文一样长这一性质,因此,如果需要发送的每个字符长为 8bit,就应使用 8bit 密钥来加密每个字符。如果密钥长超过 8bit,则造成浪费。

图 4-6-3 所示为 CFB 模式示意图,设传送的每个单元(如一个字符)是 $j$bit 长,通常取 $j=8$,与 CBC 模式一样,明文单元被链接在一起,使得密文是前面所有明文的函数。

加密时,加密算法的输入是 64bit 移位寄存器,其初值为某个初始向量 IV。加密算法输出的最左(最高有效位)$j$bit 与明文的第一个单元 P_1 进行异或,产生出密文的第 1 个单元 C_1,并传送给该单元。然后将移位寄存器的内容左移 $j$bit 并将 C_1 送入移位寄存器最右边（最低有效位）j位。这一过程持续到明文的所有单元都被加密为止。

解密时，将收到的密文单元与加密函数的输出进行异或。注意这时仍然使用加密算法而不是解密算法，原因如下。

设 $S_j(X)$ 是 X 的 j 个最高有效位，那么 $C_1 = P_1 \oplus S_j(E(\mathrm{IV}))$，因此

$$P_1 = C_1 \oplus S_j(E(\mathrm{IV}))$$

可证明以后各步也有的这种关系。

CFB 模式除能获得保密性外，还能用于认证。

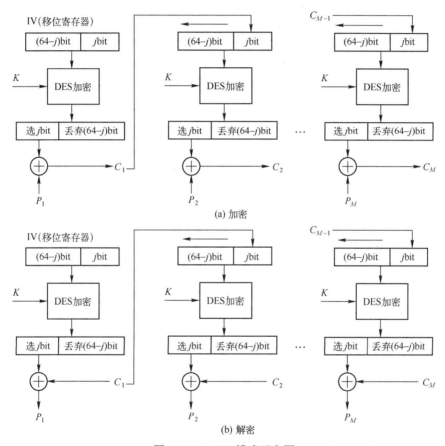

图 4-6-3　CFB 模式示意图

四、输出反馈模式（OFB）

OFB（output feedback）模式的结构类似于 CFB，如图 4-6-4 所示。不同之处如下：OFB 模式是将加密算法的输出反馈到移位寄存器，而 CFB 模式中是将密文单元反馈到移位寄存器。

OFB 模式的优点是传输过程中的比特错误不会被传播，例如 C_1 中出现 1bit 错误，在解密结果中只有 P_1 受到影响，以后各明文单元则不受影响。而 CFB 中，C_1 也作为移位寄存器的输入，因此它的 1bit 错误会影响解密结果中各明文单元的值。

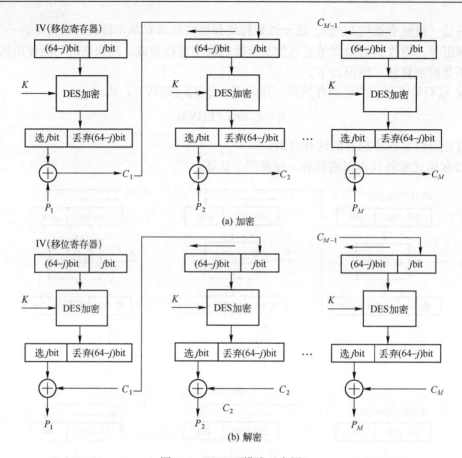

图 4-6-4 OFB 模式示意图

OFB 的缺点是它比 CFB 模式更易受到对消息流的篡改攻击，比如在密文中取 1bit 的补，那么在恢复的明文中相应位置的比特也为原比特补。因此使得敌手有可能通过对消息校验部分的篡改和对数据部分的篡改，而以纠错码不能检测的方式篡改密文。

五、计数器模式（CTR）

CTR 模式使用与明文分组规模相同的计数器长度，但要求加密不同的分组所用的计数器值必须不同。典型地，计数器从某一初值开始，依次递增 1。计数器值经加密函数变换的结果再与明文分组异或，从而得到密文。解密时使用相同的计数器值序列，用加密函数变换后的计数器值与密文分组异或，从而恢复明文，如图 4-6-5 所示。

CTR 模式加、解密过程可表述为

加密：$c_i = m_i \oplus E_k(\text{CTR}+i)$, $i = 1, 2, \cdots, n$

解密：$m_i = c_i \oplus E_k(\text{CTR}+i)$, $i = 1, 2, \cdots, n$

其中，CTR 表示计数器的初值。

CTR 模式的优缺点与 OFB 模式相同，错误传播小，且需要保持同步。分组密码工作模式的研究始终伴随着分组密码的研究，新的分组密码标准的推出，都会伴随着相应工作模式的研究。自 AES 推出之后的近几年，国外对分组密码工作模式的研究成果很多，工作模式也已不再局限于传统意义上的加密模式、认证模式、认证加密模式，还有可变长度的分组密码、可调工作模式以及如何利用分组密码实现杂凑技术等。

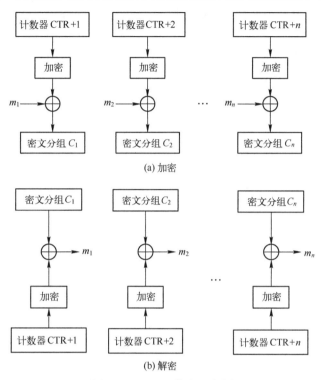

图 4-6-5　CTR 模式示意图

本 章 小 结

本章介绍了分组密码的基本原理、设计思想、结构及其工作模式，重点讲述了数据加密标准 DES、高级加密标准 AES 和国际数据加密标准 IDEA。简要介绍了 RC5、CAST-128 和 Camellia 分组密码算法。

思考题与习题

1．序列密码和分组密码的主要区别有哪些？
2．分组密码的设计应体现哪些原则？
3．为什么说 DES 算法是对合运算？
4．为什么要使用 3DES？
5．简述分组密码中所采用的混乱原则和扩散原则。DES 算法是通过哪些环节实现混乱和扩散的？

6. 在 8bit 的密码反馈（CFB）模式中，若传输中一个密文发生了一位错误，这个错误将传播多远？

7. 在密码分组链接（CBC）模式中，一个密文块的传输错误将影响几个明文块的正确还原，为什么？

8. 求出用 DES 的 8 个 S 盒将 48bit 串 70a990f5fc36 压缩置换输出的 32bit 串（用十六进制写出每个 S 盒的输出）。

9. 假设 DES 算法的 8 个 S 盒都为 S_5，且 L_0=5F5F5F5F，R_0=FFFFFFFF，K_1=555555555555，（均为十六进制）。

（1）画出 $F(R_{i-1},k_i)$ 函数原理图。

（2）求第一圈 S 盒的输出值。

（3）求 $F(R_0,K_1)$ 的值。

（4）求第一圈的输出值。

10. 简述 AES 的基本变换及作用。

11. AES 算法定义的 $GF(2^8)$ 中两个元素的乘法运算是模二元域 $GF(2)$ 上的一个 8 次不可约多项式 $(m(x) = x^8 + x^4 + x^3 + x + 1)$ 的多项式乘法，请计算 $(57) \cdot (83)$，其中（57）和（83）均是十六进制数。

第五章 公钥密码

前面几章主要讨论了传统密码。本章将讨论公钥密码体制及典型的公钥密码算法。

第一节 公钥密码体制概述

一、公钥密码体制的提出

利用传统的密码进行保密通信，通信的双方必须首先预约持有相同的密钥才能进行。而私人和商业之间想通过通信工具洽谈生意又要保持商业秘密，有时很难做到事先预约密钥，另外，对于大型计算机网络，设有 n 个用户，任意两个用户之间都可能进行通信，共有 $n(n-1)/2$ 种不同的通信方式，当 n 较大时这一数目是很大的。从安全角度考虑，为了安全，密钥应当经常更换。在网络上产生、存储、分配、管理如此大量的密钥，其复杂性和危险性都是很大的。

因此，密钥管理上的困难是传统密码应用的主要障碍，这种困难在计算机网络环境下更显得突出。另外，传统密码不易实现数字签名，也限制了它的应用范围。

为此，人们希望能设计一种新的密码，从根本上克服传统密码在密钥分配上的困难，而且容易实现数字签名，从而适合计算机网络环境的各种应用。

1976 年，美国斯坦福大学的博士生 W. Diffie 和他的导师 M. E. Hellman 教授发表了《密码学新方向》的论文，第一次提出公开密钥密码的概念。从此，开创了一个密码新时代。

二、公钥密码体制的思想

公开密钥密码的基本思想是将传统密码的密钥 K 一分为二，分为加密钥 K_e 和解密钥 K_d，用加密钥 K_e 控制加密，用解密钥 K_d 控制解密，而且由计算复杂性确保由加密钥 K_e 在计算上不能推出解密钥 K_d，这样，即使是将 K_e 公开也不会暴露 K_d，也不会损害密码的安全。于是便可将 K_e 公开，而只对 K_d 保密，由于 K_e 是公开的。只有 K_d 是保密的，所以从根本上克服了传统密码在密钥分配的困难。

根据公开密钥密码的基本思想。可知一个公开密钥密码应当满足以下 3 个条件。

（1）解密算法 D 与加密算法 E 互逆，即对于所有明文 M 都有

$$D(E(M,K_e),K_d)=M \quad (5\text{-}1\text{-}1)$$

(2) 在计算上不能由 K_e 求出 K_d。
(3) 算法 E 和 D 都是高效的。

条件（1）是构成密码的基本条件，是传统密码和公开密钥密码都必须具备的起码条件。

条件（2）是公开密码的安全条件，是公开密钥密码的安全基础，而且这一条件是最难满足的。由于数学水平的原则，目前尚不能从数学上证明一个公开密钥密码完全满足这一条件，而只能证明它是不满足这一条件，这就是这一条件困难的根本原因。

条件（3）是公开密钥密码的工程条件。因为只有算法 E 和 D 都是高效的，密码才能实际应用，否则，可能只有理论意义，而不能实际应用。

满足了这 3 个条件。便可构成一个公开密钥密码，这个密码可以确保数据的秘密性，进而，如果还要求确保数据的真实性，则还应该满足第四个条件。

(4) 对于所有明文 M 都有

$$E(D(M,K_d),K_e) = M \qquad (5\text{-}1\text{-}2)$$

条件（4）是公开密钥密码能够确保数据真实的基本条件。如果满足了条件（1）（2）（4），同样可构成了一个公开密钥密码，这个密码可以确保数据的真实性。

如果同时满足以上 4 个条件，则公开密钥密码可以同时确保数据的秘密性和真实性。此时，对于所有的明文 M 都有

$$D(E(M,K_e),K_d) = E(D(M,K_d),K_e) = M \qquad (5\text{-}1\text{-}3)$$

公开密钥密码从根本上克服了传统密码密钥分配上的困难，利用公开密钥密码进行保密通信需要成立一个密钥管理机构（KMC），每个用户将自己的姓名、地址和公开的密钥等信息在 KMC 登记注册，将公钥记入共享的公开密钥数据库 PKDB。KMC 负责密钥的管理，并且对用户是可信赖的。这样，用户利用公开密钥密码进行保密通信就像查电话号码簿一样方便，再无通信双方预约密钥之苦，因此特别适合计算机网络应用。加上公开密钥密码实现数字签名容易，所以特别受欢迎。

三、公钥密码体制的工作方式

设 M 为明文，C 为密文，E 为公开密钥密码的加密算法，D 为解密算法。K_e 为公开的加密钥，K_d 为保密的解密钥，每个用户都分配一对密钥，而且所有用户的公开的加密密钥中 K_e 存入共享的公开密钥库 PKDB。

再设用户 A 要把数据 M 安全保密地传给用户 B，我们给出以下 3 种通信协议。

(1) 确保数据的秘密性。

发方：

① 首先查 PKDB，查到 B 的公开的加密钥 K_{eB}。
② A 用 K_{eB} 加密 M 得到 C。
③ A 发 C 给 B。

收方：

① B 接收 C。

② B 用自己的保密的解密钥 K_{dB} 解密 C，得到明文 $M=D(C, K_{dB})$。

由于只有用户 B 才拥有保密的解密钥 K_{dB}，而且由公开的加密钥 K_{eB} 在计算上不能推出保密的解密钥 K_{dB}，所以只有用户 B 才能获得明文 M，其他任何人都不能获得明文 M，从而确保了数据的秘密性。

然而这一通信却不能确保数据的真实性。这是因为 PKDB 是共享的，任何人都可以查到 B 的公开的加密钥 K_{eB}，因此任何人都可以冒充 A 通过发假密文 $C' = E(M', K_{eB})$ 来发假数据 M' 给 B，而 B 不能发现。

为了确保数据的真实性可采用下面的通信协议。

（2）确保数据的真实性。

发方：

① A 首先用自己的保密的解密钥 K_{dA} 解密 M，得到密文 C；

$$C = D(M, K_{dA})$$

② A 发 C 给 B。

收方：

① B 接收 C。

② B 查 PKDB，查到 A 的公开的加密钥 K_{eA}。

③ 用 K_{eA} 加密 C 得到 $M = E(C, K_{eA})$。

由于只有用户 A 才拥有保密的解密钥 K_{dA}，而且由公开的加密钥 K_{eA} 在计算上不能推出保密的解密钥 K_{dA}，所以只有用户 A 才能发送数据 M，其他任何人都不能冒充 A 发送数据 M，从而确保了数据的真实性。

然而这一通信协议却不能确保数据的秘密性，这里因为 PKDB 是共享的，任何人都可以查到 A 的公开的加密钥 K_{eA}，因此任何人都可以获得数据 M。

（3）为了同时确保数据的秘密性和真实性，可将上两个协议结合起来，采用下面的通信协议。

发方：

① A 首先用自己的保密的解密钥 K_{dA} 解密 M，得到中间密文 S。

$$S = D(M, E_{dA})$$

② 然后 A 查 PKDB，查到 B 的公开的加密钥 K_{eB}。

③ A 用 K_{eB} 加密 S 得到 C。

$$C = E(S, K_{eB})$$

④ A 发 C 给 B

收方：

① B 接收 C

② B 用自己的保密的解密密钥 K_{dB} 解密 C，得到中间密文 $S=D(C, K_{dB})$。

③ B 查 PKDB，查到 A 的公开的加密钥 K_{eA}，用 K_{eA} 加密 S 得到 $M=(S, K_{eA})$。

由于这一通信协议综合利用了上述两个通信协议，所以能够同时确保数据的秘密性和真实性。具体地，由于只有用户 A 才拥有保密的解密钥 K_{dA}，而且由公开的加密钥 K_{eA} 在计算上不能推出保密的解密钥 K_{dA}，所以只有用户 A 才能进行发方的第①步操作，才

能发送数据 M，其他任何人都不能冒充 A 发送数据 M，从而确保了数据的真实性。又由于只有用户 B 才拥有保密的解密钥 K_{dB}，而且由公开的加密钥 K_{eB} 在计算上不能推出保密的解密钥 K_{dB}，所以只有用户 B 才能进行收方的第②步操作，才能获得明文 M，其他任何人都不能获得明文 M，从而确保了数据的秘密性。

自从 1976 年 W. Diffie 和 M. E. Hellman 教授提出公开密钥的新概念，由于公开密钥密码具有优良的密码学特性和广阔的应用前景，很快便吸引了全世界的密码爱好者，他们提出了各种各样的公开密钥密码算法和应用方案。密码学进入了一个空前繁荣的阶段。然而公开密钥密码的研究却非易事，尽管提出的算法很多，但是能经得起时间考验的却寥寥无几。经过二十几年的研究和发展，目前公开密钥密码已经得到普遍应用。

目前，世界公认的比较安全的公开密钥密码有基于大合数因子分解困难性的 RSA 密码类和基于有限域上离散对数困难性的 ELGamal 密码类。其中后者已被用于美国数字签名标准（DSS）。

我国学者在公开密钥密码的编码、分析和应用方面都作出了卓越的贡献。陶仁骥教授提出的有限自动机公钥密码等受到了国际上的关注。

四、单向陷门函数

W. Diffie 和 M. E. Hellman 的论文，提出了将计算复杂度理论应用于密码学，即将某类不可计算问题作用密码体制的编制。为此，他们提出了单向函数和陷门函数概念。下面给出其定义：

定义 5.1 一个函数如果满足下列两个条件。

（1）对于 F 的定义域中的任何 X，可方便地求得 $Y=F(X)$。

（2）对于值域中的绝大多数 Y，通过运算很难得到相应的 X，使 $Y=F(X)$ 成立。

则函数称作单向函数。

运算困难，实际上就是不能通过多项式复杂性来解决。单向函数在计算机口令系统中是很有用的，在许多计算机系统中，各用户都有自己的口令，当用户想使用计算机时，他就输入他的口令，然后系统就在口令文件中检查该口令是否合法，以决定该用户是否可以使用计算机。这种方案不太安全，因为任何能访问系统的人，均有可能从系统文件中发现某个用户 A 的口令 P_A，从而可假冒 A。

如果我们在系统中不存放 P_A，而代之以单向函数值 $F(P_A)$，则系统仍然能够验证用户的合法性，这只要对用户 A 提供的 P_A 进行计算得 $F(P_A)$，然后在存储表中比较 $F(P_A)$ 即可。但是在这种情况下，能访问该表的任何人（除 A 外）都不能求得 P_A，因为 F 的逆运算难以计算。

在密码学中，单向函数并不能用作编制密码，因为 F 的逆运算是很困难的，在计算上是不可行的，所以对合法的收讯者从密文 $C=F(M)$ 中不能求得明文 M。因此，我们要对单向函数进行改进，形成陷门函数，这样，就可以很方便地进行加、解密运算了。

定义 5.2 一个函数如果满足下列两个条件。

（1）对于 F 的定义域的任何 X，可方便地求得 $Y=F(X)$。

（2）如果不知道函数 F 的构造函数，则对于值域中的绝大多数 Y，难以找到相应的

X，使 $Y=F(X)$ 成立；若知道有关函数 F 的构造特性，则可方便地求得 X，使 $Y=F(X)$ 成立。则该函数称作陷门函数，构造函数也称作陷门信息。

陷门函数可以用作公开密钥密码体制。掌握不掌握陷门信息成为是否能够解密的关键，只要收讯者将陷门信息保密起来，除他本人之外，其他人就无法还原电文。

到目前为止，国内外对公钥密码体制的讨论仍非常热烈，具体的方案和资料也很多。下面，我们首先介绍 RSA 公钥密码体制。

第二节 RSA 公钥密码算法

1978 年，美国麻省理工学院的 3 名密码学者 R.L.Rivest，A.Shamir，L.M.Adleman 提出了一种基于大合数因子分解困难性的公开密钥密码，简称 RSA 密码。RSA 密码被誉为是一种风格优雅的公开密钥密码。由于 RSA 密码，既可用于加密，又可用于数字签名，安全、易懂，因此 RSA 密码已成为目前应用最广泛的公开密钥密码。许多标准化组织，如 ISO、ITU 和 SWIFT 等都已接受 RSA 作为标准，Internet 网的 E-mail 保密系统 PGP 以及国际 VISA 和 MASTER 组织的电子商务协议（SET 协议）中都将 RSA 密码作为传送会话密钥和数字签名的标准。

一、RSA 算法加解密过程

（1）随机地选择两个大素数 p 和 q，而且保密。
（2）计算 $n=pq$，将 n 公开。
（3）计算 $\varphi(n)=(p-1)(q-1)$，对 $\varphi(n)$ 保密。
（4）随机地选取一个正整数 e，$1<e<\varphi(n)$ 且 $(e,\varphi(n))=1$，将 e 公开。
（5）根据 $ed=1 \bmod \varphi(n)$，求出 d，并对 d 保密。
（6）加密运算：
$$C = M^e \bmod n, \ M \leqslant n \qquad (5\text{-}2\text{-}1)$$
（7）解密运算：
$$M = C^d \bmod n \qquad (5\text{-}2\text{-}2)$$

由以上算法可知，RSA 密码的公开加密钥 $k_e=(n,e)$，而保密的解密钥 $k_d=(p,q,d,\varphi(n))$。

说明：算法中的 $\varphi(n)$ 是一个数论函数，称为欧拉（Euler）函数。$\varphi(n)$ 表示在比 n 小的正整数中与 n 互素的个数。例如 $\varphi(6)=2$ 因为在 1，2，3，4，5 中与 6 互素的数只有 1 和 5 两个数，若 p 和 q 为互素，且 $n=pq$，则 $\varphi(n)=(p-1)(q-1)$。

为了便于理解，我们以两个小的素数来说明 RSA 密钥对的生成过程。

例 5.1 设 $p=7$，$q=11$，取 $e=13$，求 n、$\varphi(n)$ 及 d。

求解过程如下：
（1）$n=7\times11=77$
（2）$\varphi(n)=(7-1)\times(11-1)=60$

因 $e=13$ 满足 $1<e<\varphi(n)$ 且 $\gcd(e,\varphi(n))=1$，所以，可以取加密密钥 $e=13$。

(3) 已知 $e=13$，通过公式 $e\times d\equiv 1\bmod(60)$ 求出 d 的方法：

因 $13\times 4=52(<60)$，所以，d 应满足 $5\leq d<60$，其求解过程如下：

$(13\times 5)/60$ 余 5；

$(13\times 6)/60$ 余 18；

$(13\times 7)/60$ 余 31；

$(13\times 8)/60$ 余 44；

……

$(13\times 37)/60$ 余 1；

所以，$d=37$(满足 $d\neq e$ 且 $1<d<\varphi(n)$)。

以上求解密密钥 d 的方法称为因子试凑法，即按照公式 $e\times d\equiv 1\bmod(60)$，在给定加密密钥 $e=13$ 的情况下，从整数 5 开始逐个尝试，直到找到某一个数 d，使其满足 $d\neq e$ 且 $13\times d\equiv 1\bmod(60)$。

求解解密密钥 d 的方法还可以采取乘积试凑法，其方法如下。

$1\times 60+1=61$ 是否能被 13 整除？不是，继续；

$2\times 60+1=121$ 是否能被 13 整除？不是，继续；

$3\times 60+1=181$ 是否能被 13 整除？不是，继续；

……

$8\times 60+1=481$ 是否能被 13 整除？因 $481/13=37$，因此 $d=37$。

注意：有时在给定的条件下，找到 $d=e$，这样的密钥是不符合要求的，必须将 d 和 e 同时舍弃。

例如，设 $p=3$，$q=7$，取 $e=5$，则 $n=3\times 7=21$，$\varphi(n)=(3-1)\times(7-1)=12$，满足条件 $ed\equiv 1(\bmod\varphi(n))$ 的 d 只有 5，此时 $d=e$，所以这样的密钥对是不符合要求的。

现在对 RSA 算法给出一些证明和说明。

二、RSA 算法的可逆性

(1) 证明加解密法可逆性。根据式 (5-2-1) 即要证明：

$$M=C^d=(M^e)^d=M^{ed}\bmod n$$

因为 $ed\equiv 1\bmod\varphi(n)$，这说明 $ed=t\varphi(n)+1$，其中 t 为某整数。所以

$$M^{ed}=M^{t\varphi(n)+1}\bmod n$$

因此要证明 $M^{ed}=M\bmod n$，只要证明

$$M^{t\varphi(n)+1}=M\bmod n$$

在 $(M,n)=1$ 的情况下，根据数论知识，

$$M^{t\varphi(n)}=1\bmod n$$

于是有

$$M^{t\varphi(n)+1}=M\bmod n$$

在 $(M,n)\neq 1$ 的情况下，分两种情况。

① $M \in \{1,2,\cdots,n-1\}$。

因为 $n=pq$，p 和 q 为素数，$M \in \{1,2,\cdots,n-1\}$ 且 $(M,n) \neq 1$。这说明 M 必含 p 或 q 之一为其因子，而且不能同时包含着两者，否则将有 $M \geqslant n$，与 $M \in \{1,2,\cdots,n-1\}$ 矛盾。

不妨设 $M=ap$。

又因 q 为素数，且 M 不包含 q，故有 $(M,q)=1$，于是，有

$$M^{\varphi(q)} = 1 \mod q$$

进一步，有

$$M^{t(p-1)\varphi(q)} = 1 \mod q$$

因为 q 是素数，$\varphi(q) = (q-1)$，所以 $t(p-1)\varphi(q) = t\varphi(n)$，所以有

$$M^{t\varphi(n)} = 1 \mod q$$

于是，

$M^{t\varphi(n)} = bq+1$，其中 b 为某整数。

两边同乘 M，有

$$M^{t\varphi(n)+1} = bqM + M$$

因为 $M=ap$，故

$$M^{t\varphi(n)+1} = bqap + M = abn + M$$

取模 n，得

$$M^{t\varphi(n)+1} = M \mod n$$

② $M=0$

当 $M=0$ 时，直接验证，可知命题成立。

（2）加密和解密运算的可交换性。根据式（5-2-1）和式（5-2-2），有

$$D(E(M)) = (M^e)^d = (M)^{ed} = (M^d)^e E(D(M)) \mod n \qquad (5\text{-}2\text{-}3)$$

所以根据式（5-2-3）可知，RSA 密码可同时确保数据的秘密性和数据的真实性。

（3）在计算上由公开密钥不能求出解密钥。见 RSA 密码的安全性小节。

三、RSA 算法的安全性及应用要求

（一）RSA 算法的安全性

小合数的因子分解是容易的，然而大合数的因子分解却是十分困难的。关于大合数的因子分解的时间复杂度下限目前尚没有一般的结果。迄今为止的各种因子分解算法提示人们这一时间下限将不低于 $O(\text{EXP}(\ln N \ln \ln N)^{1/2})$。根据这一结论，只要合数足够大，进行因子分解是相当困难的。

密码分析者攻击 RSA 密码的关键点在于如何分解 n，若分解成功使 $n=pq$，则可以计算出 $\varphi(n) \equiv (p-1)(q-1)$，然后由公开的 e 通过 $ed \equiv 1 \mod \varphi(n)$ 解出秘密的 d。

由此可见，只要能对 n 进行因子分解，便可攻破 RSA 密码，由此可得出，破译 RSA 密码的困难大于等于对 n 进行因子分解的困难性，目前尚不能证明两者是否能确切相等。因为不能确知除了对 n 进行因子分解的方法外，是否还有别的更简捷的破译方法。

因此，应用 RSA 密码应密切关注世界因子分解的进展。虽然大合数的因子分解是十分困难的，但是随着科学技术的发展，人们对大合数因子分解的能力在不断提高，而且分解所需的成本在不断下降。1994 年 4 月 2 日，由 40 多个国家的 600 多位科学家参加，通过 Internet 网，历时 9 个月，成功地分解了十进制 129 位的大合数，破译了 RSA-129。1996 年 4 月 10 日又破译了 RSA-130。更令人惊喜的是，1992 年 2 月由美国、荷兰、法国、澳大利亚的数学家和计算机专家，通过 Internet 网，历时 1 个月，成功地分解了十进制 140 位的大合数，破译了 RSA-140。具体地，n=212 902 463 182 587 575 474 978 820 162 715 174 978 067 039 632 772 162 782 333 832 153 819 499 840 564 959 113 665 738 530 219 183 167 831 073 879 953 172 308 895 692 308 734 419 364 71=339 871 742 302 843 855 453 012 362 761 387 583 563 398 649 596 959 742 049 092 930 277 147 9×626 420 018 740 128 509 615 165 494 826 444 221 930 203 717 862 350 901 911 166 065 394 604 9。2007 年 5 月人们成功分解了一个十进制 313 位的大合数。这是目前世界对 RSA 的最高水平的攻击，同时也代表着世界大合数因子分解能力的水平。

因此，今天要应用 RSA 密码，应当采用足够大的整数 n。普遍认为，n 至少应取 1024bit，最好取 2048bit。

大合数因子分解算法的研究是当前数论和密码学的一个十分活跃的领域。目前大合数因子分解的主要算法有 Pomerance 的二次筛法、Lenstra 的椭圆曲线分解算法和 Pollard 的数域筛法及广义数域筛法。要了解这些内容，请查阅有关文献。表 5-2-1 给出了采用广义数域筛法进行因子分解所需的计算机资源。

表 5-2-1　因子分解所需的计算机资源

合数/bit	所需 MIPS 年
116	4×10^2
129	5×10^3
521	3×10^4
768	2×10^7
1024	3×10^{11}
2048	3×10^{20}

除了通过因子分解攻击 RSA 外，还有一些其他的攻击方法，但是都还不能对 RSA 构成有效威胁。因此完全可以认为，只要合理地选择参数，正确地使用，RSA 就是安全的。

（二）RSA 算法的参数选择

为了确保 RSA 密码的安全，必须认真选择 RSA 的密码参数。

1. p 和 q 要足够大

只有 p 和 q 足够大，$n=pq$ 才能足够大，才能对抗因子分解攻击。根据目前的因子分解能力，应当选择 n 为 1024 位或 2048 位。这样，p 和 q 就应当选为 512 位或 1024 位左右。

2. p 和 q 应为强素数（strong prime）

定义 5.3　设 p 为素数，如果 p 满足下列 2 个条件，则称 p 为强素数或一级素数。

(1) 存在两个大素数 p_1 及 p_2，使得 $p_1 | p-1, p_2 | p+1$。

(2) 存在 4 个大素数 r_1, r_2, s_1, s_2，使得 $r_1 | p_1-1, s_1 | p_1+1, r_2 | p_2-1, s_2 | p_2+1$。

定义 5.3 中的"大"的数量级取决于素数 p 的用途，即取决于要抵抗哪一种攻击，而且这还是一个动态的概念，随着攻击能力的提高，"大"的数量级也应跟着增大。

3．p 和 q 的位数差问题

若 p 和 q 的位数差很小，因为 $n=pq$，所以可以估算 $(p+q)/2=n^{1/2}$。例如，设 $p=2$，$q=3$，$n=6$，$(p+q)/2=2.5$，而 $n^{1/2}=2.45$，完全可以用 $n^{1/2}$ 来估算 $(p+q)/2$。

又因为 $((p+q)/2)^2-n=((p-q)/2)^2$，所以在估算出 $(p+q)/2$ 的值后，便可计算出上式左边的值。因为假设 p 和 q 的位数差很小，所以上式左边的值很小。于是可以通过实验得出 $(p-q)/2$，进而求出 p 和 q。p 和 q 的位数差又不能相差很大，若很大，可通过尝试法，从小的素数用依次试验的方法分解 n。因此 p 和 q 的位数相差不能大也不能小，一般为几比特。

例 5.2 假设 p 和 q 的差很小，令 $n=164009$，$n^{1/2}\approx 405$，于是可以估计 $(p+q)/2=405$。计算 $((p+q)/2)^2-n=((p-q)/2)^2=405^2-n=16=4^2$，进一步知道 $(p-q)/2=4$，于是可得 $p=409$，$q=401$。

4．$(p-1)$ 和 $(q-1)$ 的最大公因子要小

在仅知密文攻击中，设攻击者截获了某个密文：

$$C_1=M^e \bmod n$$

攻击者进行迭代加密攻击，即令 $i=2,3,\cdots$，依次计算式（5-2-4）：

$$C_i=(C_{i-1})^e=(M)^{e^i} \bmod n \tag{5-2-4}$$

如果

$$e^i=1 \bmod \varphi(n) \tag{5-2-5}$$

则必有

$$C_i=M \bmod n \tag{5-2-6}$$

于是，通过迭代加密获得明文，攻击成功。

如果满足式（5-2-5）的 i 值很小，则上述攻击计算很容易进行。根据式（5-2-5）和欧拉定理，可知

$$\begin{aligned}i &= \varphi(\varphi(n)) = \varphi((p-1)(q-1)) \\ &= D\varphi(p-1)\varphi(q-1)/\varphi(D)\end{aligned} \tag{5-2-7}$$

其中：$D=((p-1),(q-1))$ 为 $p-1$ 和 $q-1$ 的最大公因子。

由式（5-2-7）可知，D 越小，则 $\varphi(D)$ 就更小，从而使 i 值大。当 i 值足够大时，便可以抵抗这种攻击。因为 $p-1$ 和 $q-1$ 均为偶数，所以其有公因子 2。如果使其最大公因子为 2，便为理想情况。为此，可选择 p 和 q 为理想的强素数。

设 p 和 q 是理想的强素数，$p=2a+1$，其中 a 为奇素数，$q=2b+1$，其中 b 为奇素数，则 $D=2$，$\phi(D)=1$，根据式（5-2-7），有

$$\begin{aligned}i &= \varphi(\varphi(n)) = \varphi((2a)(2b)) \\ &= 2\varphi(2a)\varphi(2b) = 2\varphi(a)\varphi(b) = 2(a-1)(b-1)\end{aligned}$$

例 5.3 设 $p=17$，$q=11$，$n=17\times 11=187$，$e=7$，$M=123$，则有

$$C_0 = M = 123$$
$$C_1 = (C_0)e = 123^7 \bmod 187 = 183$$
$$C_2 = (C_1)e = 183^7 \bmod 187 = 72$$
$$C_3 = (C_2)e = 72^7 \bmod 187 = 30$$
$$C_4 = (C_3)e = 30^7 \bmod 187 = 123 = M$$
$$C_5 = (C_4)e = 123^7 \bmod 187 = 183$$

可见在迭代加密过程中出现 $C_5=C_1$，$C_4=M$，周期 $t=4$。$\varphi(n)=160$，t 是 $\varphi(n)$ 的因子。

5. e 的选择

为了使加密速度快，根据"反复平方乘"算法，e 的二进制表示中应当含有尽量少的 1。一种办法是选择尽可能小的 e 或选择某些特殊的 e。有的学者建议取 $e=3$，但 e 太小是不安全的。

若 e 太小，对于小的明文 M，则有 $C=M^e<n$，加密运算未取模。于是直接对密文 C 开 e 次方，便可求出明文 M。

于是有的学者建议取 $e=2^{16}+1=65537$，其二进制表示中只有两个 1。它比 3 更安全，而且加密速度也很快。

6. d 的选择

与 e 的选择类似，为了使解密（数字签名）速度快，希望选用小的 d，但是 d 太小也是不好。当 d 小于 n 的 1/4 时，已有求出 d 的攻击方法。

7. 模数 n 的使用限制

对于给定的模数 n，满足 $e_i d_i \equiv 1 (\bmod n)$ 的加解密密钥对 (e_i, d_i) 很多，因此有人建议在通信中用同一个参数以节约存储空间，但可证明这对系统来说是有安全隐患的。

设 M 为明文，用户 A 的加密钥为 e_A，用户 B 的加密钥为 e_B，他们使用同一个模数 n。于是两个密文为

$$C_A = M^{e_A} \bmod n$$
$$C_B = M^{e_B} \bmod n$$

当 e_A 和 e_B 互素时，可利用欧拉算法找出两个整数 r 和 s，满足

$$re_A + se_B = 1$$

于是

$$C_A^r C_B^s = M \bmod n$$

四、RSA 算法的实现

虽然 RSA 密码的算法通俗易懂，但其工程实现却相当困难。其困难性主要在于大素数的产生和大数的模幂运算。

为了安全，素数 p 和 q 要足够大。根据目前的因子分解能力，p 和 q 应是十进制 100 位以上的大素数，这样 n 就是十进制 200 以上的大合数。但是要产生十进制 100 位以上的大素数是比较困难的。目前产生大素数的方法有概率性算法和确定性算法。概率性算

法可以以足够高的概率产生一个素数，而确定性算法可准确地产生一个素数。目前两种产生素数的算法都得到了应用。

1. 素数产生的概率性检验算法

素数产生概率性算法可以在指定的范围内产生一个大整数，并且可以保证这个整数是素数的概率足够高。目前，最常用的概率性算法是 Miller 检验算法。Miller 检验算法已经成为美国的国家标准。

设 n 为被检验的整数，$n=2^t m+1$，其中 m 为 $n-1$ 的最大奇因子，$t \geq 1$。记检测 n 是否为素数的算法为 $F(l, k)$，其中 l, k 为正整数，是算法的输入，Pass 为布尔型变量。

算法 $F(l, k)$：

（1）Pass=0；

（2）随机地从 $10^l \sim 10^{l+1}$ 的范围内任取一个奇整数 n；

（3）随机地从 2 到 $n-2$ 之间取 k 个互不相同的整数：$a^1, a^2, \cdots, a^k$；

（4）For i=1 To k Loop；

（5）调用子过程 Miller(n, a_i)；

（6）If pass=0 Then Goto（8）；

（7）EndLoop；

（8）若 Pass=1，则认为 n 可能为素数，否则肯定 n 为合数，结束。

子过程 Miller(n, a_i)：

（1）计算 $b = a_i^m \bmod n$；

（2）If $b=\pm 1$ Then Pass =1 and Goto（8）；

（3）Pass=0；

（4）For j=1 To $t-1$ Loop；

（5）$b=b^2 \bmod n$；

（6）If $b=-1$ Then Pass=1 and Goto（8）；

（7）EndLoop

（8）结束。

定理 5.1 执行算法 $F(l, k)$ 所产生的正整数 n 不是素数的概率不大于 2^{-2k}。

例如，令 l=99，k=50，执行算法 $F(l, k)$ 可在 $10^{99} \sim 10^{100}$ 的范围内产生一个正整数 n，而 n 不是素数的概率不大于 2^{-100}。

2. 素数产生的确定性算法

确定性算法可准确地产生一个素数。早在 20 世纪 20 年代就有学者研究素数的确定性产生方法。现在广泛应用的确定性算法大都是利用一个或多个小素数来产生一个大素数。下面给出澳大利亚学者 Demytko 于 1988 年提出的一种算法，它利用小素数迭代产生一个大素数。

定理 5.2 令 $p_{i+1}=h_i p_i$，若满足下列条件，则 p_{i+1} 为素数：

（1）p_i 是奇素数；

（2）$h_i<4(p_i+1)$，其中 h_i 为偶数；

（3）$2^a=1 \bmod p_{i+1}$，其中 $a=h_i p_i$；

（4）$2^b \neq 1 \mod p_{i+1}$，其中 $b=h_i$。

定理 5.2 是构成性的。根据定理 5.2，可用 16 位的素数 p_0 构造产生出 32bit 的素数 p_1，再由 p_1 构造产生出 64bit 的素数 p_2，如此继续可构造产生出更大的素数。然而仅仅根据定理 5.2，并不能构造产生出符合 RSA 安全要求的素数。

除了这种构造性的确定性素数产生方法外，还有许多产生素数的确定性检验算法，通过这些检验算法后可以肯定被检验的数是素数。

3．模 n 的大数幂乘的快速算法

RSA 公钥密码体制的加密/解密算法的关键是进行模 n 的大数幂乘运算，其算法本身比较简单，但是运算量极大，如果不采取简便的方法，其加密/解密速度将慢得不可忍受。所以，必须寻求快速的大数模幂乘算法。

一种求模 n 的大数幂乘 $m^e \mod(n)$ 的快速算法如下：

（1）$a \leftarrow e, b \leftarrow m, c \leftarrow 1, a, b, c$ 为 3 个大整数寄存器；

（2）如果 $a=0$，则输出结果 c 即为所求的模 n 的大数幂乘；

（3）如果 a 是奇数，转第⑤步；

（4）$a \leftarrow (a \div 2), b \leftarrow (b \times b) \mod n$，转第③步；

（5）$a \leftarrow a-1, c \leftarrow (c \times b) \mod n$，转第②步。

图 5-2-1 所示为求模 n 的大数幂乘 $m^e \mod n$ 的流程图。

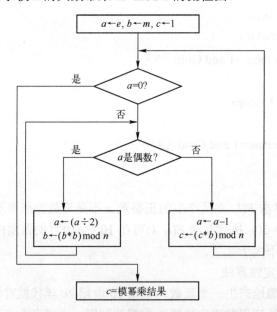

图 5-2-1　模 n 的大数幂乘快速算法流程图

在实际应用中，可以将以上流程图转换为表格的形式进行求解。

例 5.4　设加密密钥 $e=13$，解密密钥 $d=37$，$n=77$，用 RSA 算法对明文 $m=2$ 进行加密，然后再解密还原为明文。

解题过程如下：

加密过程：$c=2^{13}(\mod 77)=?$

根据图 5-2-1 所示的流程图,其求解过程如表 5-2-2 所列,其中"↓"表示当前寄存器的值与上一次寄存器的值相同,即寄存器的值保持不变。由表 5-2-2 最后一行可知,寄存器 c=30,即 $2^{13} \bmod (77)$=30。而解密过程要计算 $30^{37} \bmod (77)$,其求解过程如表 5-2-3 所示。由表 5-2-3 最后一行可知,寄存器 c=2,即 $30^{37} \bmod (77)$=2。

表 5-2-2 $2^{13} \bmod (77)$ 的求解过程

A	b	c
13	2	1
12	↓	2×1 mod(77)=2
6	2^2 mod(77)=4	↓
3	4^2 mod(77)=16	↓
2	↓	16×2 mod(77)=32
1	16^2 mod(77)=25	↓
0	↓	25×32 mod(77)=30

表 5-2-3 $30^{37} \bmod (77)$ 的求解过程

A	b	c
37	30	1
36	↓	30×1 mod(77)=30
18	30×30 mod(77)= 53	↓
9	53×53 mod(77)=37	↓
8	↓	37×30 mod(77)=32
4	37×37 mod(77)=60	↓
2	60×60 mod(77)=58	↓
1	58×58 mod(77)=53	↓
0	↓	53×32 mod(77)=2

4. RSA 硬件引擎

尽管人们对实现 RSA 的各种运算算法进行了大量的研究,提出了各种快速算法,从而大大提高了 RSA 软件实现的加解密速度,但是人们对 RSA 软件实现的加解密速度仍不满意,仍然希望它能更快一些。这种不满意是有根据的:首先因为计算机网络的速度在不断提高,现有的 RSA 软件实现的加解密度不能满足网络的需求;其次,人们对电子商务、电子政务、电子金融等应用系统的数据处理速度的要求在提高,现有的 RSA 软件实现的加解密速度也不能满足人们在这方面的需求;再次,RSA 软件实现作为一种软件产品。它自身的安全性比较弱。根据以上几方面的原因,我国的商业密码管理政策明确要求密码产品应当以硬件形式实现。显然,与软件密码产品相比,硬件密码产品的加解密码速度快,而且更安全。出于以上的考虑,人们希望用硬件形式实现 RSA,以获得更好的性能。

在国外,美国、日本、德国等国都有自己的 RSA 硬件产品。深圳中兴集成电路公司于 2001 年推出了我国第一个 RSA 专用集成电路芯片,并且通过了国家有关部门的认证。

第三节　ELGamal 公钥密码算法

ELGamal 密码是除了 RSA 密码之外最有代表性的公开密钥密码。RSA 密码建立在大整数因子分解的困难性之上，而 ELGamal 密码建立在离散对数的困难性之上。ELGamal 改进了 Diffe 和 Hellman 的基于离散对数的密钥分配协议，提出了基于离散对数的公开密钥密码和数字签名体制。下面介绍 ELGamal 密码算法。

一、离散对数问题

设 p 为素数，若存在一个正整数 a，使得 $a, a^2, a^3, \cdots, a^{p-1}$，关于模 p 互不同余，则称 a 为模 p 的本原元。对于整数 b 和素数 p 的一个本原元 a，可以找到一个唯一的数 i，使得 $b \equiv a^i (\bmod p)(0 \leqslant i \leqslant p-1)$ 成立，则 i 称为 b 的以 a 为底的模 p 的离散对数。

从 i 计算 b 是容易的，至多需要 $2 \times \log_2 p$ 次乘法运算，可是从 b 计算 i 就困难很多，利用目前最好的算法，对于小心选择的 p 将至少需用 $p^{1/2}$ 次以上的运算，只要 p 足够大，求解离散对数问题是相当困难的。可见，离散对数问题具有较好的单向性。

由于离散对数问题具有较好的单向性，所以离散对数问题在公钥密码学中得到广泛应用，除了 ELGamal 密码外，Diffie-Hellman 密钥分配协议和美国数字签名标准算法 DSA 等也是建立在离散对数问题之上的。

二、ELGamal 算法的加解密过程

系统参数：设 p 是一素数，满足 Z_p 中离散对数问题是难解的，a 是 Z_p^* 中的本原元，选取 $d \in [0, p-1]$，计算 $y \equiv a^d (\bmod p)$，则

私有密钥：$k_2 = d$。

公开密钥：$k_1 = (a, y, p)$。

加密算法：对于待加密消息，随机选取数 $k \in [0, p-1]$，则密文为
$$E_{k_1}(m, k) = (y_1, y_2), \text{ 其中, } y_1 = a^k, y_2 = my^k (\bmod p)$$

解密算法：消息接收者收到密文(y_1, y_2)后，解密得明文为
$$m = D_{k_2}(y_1, y_2) = y_2(y_1^d)^{-1} (\bmod p)$$

解密的正确性可证明如下：
$$y_2(y_1^d)^{-1} = my^k(a^{-kd}) = ma^{kd}a^{-kd} = m(\bmod p)$$

例 5.5　设 $p=2579$，取 $a=2$，秘密钥 $d=765$，计算公开钥 $y=2^{765} \bmod 2579=949$。再取明文 $M=1299$，随机数 $k=853$，则 $y_1=2^{853} \bmod 2579=435$，$y_2=1299 \times 949^{853} \bmod 2579=2369$。所以密文为 $(y_1, y_2)=(435, 2396)$。解密时计算 $M=2396 \times (435^{765})^{-1} \bmod 2579=1299$，从而还原出明文。

三、ELGamal 算法的安全性及应用要求

由于 ELGamal 密码安全性建立在 GF(p) 离散对数的困难之上，而目前尚无求解 GF(p)

离散对数的有效算法,所以在 p 足够大时 ELGamal 密码是安全的,为了安全,p 应为 150 位以上的十进制数,p-1 应有大素因子。

此外,为了安全加密和签名所使用的 k 必须是一次性的。这是因为,如果使用的 k 不是一次性的,时间长了就可能被攻击获得。又因 y 是公开密钥,攻击者自然知道。于是攻击者就可以计算出 y^k,进而利用欧拉算法求出 y^{-k}。又因为攻击者可以获得密文 y_2,于是可通过计算 $y^{-k}y_2$ 得到明文 m。另外,设用同一个 k 加密两个不同的明文 m 和 m',相应的密文为(y_1,y_2)和(y'_1, y'_2)。因为 $y_2/y'_2=m/m'$,如果攻击者知道 m,则很容易求出 m'。

由于 ELGamal 密码的安全性得到世界公认。所以得到广泛的应用。著名的美国数字签名标准 DSS 就是采用 ELGamal 密码的一种变形。

第四节　椭圆曲线公钥密码算法

人们对椭圆曲线的研究已有 100 多年的历史,而椭圆曲线密码(ECC)是 Koblitz 和 Miller 于 20 世纪 80 年代提出的。ELGamal 密码是建立在有限域 GF(p)之上的。其中 p 是一个大素数,这是因为有限域 GF(p)的乘法群中的离散对数问题是难解的。受此启发,在其他任何离散对数问题难解的群中,研究发现,有限域 GF(p)上的椭圆曲线上的一些点构成了交换群,而且离散对数问题是难解的,于是可在此群上定义 ELGamal 密码,并称为椭圆曲线密码。目前,椭圆曲线密码已成为除了 RSA 密码之外呼声最高的密码之一,它的密钥短、签名短,软件实现规模小、硬件实现电路省电。普遍认为,160 位长的椭圆曲线密码的安全标准化组织相当于 1024 位的 RSA 密码,而且运算速度也较快,正因为如此,一些国际标准化组织已经把椭圆曲线密码作为新的信息安全标准,如 IEEE P1363/D4,ANSI F9.62,ANSIF9.63 等标准,分别规范了椭圆曲线密码在 Internet 协议安全、电子商务、Web 服务器、空间通信、移动通信、智能卡等方面的应用。

一、椭圆曲线

设 p 是大于 3 的素数,且 $4a^3+27b^2\neq 0 \bmod p$,称曲线

$$y^2 = x^3+ax+b, a,b\in \text{GF}(p) \tag{5-4-1}$$

为 GF(p)上的椭圆曲线。

由椭圆曲线可得到一个同余方程:

$$y^2 = x^3+ax+b \bmod p \tag{5-4-2}$$

其解为一个二元组(x,y),$x,y\in \text{GF}(p)$,将此二元组描画到椭圆曲线上便为一个点,于是又称其为解点。

为了利用解点构成交换群,需要引进一个 ***O*** 元素,并定义如下加法运算:
(1) 引进一个无穷远点 $O(\infty,\infty)$ 简记为 ***O***,作为 ***O*** 元素。

$$O(\infty, \infty)+O(\infty, \infty)= \boldsymbol{O}+\boldsymbol{O}=\boldsymbol{O} \tag{5-4-3}$$

并定义对于所有的解点 $P(x,y)$,有

$$P(x,y)+\mathbf{O}=\mathbf{O}+P(x,y)=P(x,y) \tag{5-4-4}$$

（2）$P(x_1,y_1)$ 和 $Q(x_2,y_2)$ 是解点，如果 $x_1=x_2$ 且 $y_1=-y_2$，则

$$P(x_1,y_1)+Q(x_2,y_2)=\mathbf{O} \tag{5-4-5}$$

这说明对于任何解点 $R(x,y)$ 的逆就是 $R(x,-y)$。

（3）设 $P(x_1,y_1)\neq Q(x_2,y_2)$，且 P 和 Q 不互逆，则

$$P(x_1,y_1)+Q(x_2,y_2)=R(x_3,y_3)$$

其中

$$x_3=\lambda^2-x_1-x_2 \tag{5-4-6}$$

$$y_3=\lambda(x_1-x_3)-y_1 \tag{5-4-7}$$

$$\lambda=(y_2-y_1)/(x_2-x_1) \tag{5-4-8}$$

（4）当 $P(x_2,y_2)=Q(x_2,y_2)$ 时，有

$$P(x_1,y_1)+Q(x_2,y_2)=2P(x_1,y_1)=R(x_3,y_3)$$

其中

$$x_3=\lambda_2-2x_1$$

$$y_3=\lambda(x_1-x_3)-y_1$$

$$\lambda=(3x_1^2+a)/2y_1 \tag{5-4-9}$$

容易验证，如上定义的集合 E 和加法运算构成加法交换群。

椭圆曲线及其解点的加法运算的几何意义如图 5-4-1 所示。

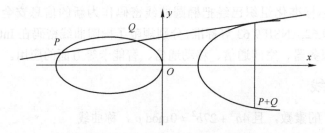

图 5-4-1 椭圆曲线及其点的相加

设 $P(x_1,y_1)$ 和 $Q(x_2,y_2)$ 是椭圆曲线上的两个点，则连接 $P(x_1,y_1)$ 和 $Q(x_2,y_2)$ 的直线与椭圆的另一交点关于横轴的对称点即为 $P(x_1,y_1)+Q(x_2,y_2)$ 点。

例 5.6 取 $p=11$，椭圆曲线 $y^2=x^3+x+6$，由于 p 较小，使 GF(p) 也较小。故可以利用穷举的方法根据曲线方程求出所有解点，穷举法过程如表 5-4-1 所列。

表 5-4-1 椭圆曲线 $y^2=x^3+x+6$ 的解点

x	$y^2=x^3+x+6 \bmod 11$	是否模 11 平方乘余	y
0	6	否	—
1	8	否	—
2	5	是	4，7

续表

x	$y^2=x^3+x+6 \bmod 11$	是否模 11 平方乘余	y
3	3	是	5，6
4	8	否	—
5	4	是	2，9
6	8	否	—
7	4	是	2，9
8	9	是	3，8
9	7	否	—
10	4	是	2，9

（1）据表 5-4-1 可知全部解点集为：{(2,4),(2,7),(3,5),(3,6),(5,2),(5,9),(7,2),(7,9),(8,3)(8,8),(10,2),(10,9)}。再加上无穷远点 O，共 13 个点构成一个加法交换群。

（2）由于群的元素个数为 13，而 13 为素数，所以此群是循环群，而且任何一个非 O 元素都是生成元。

（3）由于是加法群，n 个元素 G 相加，$G+G+G\cdots+G=nG$。我们取 $G=(2,7)$ 为生成元，具体计算加法表如下：

$2G=(2,7)+(2,7)=(5,2)$，这是因为

$$\lambda = (3\times 2^2+1)(2\times 7)^{-1} \bmod 11$$
$$= 2\times 3^{-1} \bmod 11 = 2\times 4 \bmod 11 = 8$$

于是，$x_3 = 8^2-2-2 \bmod 11 = 5, y_3 = 8(2-5) \bmod 11 = 2$。

最后，得

$$G=(2,7), 2G=(5,2)$$
$$3G=(8,3), 4G=(10,2)$$
$$5G=(3,6), 6G=(7,9)$$
$$7G=(7,2), 8G=(3,5)$$
$$9G=(10,9), 10G=(8,8)$$
$$11G=(5,9), 12G=(2,4)$$

例 5.7 $p=5$ 的一些椭圆曲线的解点数（包含无穷远点）如表 5-4-2 所列。

表 5-4-2 $p=5$ 的一些椭圆曲线的解点数

椭圆曲线	解点数	椭圆曲线	解点数
$y^2 = x^3+2x$	2	$y^2 = x^3+4x+2$	3
$y^2 = x^3+x$	4	$y^2 = x^3+3x+2$	5
$y^2 = x^3+1$	6	$y^2 = x^3+2x+2$	7
$y^2 = x^3+4x$	8	$y^2 = x^3+x+1$	9
$y^2 = x^3+3x$	10		

式（5-4-2）给出了 GF(p) 上的椭圆曲线，除此之外还有定义在 GF(2^m) 上的椭圆曲线。

这两种椭圆曲线都可以构成安全的椭圆曲线密码。

在例 5.6 和例 5.7 中，由于 p 较小，GF(p)也较小，故可以利用穷举的方法求出所有解点，但是，对于一般情况要确切计算椭圆曲线解点数 N 的准确值比较困难。研究表明，N 满足以下不等式

$$p+1-2p^{1/2} \leqslant N \leqslant p+1+2p^{1/2} \tag{5-4-10}$$

式（5-4-10）给出椭圆曲线解点数 N 的计数范围。

二、ECC 椭圆曲线密码算法

ELGamal 密码建立在有限域 GF(p)的乘法群的离散对数问题的困难之上，而椭圆曲线密码建立在椭圆曲线群的离散对数问题的困难性之上。两者的主要区别是其离散对数问题依赖的群不同，因此两者有许多相似之处。

1. 椭圆曲线群上的离散对数问题

在例 5.6 中椭圆曲线上的解点所构成的交换群恰好是循环群，但是一般并不一定。于是我们希望从中找出一个循环子群 E_1。可以证明当循环子群 E_1 的阶 $|E_1|$ 是足够大的素数时，这个循环子群中的离散对数问题是困难的。

设 P 和 Q 是椭圆曲线上的两个解点，k 为一正整数，对于给定的 P 和 k，计算 $kP=Q$ 是容易的，但若已知 P 和 Q 点，要计算出 t 则是困难的。这便是椭圆曲线群上的离散对数问题，简记 ECDLP(elliptic curve discrete logarithm problem)。

除了几类特殊的椭圆曲线外，对于一般 ECDLP 目前尚没有找到有效的求解方法。基于椭圆曲线离散对数困难性的密码，称为椭圆曲线密码。据此，诸如 ELGamal 密码、Diffie-Hellman 密钥分配协议、美国数字签名标准 DSS 等许多基于离散对数问题的密码体制都可以在椭圆曲线群上实现。我们称这一类椭圆曲线密码为 ELGamal 型椭圆曲线密码。下面讨论 ELGamal 型椭圆曲线密码。

2. ELGamal 型椭圆曲线密码

在 SEC1 的椭圆曲线密码标准（草案）中规定，一个椭圆曲线密码由下面六元组所描述：

$$T=\langle p,a,b,G,n,h \rangle \tag{5-4-11}$$

其中，p 为大于 3 素数，p 确定了有限域 GF(p)；元素 $a,b \in$ GF(p)，a 和 b 确定了椭圆曲线；G 为循环子群 E_1 的生成元；n 为素数且为生成元 G 的阶，G 和 n 确定了循环子群 E_1；$h=|E|/n$，并称为余因子，h 将交换群 E 和循环子群联系起来。

用户的私钥定义为一个随机数 d，

$$d \in \{0,1,2,\cdots,n-1\} \tag{5-4-12}$$

用户的公开钥定义为 Q 点，

$$Q=dG \tag{5-4-13}$$

首先根据式（5-4-11）建立椭圆曲线密码的基础结构，为构造具体的密码体制奠定基础。这里包括选择一个素数 p，从而确定有限域 GF(p)，选择元素 $a,b \in$ GF(p)，从而确

定一条 GF(p)上的椭圆曲线；选择一个大素数 n，并确定一个阶为 n 的基点。参数 p,a,b,n,G 是公开的。

根据式（5-4-12），随机地选择一个整数 d，作为私钥。

再根据式（5-4-13）确定出用户的公开密钥 Q。

设要加密的明文数据为 M，将 M 划分为一些较小的数据块，$M=[m_1,m_2,\cdots,m_t]$，其中 $0\leqslant m_i\leqslant n$。设用户 A 要将数据 m_i 加密发送给用户 B，其加解密进程如下。

加密过程：

（1）用户 A 去查公钥库 PKDB，查到用户 B 的公开钥 Q_B。
（2）用户 A 选择一个随机数 k，且 $k\in\{0,1,2,\cdots,n-1\}$
（3）用户 A 计算点 $X_1:(x_1,y_1)=kG$。
（4）用户 A 计算点 $X_2:(x_2,y_2)=kQ_B$，如果分量 $x_2=0$，则转（2）。
（5）用户 A 计算 $C=m_iX_2\bmod n$
（6）用户 A 发送加密数据 (X_1,C) 给用户 B。

解密过程：

（1）用户 B 用自己的私钥 d_B 求出点 x_2：
$$d_BX_1=d_B(kG)=k(d_BG)=kQ_B=X_2:(x_2,y_2)$$
（2）对 C 解密，得到明文数据 $m_i=Cx_2^{-1}\bmod n$

类似地，可以构成其他椭圆曲线密码。

3．椭圆曲线密码的实现

以上介绍了椭圆曲线密码的基本概念和基本原理。由于椭圆曲线密码所依据的数学基础比较复杂，因而使得具体实现也比较困难。这种困难主要表现在安全椭圆曲线的产生和倍点运算等方面。为了密码体制的安全，要求所用的椭圆曲线满足一些安全准则，而产生这样的安全曲线比较复杂。为了密码体制能够实用，其加解密运算必须高效，这就要求有高效的倍点和其他运算算法。由于椭圆曲线群中的运算本身比较复杂，所以当所用的有限域和子群 E_1 较大时也是比较困难的。

尽管椭圆曲线密码的工程实现是比较困难的。但是目前已经找到比较有效的实现方法。椭圆曲线密码已经趋向实际应用。

三、椭圆曲线公钥密码的安全性及优势

椭圆曲线密码的安全性是建立在椭圆曲线离散对数问题的困难之上的。目前求解椭圆曲线离散对数问题最好算法是分布式 Pollard-p 方法，其计算复杂性为 $O((\pi n/2)^{1/2}/m)$，其中 n 是群的阶的最大素因子，m 是该分布算法所使用的 CPU 的个数。可见素数 p 和 n 足够大时，椭圆曲线密码是安全的。这就是要求椭圆曲线解点群的阶要有大素数因子的根本原因，在理想情况下群的阶本身就是一个素数。

另外，为了确保椭圆曲线密码的安全，应当避免使用弱的椭圆曲线。弱的椭圆曲线主要是指超奇异椭圆曲线和"反常"（anomalous）椭圆曲线。

普遍认为，密钥长 160 位的椭圆曲线密码的安全性相当于密钥长为 1024 位的 RSA

密码。由式（5-4-6）~式（5-4-9）可知，椭圆曲线密码的基本运算可以比 RSA 密码的基本运算复杂得多，正是因为如此，所以椭圆曲线密码的密钥可以比 RSA 的密钥短。密钥越长，自然越安全，但是技术实现也就越困难，效率也就越低。一般认为，在目前的技术水平下采用 160~200 位密钥的椭圆曲线，其安全性就够了。

由于椭圆曲线密码的密钥位数短，在硬件实现中电路的规模小、省电，因此椭圆曲线密码特别适于在航空、航天、卫星及智能卡中应用。

本章小结

本章介绍了公钥密码的基本思想及工作方式、RSA 公钥密码算法、ELGamal 公钥密码算法、椭圆曲线公钥密码算法。

思考题与习题

1. 为什么要引入非对称密码体制？
2. 对公钥密码体制的要求是什么？
3. RSA 算法的理论基础是什么？
4. 设通信双方使用 RSA 加密体制，接收方的公开密钥是 $(5,35)$，接收到的密文是 10，求明文。
5. 在 RSA 体制中，某给定用户的公钥 $e=31, n=3599$，试求该用户的私钥。
6. 使用快速模幂算法求解 $2^{13} \bmod 77$。
7. 设用户 A 选取 $p=11$ 和 $q=7$ 作为模数为 $N=pq$ 的 RSA 公钥体制的两个素数，选取 $e_A=7$ 作为公钥。请给出用户 A 的私钥，并验证 3 是不是用户 A 对报文摘要 5 的签名。
8. 在 ELGamal 公钥密码体制中，设素数 $p=71$，本原根 $g=7$。
 (1) 如果接收方 B 的公钥是 $y_B=3$，发送方 A 选择的随机整数 $k=2$，求明文 $M=30$ 所对应的密文。
 (2) 如果 A 选择另一个随机整数 k，使得明文 $M=30$ 加密后的密文是 $C=(59, C_2)$，求 C_2。
9. 设 $p=11$，E 是由

$$y^2 = x^3 + x + 6 (\bmod 11)$$

所确定的有限域 Z_{11} 上的椭圆曲线。设生成元 $G=(2,7)$，接收方 A 的私钥 $n_A=7$，试求
 (1) A 的公钥 P_A。
 (2) 发送方 B 欲发送消息 $P_m=(10,9)$，选择随机数 $k=3$，求密文 C_m。
 (3) 写出接收方 A 从密文 C_m 恢复明文 P_m 的过程。

第六章 数字签名

在人们的工作和生活中，许多事务的处理需要当事者签名。例如，政府部门的文件、命令、证书，商业的合同，财务的凭证等都需要当事者签名。签名起到确认、核准、生效和负责任等多种作用。

实际上，签名是证明当事者的身份和数据真实性的一种信息。签名是一种信息，可以用不同的形式来表示。在传统的以书面文件为基础的事务处理中，采用书面签名的形式，如手签、印章、手印等。书面签名得到司法部门的支持，具有一定的法律意义。在以计算机文件为基础的现代事务处理中，应采用电子形式的签名，即数字签名（digital signature）。随着计算机科学技术的发展，数字签名在电子商务、电子政务、电子金融等系统得到广泛应用。

本章介绍数字签名的原理与应用技术。

第一节 数字签名概述

一、数字签名的概念

一种完善的签名应满足以下 3 个条件。
（1）签名者事后不能抵赖自己的签名。
（2）任何其他人不能伪造签名。
（3）如果当事人双方关于签名的真伪发生争执，能够在公正的仲裁者面前通过验证签名来确认其真伪。

手签、印章、手印等书面签名基本上满足以上条件，因而得到司法部门的支持，具有一定的法律意义。因为一个人不能彻底伪装自己的笔迹，同时也不能逼真地模仿别人的笔迹，而且公安部门有专业机构进行笔迹鉴别。公章的刻制和使用都受法律的保护和限制，刻制完全相同的两枚印章是做不到的，因为雕刻属于金石艺术，每个雕刻师都有自己的艺术风格，和手书一样，要彻底伪装自己的风格和逼真模仿别人的风格都是不可能的。人的指纹具有非常稳定的特性，终身不变，哪怕是生病脱皮后新长出的指纹也和原来的一样。据专家计算，大约 50 亿人才会有一个相同的，而现在全世界有 60 亿人口，相同的指纹很少。

虽然利用传统密码也可以实现数字签名，但是难以达到与书面签名一样的效果。公开密钥密码不仅能够实现数字签名，而且安全方便。自从公开密钥密码出现之后，数字签名技术日臻成熟，现已得到普遍应用。许多国际标准化组织都采用公开密钥密码数字签名作为数字签名标准。例如，1994年颁布的美国数字签名标准DSS采用的是基于ELGamal公开密钥密码的数字签名，2000年美国政府又将RSA和椭圆曲线密码引入数字签名标准DSS，进一步充实了DSS的算法。著名的国际安全电子交易标准SET协议也采用RSA密码数字签名和椭圆曲线密码数字签名。1995年我国也制定了自己的数字签名标准（GB15851-1995）。我国和许多其他国家也在积极研究制定数字签名的相关法律。从法律上正式承认数字签名的法律意义是数字签名得到政府与社会公认的一个重要标志。可以预计，数字签名在获得法律支持后将会得到更广泛的应用。

在普通的书面文件处理中，经过签名的文件包括两部分信息：一部分是文件的内容M；另一部分是手签、印章、指纹之类的签名信息。它们同出现在一张纸上面被紧紧地联系在一起。纸是一种比较安全的存储介质，一旦纸被撕破、拼接、涂改，则很容易发现。

数字签名应满足以下要求。

（1）签名必须以被签名的消息为输入，与其绑定。

（2）签名应基于签名者唯一性的特征（如私钥），以防止签名者以外的人伪造签名，也防止签名者事后否认自己的签名。

（3）签名必须容易生成，也容易识别和验证。

（4）伪造数字签名在计算复杂性意义上具有不可行性，既包括对一个已有的数字签名构造新的消息，也包括对一个给定的消息伪造一个数字签名。

一个数字签名体制都要包括两个方面的处理：施加签名和验证签名。设施加签名的算法为SIG，产生签名的密钥为K，被签名的数据为M，产生的签名信息为S，则有

$$\text{SIG}(M,K)=S \qquad (6\text{-}1\text{-}1)$$

设验证签名的算法为VER，用以对签名S进行验证，可鉴别S的真假，即

$$\text{VER}(S,K)=\begin{cases}\text{真}, & S=\text{SIG}(M,K)\\ \text{假}, & S\neq\text{SIG}(M,K)\end{cases} \qquad (6\text{-}1\text{-}2)$$

二、数字签名的分类

目前，人们已经设计出众多不同种类的数字签名方案。根据不同的标准可以将这些数字签名方案进行不同的分类。

1. 基于数学难题的分类

根据数字签名方案所基于的数学难题，数字签名方案可分为基于离散对数问题的签名方案、基于素因子分解问题（包括二次剩余问题）的签名方案、基于椭圆曲线的数字签名方案、基于有限自动机理论的数字签名方案。而众所周知的RSA数字签名方案是基于素因子分解问题的数字签名方案。将离散对数问题和因子分解问题结合起来，又可以产生同时基于离散对数和素因子分解问题的数字签名方案，也就是说，只有离散对数问题和素因子分解问题同时可解时，这个数字签名方案才是不安全的，而在离散对数问题和素因子问题只有一个可解时，这种方案仍是安全的。

2．基于签名用户的分类

根据签名用户的情况，可将数字签名方案分为单个用户签名的数字签名方案和多个用户的数字签名方案。一般的数字签名是单个用户签名方案，而多个用户的签名方案又称多重数字签名方案。根据签名过程的不同，多重数字签名可分为有序多重数字签名方案和广播多重数字签名方案。

3．基于数字签名特性的分类

根据数字签名方案是否具有消息自动恢复特性，可将数字签名方案分为两类：一类不具有消息自动恢复特性；另一类具有消息自动恢复特性。一般的数字签名是不具有消息自动恢复特性的。1994 年，Nyberg 和 Ruepple 首次提出一类基于离散对数问题的具有消息自动恢复特性的数字签名方案。

4．组数字签名方案

1991 年，Chaum 和 Heyst 首次提出组数字签名方案概念。组数字签名方案允许组中合法拥护以组的利益签名，具有签名者匿名，只有权威才能辨认签名者等许多特性，在实际中有广泛的应用。

5．数字签名的批验证协议

数字签名方案主要包含两个过程：签名产生过程和签名验证过程。为了提高数字签名方案的效率，一方面要设计高效的数字签名方案，减少储存空间，缩小通信带宽；另一方面要提高签名产生和签名验证的效率。批验证协议是提高数字签名方案效率，加快签名验证速度的有效方法，因此对数字签名方案设计一种可靠的批验证协议具有重要意义。然而，批验证协议的产生为签名方案的安全性提出了新的挑战。

6．盲签名

盲签名是一种特殊的数字签名。这种签名要求签名人能够在不知道被签名文件内容的情况下对文件进行签名。另外，即使签名人在以后看到了被签名的文件以及他对这个文件生成的签名，他也不能判断出这个签名是他在什么时候为什么人生成的。直观上，这种签名的生成过程就像是签名者闭着眼睛对文件签名一样，所以形象地称为"盲"数字签名。目前，人们已经设计出可证明的基于因数分解、离散对数和 RSA 相关问题的盲签名方案。

三、数字签名的实现

下面重点介绍利用公开密钥密码实现数字签名的一般方法。

设 $\langle M,C,E,D,K(K_e,K_d)\rangle$ 是一个公开密钥密码，根据第五章的讨论可知，如果对于全体明文 M 都有

$$E(D(M,K_d),K_e) = M \tag{6-1-3}$$

则可确保数据的真实性，进而如果

$$E(D(M,K_d),K_e) = D(E(M,K_e),K_d) = M \tag{6-1-4}$$

则可同时确保数据的秘密性和真实性。

凡是能够确保数据的真实性的公开密钥密码都可用来实现数字签名，例如 RSA 密

码、ElGamal 密码、椭圆曲线密码等都可以实现数字签名。

为了实现数字签名，应成立相应的管理机构，制定规章制度，统一负责签名及验证等技术问题、用户的登记注册、纠纷的仲裁等一系列问题。

用户 A 和用户 B 利用公开密钥密码进行数字签名的一般过程如下。

（1）A 和 B 都将自己的公开密钥 K_e 公开登记并存入管理中心的共享的公开密钥数据库 PKDB，以此作为对方及仲裁者验证签名的数据之一。

（2）A 用自己的保密的私钥 K_{dA} 对明文数据 M 进行签名

$$S_A = D(M, K_{dA}) \tag{6-1-5}$$

S_A 即为 A 对 M 的签名。如果不需要保密，则 A 直接将 S_A 发送给用户 B。如果需要保密，则 A 查阅 PKDB，查到 B 的公开密钥 K_{eB}，并用 K_{eB} 对 S_A 再加密，得到密文 C，

$$C = E(S_A, K_{eB}) \tag{6-1-6}$$

最后，A 把 C 发送给 B，并将 S_A 或 C 留底。

（3）B 收到后，若是不保密通信，则首先查阅 PKDB，查到 A 的公开密钥 K_{eA}，然后用 K_{eA} 对签名进行验证，

$$E(S_A, K_{eA}) = E(D(M, K_{dA}), K_{eA}) = M \tag{6-1-7}$$

若是保密通信，则 B 首先用自己的保密私钥 K_{dB} 对 C 解密，然后查阅 PKDB，查到 A 的公开的加密钥 K_{eA}，用 K_{eA} 对签名进行验证，

$$D(C, K_{dB}) = D(E(S_A, K_{eB}), K_{dB}) = S_A \tag{6-1-8}$$

$$E(S_A, K_{eA}) = E(D(M, K_{dA}), K_{eA}) = M \tag{6-1-9}$$

验证签名的过程就是恢复明文的过程。如果能够恢复出正确的 M，则说明 S_A 是 A 的签名，否则 S_A 不是 A 的签名。

B 将收到的 S_A 或 C 留底，B 给 A 发回"收到 M"的签名回执。

（4）A 收到回执后同样验证签名并留底。

因为只有 A 才拥有 K_{dA}，而且由公开的 K_{eA} 在计算上不能求出保密的私钥 K_{dA}。因此在第（2）步的签名操作只有 A 才能进行，任何其他人都不能进行。所以，K_{dA} 就相当于 A 的印章或指纹，而 S_A 就是 A 对 M 的签名。对此 A 不能抵赖，任何其他人不能伪造。

事后如果 A 和 B 关于签名的真伪发生争执，则他们应向公正的仲裁者出示留底的签名数据，由仲裁者当众验证签名，解决纠纷。

应当指出，对于上述签名通信，还有几个有待解决的问题：第一，验证签名的过程就是恢复明文的过程。如果 B 能够恢复出正确的明文 M，则认定 S_A 是 A 的签名，否则认为 S_A 不是 A 的签名。因为 B 事先并不知道明文 M，否则就用不着通信了。那么 B 怎样判定恢复出的 M 是否正确的呢？第二，怎样阻止 B 或 A 用 A 以前发给 B 的签名数据，或用 A 发给其他人的签名数据来冒充当前 A 发给 B 的签名数据呢？仅仅靠签名本身并不能解决这些问题。

对于这两个问题，只要合理设计明文的数据格式便可以解决。一种可行的明文数据格式如下。

| 发方标识符 | 收方标识符 | 报文序号 | 时间 | 数据正文 | 纠检错码 |

形式上可将 A 发给 B 的第 i 份报文表示为：$M=\langle A,B,I,T,\text{DATA},\text{CRC}\rangle$，进一步将附加报头数据记为 $H=\langle A,B,I\rangle$ 于是，A 以 $\langle H,\text{Sig}(M,K_{dA})\rangle$ 为最终报文发给 B，其中 H 为明文形式。由于以明文形式加入了发方标识符、收方标识符、报文序号、时间等附加信息，就使得任何人一眼就可识破 B 或 A 用 A 以前发给 B 的签名报文，或用 A 发给其他人的签名报文来伪造冒充当前 A 发给 B 的签名报文的伪造或抵赖行为。其次，B 收到 A 的签名报文后，只要用 A 的公开密钥验证签名并恢复出正确的附加信息 $H=\langle A,B,I\rangle$，便可断定 M 明文是否正确，而附加 $H=<A,B,I>$ 的正确与否 B 是知道的。设验证签名时恢复出的附加信息为 $H=<A^*,B^*,I^*>$，而接收到的报头数据为 $H=<A,B,I>$，当且仅当 $A^*=A$ 且 $B^*=B$ 且 $I^*=I$ 时我们认定恢复出正确的附加信息 $H=<A,B,I>$。

可以根据附加信息 $H=<A,B,I>$ 的正确性来判断明文 M 的正确性的依据是以下事实。设附加信息 $H=<A,B,I>$ 的二进制长度为 l，再设所用的公开密钥密码具有良好的随机性，即明文和密钥中的每一位对密文中的每一位的影响是随机独立的。这样，用 A 的公开密钥 K_{eA} 之外的任何密钥对 A 的签名 S_A 进行验证，或者用包括 K_{eA} 在内的任一密钥对假签名 S'_A 进行验证，而恢复出正确的附加信息 $H=\langle A,B,I\rangle$ 的概率不大于 2^{-l}。因此，根据附加信息 $H=\langle A,B,I\rangle$ 的正确性来判断明文的正确性的错判概率 $p_e\leqslant 2^{-l}$。而 l 是设计参数，当 l 足够大时这一概率是极小的。另外，明文中的时间信息应有合理的取值范围，超出合理的取值范围便知道明文是不正确的。明文中的数据正文显然应有正确的语义，如果发现语义有错误，便知道明文是不正确的。根据明文中的纠错码也可判别明文的正确与否。因此，在实际签名通信中，结合时间、语义和纠错码进行综合判断可使错判的概率更小。

注意，在实际应用中为了缩短签名的长度、提高签名的速度，而且为了更安全，常对信息的摘要进行签名，这时要用 HASH(M) 代替 M，而且数据格式也要结合实际进行设计。

第二节　数字签名方案

一、RSA 数字签名方案

（一）RSA 数字签名方案

1. 不需要保密的签名方案

设 M 为明文，$K_{eA}=\langle e,n\rangle$ 是 A 的公开密钥，$K_{dA}=\langle d,p,q,\varphi(n)\rangle$ 是 A 的保密的私钥，则 A 对 M 的签名过程如下。

$$S_A = D(M, K_{dA}) = (M^d) \bmod n \qquad (6\text{-}2\text{-}1)$$

S_A 便是 A 对 M 的签名。

验证签名的过程是

$$E(S_A, K_{eA}) = (M^d)^e \bmod n = M \qquad (6\text{-}2\text{-}2)$$

设 A 是发方，B 是收方，如果要同时确保数据的秘密性和真实性，则可以采用先签名后加密的方案：

(1) A 对 M 签名：$S_A = D(M, K_{dA})$；

(2) A 对签名加密：$E(S_A, K_{eB})$；

(3) A 将 $E(S_A, K_{eB})$ 发送给 B。

2. 加密与签名相结合的方案

设用户 A 的参数为 (n_A, e_A, d_A)，用户 B 的参数为 (n_B, e_B, d_B)，明文为 m，E 为加密算法，D 为解密算法。

将两个用户的加、解密变换结合在一起。由于在变换过程中用到两个模数，为了使逆变换唯一，需区分两个模数的大小，具体处理如下。

(1) 当 $N_A < N_B$ 时，先签名，后加密。

① 用户 A 先用自己的保密密钥 d_A 对消息 m 进行签名，得

$$y = D(m, d_A) = m^{d_A} \bmod n_A$$

② A 再用用户 B 的公开密钥 e_B 对签名 y 进行加密，得

$$c = E(y, e_B) = y^{e_B} \bmod n_B$$

然后将既签名，又加密了的 c 发送给用户 B。

③ B 收到 c 后，先计算 $y = D(c, d_B) = c^{d_B} \bmod n_B$，然后再用 A 的公开密钥作变换：

$$m = E(y, e_A) = y^{e_A} \bmod n_A$$

从而验证签名是否来自用户 A。

(2) 当 $N_A > N_B$ 时，先加密，后签名。

① 用户 A 先用 B 的公开密钥 e_B 对消息 m 进行加密，得

$$y = E(m, e_B) = m^{e_B} \bmod n_B$$

② A 再用自己的保密密钥 d_A 对 y 进行签名，得

$$c = D(y, d_A) = y^{d_A} \bmod n_A$$

然后将既签名，又加密了的 c 发送给用户 B。

③ B 收到 c 后，先计算 $y = E(c, e_A) = c^{e_A} \bmod n_A$，然后再用 A 的公开密钥作变换。

$$m = D(y, d_B) = y^{d_B} \bmod n_B$$

从而验证签名来自用户 A。

(3) 仲裁问题。当 A、B 之间因 A 的签名的真实性问题发生争执时，可通过可信的第三方 S，用如下方法解决。

① 当 $N_A < N_B$ 时（$c = E(D(m, d_A), e_B)$）

B 向 S 提供：m 和 $x = D(c, d_B)$；实际上 $D(c, d_B) = D(m, d_A)$

S 计算 $E(x, e_A)$ 记为 m_1；

若 $m = m_1$，则签名来自 A，否则签名是伪造的。

② 当 $N_A>N_B$ 时（$c=D(E(m,e_B),d_A)$）

B 向 S 提供：m 和 $c=D(E(m,e_B),d_A)$；

S 计算 $E(m,e_B)=x$；

计算 $E(c,e_A)=x_1$；(实际上 $E(c,e_A)=E(m,e_B)$)

若 $x=x_1$，则签名来自 A，否则签名是伪造的。

（二）RSA 数字签名方案的攻击

RSA 的数字签名很简单，但要实际应用还要注意许多问题。

1. 一般攻击

由于 RSA 密码的加密运算和解密运算具有相同的形式，都是模幂运算。设 e 和 n 是用户 A 的公开密钥，所以任何人都可以获得并使用 e 和 n。攻击者随意选择一个数据 Y，并用 A 的公开密钥计算 $X=(Y)^e \bmod n$，于是便可以用 Y 伪造 A 的签名。因为 Y 是 A 对 X 的一个有效签名。

这种攻击实际上的成功率是不高的。因为对于随意选择的 Y，通过加密运算后得到的 X 具有正确语义的概率是很小的。

可以通过认真设计数据格式或采用 HASH 函数与数字签名相结合的方法阻止这种攻击。

2. 利用已有的签名进行攻击

假设攻击者想要伪造 A 对 M_3 的签名，他很容易找到另外两个数据 M_1 和 M_2，使得
$$M_3 = M_1 M_2 \bmod n$$
他设法让 A 分别对 M_1 和 M_2 进行签名：
$$S_1 = (M_1)^d \bmod n$$
$$S_2 = (M_2)^d \bmod n$$
于是攻击者就可以用 S_1 和 S_2 计算出 A 对 M_3 的签名 S_3：
$$(S_1 S_2) \bmod n = ((M_1)^d (M_2)^d) \bmod n = (M_3)^d \bmod n = S_3$$
对付这种攻击的方法是用户不要轻易地对其他人提供的随机数据进行签名。更有效的方法是不直接对数据签名，而是对数据的 Hash 值签名。

3. 利用签名进行攻击获得明文

设攻击者截获了密文 C，$C=M^e \bmod n$，他想求出明文 M。于是，他选择一个小的随机数 r，并计算
$$x = r^e \bmod n$$
$$y = xC \bmod n$$
$$t = r^{-1} \bmod n$$
因为 $x = r^e \bmod n$，所以 $x^d = (r^e)^d \bmod n, r = x^d \bmod n$。然后攻击者设法让发送者对 y 签名，于是攻击者又获得
$$S = y^d \bmod n$$
攻击者计算
$$tS \bmod n = r^{-1} y^d \bmod n = r^{-1} x^d C^d \bmod n = C^d \bmod n = M$$

于是攻击者获得了明文 M。

对付这种攻击的方法也是用户不要轻易地对其他人提供的随机数据进行签名。最好是不直接对数据签名，而是对数据的 Hash 值签名。

4. 对先加密后签名方案的攻击

我们已经介绍了先签名后加密的数字签名方案，这一方案不仅可以同时确保数据的真实性和秘密性，而且还可以抵抗对数字签名的攻击。

假设用户 A 采用先加密后签名的方案把 M 发送给用户 B，则他先用 B 的公开密钥 e_B 对 M 加密，然后用自己的私钥 d_A 签名。再设 A 的模为 n_A，B 的模为 n_B，于是 A 发送如下的数据给 B：

$$((M)^{e_B} \bmod n_B)^{d_A} \bmod n_A \qquad (6\text{-}2\text{-}3)$$

如果 B 是不诚实的，则他可以用 M_1 抵赖 M，而 A 无法争辩。因为 n_B 是 B 的模，所以 B 知道 n_B 的因子分解，于是他就能计算模 n_B 的离散对数，即他就能找出满足 $(M_1)^x = M \bmod n_B$ 的 x。然后他公布他的新公开密钥为 xe_B。这时他就可以宣布他收到的是 M_1 而不是 M。

A 无法争辩的原因在于式（6-2-4）成立。

$$((M_1)^{xe_B} \bmod n_B)^{d_A} \bmod n_A = ((M)^{e_B} \bmod n_B)^{d_A} \bmod n_A \qquad (6\text{-}2\text{-}4)$$

为了应对这种攻击，发送者应当在发送的数据中加入时间戳，从而可证明是在用 e_B 对 M 加密而不是用新公开密钥 xe_B 对 M_1 加密。另一种对付这种攻击的方法是经过 Hash 处理后再签名。

这里介绍了 4 种数字签名的攻击或利用签名进行攻击获得明文的方法，由此可以得出以下结论。

（1）不要直接对数据签名，而应对数据的 Hash 值签名。

（2）要采用先签名后加密的数字签名方案，而不要采用先加密后签名的数字签名方案。

（三）RSA 数字签名方案的应用实例

PGP（pretty good privacy）是一种基于 Internet 的保密电子邮件软件系统。它能够提供邮件加密、数字签名、认证、数据压缩和密钥管理功能。由于它功能强大，使用方便，在 Windows、UNIX 和 MASHINTOSH 平台上得到广泛应用。

PGP 采用 ZIP 压缩算法对邮件数据进行压缩，采用 IDEA 对压缩后的数据进行加密，采用 MD5 Hash 函数对邮件数据进行散列处理，采用 RSA 对邮件数据的 Hash 值进行数字签名，采用支持公钥证书的密钥管理。为了安全，PGP 采用了先签名后加密的数字签名方案。

PGP 巧妙地将公钥密码 RSA 和 IDEA 传统密码结合起来，兼顾了安全和效率。支持公钥证书的密钥管理使 PGP 系统更安全方便。PGP 还有相当的灵活性，对于传统密码支持 IDEA、3DES，公钥密码支持 RSA、Diffie-Hellman 密钥协议，Hash 函数支持 MD5、SHA。这些明显的技术特色使 PGP 成为 Internet 环境最著名的保密电子邮件软件系统。

PGP 采用 1024 位的 RSA、128 位的 IDEA、128 位的 MD5、Diffie-Hellman 密钥交

换协议、公钥证书，因此 PGP 是安全的。如果采用 160 位的 SHA，PGP 将更安全。

PGP 的发送过程如图 6-2-1 所示。

（1）邮件数据 M 经 MD5 进行散列处理，形成数据摘要。

（2）用发送者的 RSA 私钥 K_d 对摘要进行数字签名，以确保真实性。

（3）将邮件数据与数字签名拼接：数据在前，签名在后。

（4）用 ZIP 对拼接后的数据进行压缩，以便于存储和传输。

（5）用 IDEA 对压缩后的数据进行加密，加密密钥为 K，以确保数据的机密性。

（6）用接收者的 RSA 公钥 K_e 加密 IDEA 的密钥 K。

（7）将经 RSA 加密的 IDEA 密钥与经 IDEA 加密的数据拼接：数据在前，密钥在后。

（8）将加密数据进行 BASE 64 变化，变化成 ASCII 码。因为许多 E-mail 系统只支持 ASCII 码数据。

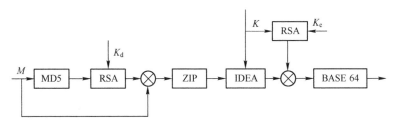

图 6-2-1　PGP 的发送过程

二、ELGamal 数字签名方案

ELGamal 密码既可以用于加密，又可以实现数字签名。

系统参数：设 p 是一素数，满足 Z_p 中离散对数问题是难解的，a 是 Z_p^* 中的本原元，选取 $x \in [0, p-1]$，计算 $y \equiv a^x \pmod{p}$，则

私有密钥：x。

公开密钥：(a, y, p)。

1．产生签名

设用户 A 要对明文消息 m 签名，$0 \leqslant m \leqslant p-1$，其签名过程如下：

（1）用户 A 随机地选择一个整数 k，$1 < k < p-1$，且 $(k, p-1)=1$。

（2）计算 $$r = a^k \bmod p \tag{6-2-5}$$

（3）计算 $$s = (m - xr)k^{-1} \bmod (p-1) \tag{6-2-6}$$

（4）取 (r,s) 作为 m 的签名，并以 $<m,r,s>$ 的形式发给用户 B。

2．验证签名

用户 B 验证 $a^m = y^r r^s \bmod p$ 是否成立，若成立则签名为真，否则签名为假。签名体制的正确性可验证如下。

因为 $y^r r^s = a^{rx} a^{ks} = a^{rx+m-rx} = a^m \bmod p$，所以 ELGamal 数字签名方案满足正确性。

ELGamal 数字签名的安全性分析及讨论：

（1）本方案是基于离散对数问题的，若离散对数问题被解决了，则由 a 和 y 可得私有密钥 x，本系统完全被破译。

（2）对于随机数 k，应注意两方面的情况：首先，k 不能泄露，因为如果知道 k 的话，那么计算 $x=(m-sk)r^{-1}\bmod(p-1)$ 是容易的；其次，随机数 k 不能重复使用，否则可以通过适当的变换得到 k。

（3）由于验证算法只是核实等式 $a^m = y^r r^s \bmod p$ 是否成立，故可考虑通过伪造使该等式成立的签名 (r,s) 来攻击此方案。下面提出一种攻击方法，攻击者选择两随机数 u 和 w，满足 $0 \leqslant u \leqslant p-2, 0 \leqslant w \leqslant p-2$，且 $(w,p-2)=1$。计算
$$r=a^u y^{-w} \bmod p, s=rw^{-1} \bmod(p-1), m=us$$
由以上三式得 $y^r r^s = y^r (a^u y^{-w})^s = y^r a^{us} y^{-ws} = y^r a^{us} y^{-r} = a^{us} = a^m \bmod p$。

因此 (r,s) 为 m 的合法签名。这种方法虽说能产生有效的伪造签名，但是在没有解决离散对数问题时，攻击者是不能对任意消息进行成功的伪造签名的。因此这不意味着 ELGamal 数字签名方案受到很大的威胁。为了抵抗这种所有签名体制都存在的类似的攻击方法，一般采用单向 Hash 函数与签名方案相结合的方法。

由于利用 ELGamal 密码实现数字签名安全方便，故常应用于数字签名中，表 6-2-1 给出了 18 种利用 ELGamal 密码实现数字签名的变形算法。其中 x 是用户的私钥，k 是随机数，a 是一个模 p 的本原元，m 是要签名的信息，r 和 s 是签名的两个分量。

表 6-2-1　18 种 ELGamal 密码实现数字签名的变形算法

编号	签名算法	验证算法
1	$mx=rk+s \bmod (p-1)$	$y^m=r^s a^s \bmod p$
2	$mx=sk+r \bmod (p-1)$	$y^m=r^s a^r \bmod p$
3	$rx=mk+s \bmod (p-1)$	$y^r=r^m a^s \bmod p$
4	$rx=sk+m \bmod (p-1)$	$y^r=r^s a^m \bmod p$
5	$sx=rk+m \bmod (p-1)$	$y^s=r^r a^m \bmod p$
6	$sx=rk+r \bmod (p-1)$	$y^s=r^m a^r \bmod p$
7	$rmx=k+s \bmod (p-1)$	$y^{rm}=ra^s \bmod p$
8	$x=mrk+s \bmod (p-1)$	$y=r^{rm} a^s \bmod p$
9	$sx=k+mr \bmod (p-1)$	$y^s=ra^{mr} \bmod p$
10	$x=sk+rm \bmod (p-1)$	$y=r^s a^{rm} \bmod p$
11	$rmx=sk+1 \bmod (p-1)$	$y^{rm}=r^s a \bmod p$
12	$sx=rmk+1 \bmod (p-1)$	$y^s=r^{rm} a \bmod p$
13	$(r+m)x=k+s \bmod (p-1)$	$y^{r+m}=ra^s \bmod p$
14	$x=(m+r)k+s \bmod (p-1)$	$y=r^{r+m} a^s \bmod p$
15	$sx=k+(m+r) \bmod (p-1)$	$y^s=ra^{m+r} \bmod p$
16	$x=sk+(r+m) \bmod (p-1)$	$y=r^s a^{m+r} \bmod p$
17	$(r+m)x=sk+1 \bmod (p-1)$	$y^{r+m}=r^s a \bmod p$
18	$sx=(r+m)k+1 \bmod (p-1)$	$y^s=r^{r+m} a \bmod p$

其中第四个方程就是原始的 ELGamal 数字签名算法，美国数字签名标准（DSS）的签名算法 DSA 是它的一种变形（引入了一个模参数 q）。通过类似的方法，其余 17 种变形也都能转化为 DSA 型签名算法。

例 6.1 取 $p=11$,生成元 $a=2$,私钥 $x=8$。计算公钥

$$y=a^x \bmod p=2^8 \bmod 11=3$$

取明文 $m=5$,随机数 $k=9$,因为 $(9, 11)=1$,所以 $k=9$ 时是合理的。计算

$$r=a^k \bmod p=2^9 \bmod 11=6$$

再利用欧拉算法从下式求出 s,

$$M=(sk+x_Ar) \bmod (p-1)$$
$$5=(9s+8\times 6) \bmod 10$$
$$s=3$$

于是签名 $(r,s)=(6,3)$。

为了验证签名,需要验证 $a^M=y_A^r r^s \bmod p$,是否成立。为此计算

$$a^M=2^5 \bmod 11=32 \bmod 11=10$$
$$y_A^r r^s \bmod p=3^6\times 6^3 \bmod 11=729\times 216 \bmod 11$$
$$=157464 \bmod 11=10$$

因为 10=10,通过签名验证,这说明签名是真实的。

三、椭圆曲线数字签名方案

利用椭圆曲线密码可以很方便地实现数字签名。下面给出用椭圆曲线密码实现 ELGamal 数字签名的算法。

一个椭圆曲线密码由下面的六元组所描述:$T=<p,a,b,G,n,h>$

其中,p 为大于 3 的素数,p 确定了有限域 $GF(p)$;元素 $a,b\in GF(p),a$ 和 b 确定了椭圆曲线;G 为循环子群 E_1 的生成元,n 为素数且为生成元 G 的阶,G 和 n 确定了循环子群 E_1。d 为用户的私钥。用户的公开钥为 Q 点,$Q=dG$,m 为消息,$Hash(m)$ 是 m 的摘要。

1. 产生签名

(1) 选择一个随机数 k,$k\in \{0,1,2,\cdots,n-1\}$。

(2) 计算点 $R(x_R, y_R)=kG$,并记 $r=x_R$。

(3) 利用保密的解密钥 d 计算数 $s=(Hash(m)-dr)k^{-1} \bmod n$。

(4) 以 $<r,s>$ 作为消息的 m 签名,并以 $<m,r,s>$ 的形式传输或存储。

2. 验证签名

(1) 计算 $s^{-1} \bmod n$。

(2) 利用公开的加密钥 Q 计算 $U(x_U,y_U)=s^{-1}(Hash(m)G-rQ)$。

(3) 如果 $x_U=r$,则 $<r,s>$ 是用户 A 对 m 的签名。

证明:因为 $s=(Hash(m)-dr)k^{-1} \bmod n$,所以 $s^{-1}=(Hash(m)-dr)^{-1}k \bmod n$,所以 $U(x_U, y_U)=(Hash(m)-dr)^{-1}k[Hash(m)G-rQ]=(Hash(m)-dr)^{-1}R[Hash(m)-dr]=R$。

除了用椭圆曲线密码实现上述 ELGamal 数字签名方案以外,对于表 6-2-1 中的 18 种 ELGamal 变形签名算法都可用椭圆曲线密码来实现。其验证算法如表 6-2-2 所列。

2000 年,美国政府已将椭圆曲线密码引入数字签名标准 DSS。由于椭圆曲线密码具

有安全、密钥短、软硬件实现节省资源等特点，所以基于椭圆曲线密码的数字签名应用越来越多。

表 6-2-2　18 种 ELGamal 变形签名算法的椭圆曲线密码实现

编号	验证算法
1	$(r^{-1}m \bmod p-1)Q-(r^{-1}s \bmod p-1)P=(x_e, y_e)$
2	$(s^{-1}m \bmod p-1)Q-(s^{-1}r \bmod p-1)P=(x_e, y_e)$
3	$(m^{-1}r \bmod p-1)Q-(m^{-1}s \bmod p-1)P=(x_e, y_e)$
4	$(s^{-1}r \bmod p-1)Q-(s^{-1}m \bmod p-1)P=(x_e, y_e)$
5	$(r^{-1}s \bmod p-1)Q-(r^{-1}m \bmod p-1)P=(x_e, y_e)$
6	$(m^{-1}s \bmod p-1)Q-(m^{-1}r \bmod p-1)P=(x_e, y_e)$
7	$(rm \bmod p-1)Q-(s \bmod p-1)P=(x_e, y_e)$
8	$((rm)^{-1} \bmod p-1)Q-((rm)^{-1}s \bmod p-1)P=(x_e, y_e)$
9	$(s \bmod p-1)Q-(mr \bmod p-1)P=(x_e, y_e)$
10	$(s^{-1}r \bmod p-1)Q-(s^{-1}rm \bmod p-1)P=(x_e, y_e)$
11	$(s^{-1}r \bmod p-1)Q-(s^{-1} \bmod p-1)P=(x_e, y_e)$
12	$((mr)^{-1}s \bmod p-1)Q-((mr)^{-1} \bmod p-1)P=(x_e, y_e)$
13	$((r+m)^{-1} \bmod p-1)Q-(s \bmod p-1)P=(x_e, y_e)$
14	$((m+r)^{-1} \bmod p-1)Q-((m+r)^{-1}s \bmod p-1)P=(x_e, y_e)$
15	$(s \bmod p-1)Q-((m+r) \bmod p-1)P=(x_e, y_e)$
16	$(s^{-1} \bmod p-1)Q-(s^{-1}(r+m) \bmod p-1)P=(x_e, y_e)$
17	$(s^{-1}(r+m) \bmod p-1)Q-(s^{-1} \bmod p-1)P=(x_e, y_e)$
18	$((m+r)^{-1}s \bmod p-1)Q-((m+r)^{-1} \bmod p-1)P=(x_e, y_e)$

四、数字签名标准 DSS

1994 年，美国政府颁布了数字签名标准（digital signature standard，DSS），这标志着数字签名已得到政府的支持。和当年推出 DES 时一样，DSS 一提出便引起了一场激烈的争论。反对派的代表人物是麻省理工学院的 Rivest 和斯坦福大学的 Hellman 教授。反对的意见主要认为，DSS 的密钥太短，效率不如 RSA 高，不能实现数据加密，并怀疑 NIST 在 DSS 中留有"后门"。尽管争论十分激烈，最终美国政府还是颁布了 DSS。针对 DSS 密钥太短的缺点，美国政府将 DSS 的密钥从原来的 512 位提高到 512～1024 位，从而使 DSS 的安全性大大增强。从 DSS 颁布至今尚未发现 DSS 有明显缺陷。目前，DSS 的应用已十分广泛，并被一些国际标准化组织采纳作为标准。2000 年 1 月，美国政府将 RSA 的椭圆曲线密码引入数字签名标准，进一步丰富了 DSS 的算法。美国的一些州已经通过了相关法律，正式承认数字签名的法律意义。这是数字签名得到法律支持的一个重要标志。可以预计，今后 DSS 数字签名标准将得到广泛的应用。

1. 算法参数

DSS 的签名算法称为 DSA，DSA 使用以下参数。

（1）p 为素数，要求 $2^{L-1}<p<2^L$，其中 $512 \leqslant L \leqslant 1024$ 且 L 为 64 的倍数，即
$$L=512+64j, j=0,1,2,\cdots,8。$$

（2）q 为一个素数，它是 $(p-1)$ 的因子，$2^{159}<q<2^{160}$。

（3）$g=h^{(p-1)/q} \bmod p$，其中 $1<h<p-1$，且满足使 $h^{(p-1)/q} \bmod p>1$。

(4) x 为一随机数，$0<x<q$。

(5) $y=g^x \bmod p$。

(6) k 为一随机数，$0<k<g$。

这里参数 p，q，g 可以公开，且可为一组用户公用。x 和 y 分别为一个用户的私钥和公开钥。所有这些参数可在一定时间内固定。参数 x 和 k 用于产生签名，必须保密。参数 k 必须对每一签名都重新产生，且每一签名使用不同的 k。

2．签名的产生

对数据 M 的签名为数 r 和 s，它们分别按照如下计算产生。

$$r=(g^k \bmod p) \bmod q \tag{6-2-7}$$

$$s=(k^{-1}(\text{SHA}(M)+xr)) \bmod q \tag{6-2-8}$$

其中 k^{-1} 为 k 的乘法逆元素，即 $k\,k^{-1}=1 \bmod q$，且 $0<k^{-1}<q$。SHA 是安全 Hash 函数（见第七章），它从数据 M 抽出其摘要 SHA(M)，SHA(M) 为一个 160 位的二进制数字串。

应该检验计算所得的 r 和 s 是否为零，若 $r=0$ 或 $s=0$，则重新产生 k，并重新计算产生签名 r 和 s。

最后，把签名 r 和 s 附在数据 M 后面发给接收者。

| M | r | s |

3．验证签名

为了验证签名，要使用参数 p,q,g，用户的公开密钥 y 和其标识符。

令 Mp，rp，sp 分别为接收到的 M，r 和 s。

首先检验是否有 $0<rp<q$，$0<sp<q$，若其中之一不成立，则签名为假。

计算：

$$\omega=(sP^{-1}) \bmod q \tag{6-2-9}$$

$$u_1=(\text{SHA}(Mp)w) \bmod q \tag{6-2-10}$$

$$u_2=((rp)w) \bmod q \tag{6-2-11}$$

$$v=(((g)^{u_1}(y)^{u_2} \bmod p) \bmod q \tag{6-2-12}$$

若 $v=rp$，则签名为真，否则签名为假或数据被篡改。

第三节　特殊用途数字签名

一、代理签名

如图 6-3-1 所示，代理签名的过程是由原始签名者通过指派代理密钥将代理权限分配给代理签名者，然后代理签名者就可以进行代理签名的实施了，代理签名的特点如下。

（1）可验证性：可验证是有效的代理签名，原始签名者认可。

（2）可区分性：代理签名与原始签名是有区别的。

（3）不可伪造性：任何未授权者不能伪造有效的代理签名。

（4）可识别性：验证者能够知道代理签名者的身份。
（5）不可否认性：代理签名者不能在原始签名者面前否认签名。
（6）可控性：原始签名者能够有效控制代理签名者的代理权限。
代理签名方案可具有以上全部或部分性质。

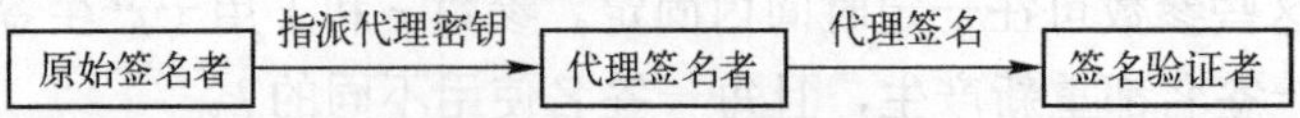

原始签名者 —指派代理密钥→ 代理签名者 —代理签名→ 签名验证者

图 6-3-1　代理签名示意

根据授权的方式进行划分，代理签名可分为完全委托的代理签名、部分授权的代理签名和带授权书的代理签名。

下面介绍一种带授权书的代理签名方案。

1．代理授权过程

原始签名者 A 采用 Schnorr 签名方案对授权书 m_w 签名，执行以下步骤。

$$r = g^k \bmod p, \quad e = h(m_w, r)$$

$s_A = [x_A e + k] \bmod q$，将 m_w, s_A, r 传给代理签名者。

代理签名者 B，验证 $g^{s_A} = y_A^e \times r \bmod p$，若成立，则获得有效代理授权。

$$x_P = [s_A + x_B e] \bmod q$$
$$y_P = g^{x_P} \bmod p$$

说明：(x_A, y_A) 是原始签名者的公私钥对，(x_B, y_B) 是代理签名者的公私钥对，(x_P, y_P) 是代理签名密钥对。

2．代理签名过程

如果消息 m 符合代理授权书 m_w 的要求，则代理签名者 B 利用通用的签名算法 Sign，使用代理私钥 x_P 代表原始签名者 A 对消息 m 进行签名 $s = \text{Sign}(x_P, m)$，有效的代理签名为 (s, m_w, r)。

3．代理签名验证过程

（1）检查原始签名者和代理签名者的标识、消息 m 的类型、代理有效期等是否符合代理授权书 m_w 的要求。

（2）使用代理签名值 (s, m_w, r) 计算代理公钥 $y_P = (y_A y_B)^e \times r \bmod p$，然后利用与 Sign 相对应的通用签名验证算法 Ver，验证等式 $\text{Ver}(y_P, m, s) = \text{True}$ 是否成立，成立即有效。

二、盲签名

在普通数字签名中，签名者是先知道数据的内容后才实施签名，这是通常的办公事务所需要的。但有时却需要某个人对某数据签名，而又不能让他知道数据的内容，称这种签名为盲签名（blind signature）。在无记名投票选举和数字化货币系统中往往需要这种盲签名，因此盲签名在电子商务和电子政务系统中有着广泛的应用前景。

盲签名与普通签名相比有两个显著的特点。

（1）签名者不知道所签署的数据内容。

（2）在签名被接收者泄露后，签名者不能追踪签名。

为了满足以上两个条件，接收者首先将待签数据进行变换，把变换后盲数据发给签名者，经签名者签名后再发给接收者。接收者对签名再进行盲变换。得出的便是签名对原数据的盲签名。这样便满足了条件（1）。要满足条件（2），必须使签名者事后看到盲签名时不能与盲数据联系起来。这通常是依靠某种协议来实现的。

盲签名的原理可用图 6-3-2 表示。

数据 → 盲变换 → 签名 → 去盲变换 → 盲签名

图 6-3-2　盲签名的原理

D.Chaum 首先提出盲签名的概念，设计出具体的盲签名方案，并取得专利。

D.Chaum 形象地将盲签名比喻成在信封上签名，明文好比书信的内容，为了不使签名者看到明文，给信纸加一个具有复写能力的信封，这一过程称为盲化过程。经过盲化的文件，别人是不能读的。而在盲化后的文件上签名，好比是使用硬笔在信封上签名。虽然是在信封上签名，但因信封具有复写能力，所以签名也会签到信封内的信纸上。

1. RSA 盲签名

D.Chaum 利用 RSA 算法构成了第一个盲签名算法，下面介绍这一算法。

设用户 A 要把消息 M 发给 B，进行盲签名，e 是 B 的公开的加密钥，d 是 B 的保密的解密钥。

（1）A 对消息 M 进行盲化处理，他随机选择盲化整数 k，$1<k<M$，并计算

$$T = Mk^e \bmod n \qquad (6\text{-}3\text{-}1)$$

（2）A 把 T 发给 B。

（3）B 对 T 签名：

$$T^d = (Mk^e)^d \bmod n \qquad (6\text{-}3\text{-}2)$$

（4）B 把他对 T 的签名发给 A。

A 通过计算得到 B 对 M 的签名。

$$s = T^d / k \bmod n = M^d \bmod n \qquad (6\text{-}3\text{-}3)$$

这一算法的正确性可简单证明如下。

因为 $T^d = (Mk^e)^d = M^d k \bmod n$，所以 $T^d/k = M^d \bmod n$，而这恰好是 B 对消息 M 的签名。

盲签名在某种程度上保护了参与者的利益，但不幸的是盲签名的匿名性可能被犯罪分子所滥用。为了阻止这种滥用，人们又引入了公平盲签名的概念。公平盲签名比盲签名增加了一个特性，即建立一个可信中心，通过可信中心的授权，签名者可追踪签名。

2. 双联签名

双联签名是实现盲签名的一种变通方法。它的基本原理是利用协议和密码将消息与人关联起来而并不是需要知道消息的内容，从而实现盲签名的两个特性。

双联签名采用单向 Hash 函数和数字签名技术相结合，实现盲签名的两个特性。其原理如图 6-3-3 所示。

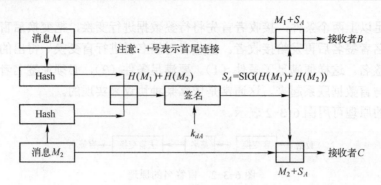

图 6-3-3 双联签名原理

消息 M_1 和 M_2 分别经 Hash 函数变换后得到 $H(M_1)$ 和 $H(M_1)$，连接后变为 $H(M_1)$+$H(M_2)$。再同发信者 A 用自己的秘密钥 K_{dA} 签名，得到 S_A=SIG($H(M_1)$+ $H(M_2)$)。最后将 M_1 与 S_A 连接发给接收者 B，将 M_2 与 S_A 连接发给接收者 C。

接收者 B 和接收者 C 都可用发信者 A 的公开密钥验证双联签名 S_A，但接收者 B 只阅读 M_1，计算 $H(M_1)$，通过 $H(M_1)$验证 M_1 是否正确。而对消息 M_2 却一无所知，但通过验证签名 S_A 可以相信消息 M_2 存在。同样，接收者 C 也只能阅读 M_2，计算 $H(M_2)$，通过 $H(M_2)$验证 M_2 是否正确，而对消息 M_1 却一无所知，但通过验证签名 S_A 可以相信消息 M_1 的存在。

这个方案的一个优点是发信者对两个消息 M_1 和 M_2 只需要计算一个签名。在电子商务系统中，许多支付系统都采用这一方案。这是因为在一次支付过程中，显然有两个关联数据：一个是关于转账的财务数据，另一个是关于所购的物品数据，因而与这一方案相适应。

三、不可否认签名

普通数字签名可以容易地进行复制，这对于公开声明、宣传广告等需要广泛散发的文件来说是方便的和有益的。但是对于软件等需要保护知识产权的电子出版物来说，却不希望容易地进行复制，否则其知识产权和经济利益将受到危害。例如，软件开发者可以利用不可否认签名对他们的软件进行保护，使得只有授权用户才能验证签名并得到软件开发者的售后服务，而非法复制者不能验证签名，从而不能得到软件的售后服务。

不可否认签名与普通数字签名最本质的不同在于：对于不可否认签名，在得不到签名者配合的情况下其他人不能正确进行签名验证，从而可以防止非法复制和扩散签名者所签署的文件，这对于保护软件等电子出版物的知识产权有积极意义。

本节介绍一种不可否认签名方案。

1．签名算法

1）参数

q 和 p 是大素数，p 是安全素数，即 $p=2q+1$，有限域 GF(p)的乘法群 Z_p^* 中的离散对数问题是困难的。

a 是 Z_p^* 中的一个 q 阶元素。

k 是 Z_p^* 中的一个元素，$1 \leq k \leq q-1$。

$\beta = a^k \bmod p$。

参数 a 和 p 可以公开，β 为用户的公开钥，以 k 为用户的秘密钥。要由 β 计算出 k 是求解有限域的离散对数问题，这是极困难的。

2）签名算法

设待签名的消息为 $M, 1 \leq M \leq q-1$，则用户的签名为

$$S = \text{SIG}(M, k) = M^k \bmod p \tag{6-3-4}$$

签名者把签名 S 发送给接收者。

2．验证算法

（1）接收者接收签名 S。

（2）接收者选择随机数 $e_1, e_2, 1 \leq e_1, e_2 \leq p-1$。

（3）接收者计算 c，并把 c 发送给签名者。

$$c = S^{e_1} \beta^{e_2} \bmod p \tag{6-3-5}$$

（4）签名者计算

$$b = k^{-1} \bmod q \tag{6-3-6}$$

$$d = c^b \bmod p \tag{6-3-7}$$

并把 d 发送给接收者。

（5）当且仅当

$$d = M^{e_1} a^{e_2} \bmod p \tag{6-3-8}$$

接收者认为 S 是一个真实的签名。

关于上述验证算法的合理性可简单证明如下：

$$d = c^b \bmod p = (S^{e_1})^b (\beta^{e_2})^b \bmod p \tag{6-3-9}$$

因为 $\beta = a^k \bmod p, b = a^{-1} \bmod q$，所以有 $\beta^b = a \bmod p$。又因为 $S = M^k \bmod p$，所以又有 $S^b = M \bmod p$。把它们代入式（6-3-9）可得

$$d = M^{e_1} a^{e_2} \bmod p$$

因为上述签名验证过程的第（3）和第（4）步需要签名者进行，所以没有签名者的参与，就不能验证签名的真伪。这正是不可否认签名的主要特点之一。

下面简要说明攻击者不能伪造签名而使接收者上当。假设攻击者在知道消息 M 而不知道签名者的秘密钥 k 的情况下，伪造一个假签名 s'。那么以 s' 执行验证协议而使接收者认可的概率有多大呢？再假设在执行验证协议时，攻击者能够冒充签名者接收和发送消息，则这一问题变为攻击者成功猜测秘密钥 k 的概率，因为 $1 \leq k \leq q-1$，所以猜测成功的概率为 $1/(q-1)$，加上其他因素，伪造签名而使接收者认可的概率不大于 $1/(q-1)$。

3．否认协议

对于不可否认签名，如果签名者不配合便不能正确进行签名验证，于是不诚实的签名者，便有可能在对他不利时拒绝配合验证签名。为了避免这类事件，不可否认签名除了普遍签名中的签名产生算法、验证签名算法外，还需要另一重要组成部分，即否认协

议（disavowal protocol）。签名者可利用协议执行否认协议向公众证明某一文件签名是假的，反过来如果签名者不执行否认协议就表明签名是真实的。为了防止签名者否认自己的签名，必须执行否认协议。

（1）接收者选择随机数 $e_1, e_2, 1 \leq e_1, e_2 \leq p-1$。

（2）接收者计算 c，并把 c 发送给签名者：

$$c = s^{e_1} \beta^{e_2} \bmod p$$

（3）签名者计算

$$b = k^{-1} \bmod q$$
$$d = c^b \bmod p$$

并把 d 发送给签名者。

（4）接收者验证 $d = M^{e_1} a^{e_2} \bmod p$。

（5）接收者选择随机数 $f_1, f_2, 1 \leq f_1, f_2 \leq p-1$。

（6）接收者计算 $C = s^{f_1} \beta^{f_2} \bmod p$，并发送给签名者。

（7）接收者计算 $D = c^b \bmod p$，并发送给签名者。

（8）接收者验证 $D = M^{f_1} a^{f_2} \bmod p$。

（9）接收者宣布 S 为假，当且仅当

$$(da^{-e_2})^{f_1} = (Da^{-f_2})^{e_1} \bmod p \qquad (6\text{-}3\text{-}10)$$

上述否认协议的第（1）~（4）步，实际上就是签名的验证协议，（5）~（8）步为否认进行数据准备，第（9）步进行综合判断。

关于式（6-3-10）的合理性可证明如下。

由 $d = c^b \bmod p, c = s^{e_1}\beta^{e_2} \bmod p$ 和 $\beta = a^k \bmod p$，有

$$(da^{-e_2})^{f_1} = ((s^{e_1}\beta^{e_2})^b a^{-e_2})^{f_1} \bmod p = s^{be_1 f_1} \beta^{e_2 b f_1} a^{-e_2 f_1} \bmod p$$
$$= s^{be_1 f_1} \bmod p$$

类似地，利用 $D = c^b \bmod p, c = s^{f_1}\beta^{f_2} \bmod p$ 及 $\beta = a^k \bmod p$ 可得出

$$(Da^{-f_2})^{e_1} = s^{be_1 f_1} \bmod p$$

从而证明式（6-3-10）成立。

执行上述否认协议可以证实以下两点：

（1）签名者可以证实接收者提供的假签名确实是假的。

（2）签名者提供的真签名不可能（极小的成功概率）被签名者证实是假的。

四、群签名

1991年，Chaum和Van Heyst提出了群签名的概念，它是一种既具有匿名性又具有可跟踪性的数字签名技术。签名者能用自己持有的签名私钥代表群体进行签名，签名验证者可以用公开的群公钥验证签名的有效性，检验消息是否来自于一个群体，但无法知道真实的签名人。在必要时可由群管理员来解释签名者的身份，而签名成员不能否认自

己的签名。群签名还具有消息无关性，在不揭示群签名的条件下，任何人均不能确定两个群签名是否为同一个群成员所签署。群签名在管理、军事、政治及经济等多个方面有着广泛应用，例如，在公共资源的管理、重要军事命令的签发、重要领导人的选举、电子商务、重要新闻的发布和金融合同的签署等活动中，群签名都可以发挥重要作用。

一个群签名方案涉及一个群管理员和若干个群成员，其中，群管理员在签名出现争议时可以确定签名者的身份。群签名方案一般由如下几个算法构成。

（1）Setup（群建立算法）：产生群公钥，群成员公钥和私钥以及管理员打开签名的信息。

（2）Sign（签名算法）：由群体中的某一成员完成对消息的签名。

（3）Verify（验证算法）：对群签名进行验证。

（4）Open（打开算法）：输入群签名和打开私钥，揭示签名人的身份。在考虑动态群时，在群建立算法中还包括一个成员加入算法 Join。

（5）Join（成员加入算法）：新成员与群管理员经过交互后，加入签名群。

一般而言，一个群签名方案的安全性质如下。

（1）不可伪造性：在不知道签名者私钥的情况下，想要伪造一则合法群签名是不可行的。

（2）匿名性：除群管理员外，对于给定的一则合法签名，任何人想要确定签名者的身份是不可行的。

（3）无关联性：在不打开签名时，任何人都无法确定两个不同的合法签名是否来自同一个群成员。

（4）可追踪性：在必要时，群管理员能够打开签名以确定签名者的身份，而签名成员无法阻止。

（5）抗陷害性：包括群管理员在内的任何成员，都不能以其他成员的名义产生合法的群签名。

（6）抗合谋攻击性：即使多个不诚实的成员合谋也不能产生一个合法的群签名。

五、同时签约方案

在实际生活中，签约双方都希望同时签署。网络环境中签约双方不可能面对面签约。同时签约方案就是为解决这一问题而提出的。

例如：有仲裁人的同时签约。

（1）A 签署合同的一份副本，发给仲裁者。

（2）B 也签署合同的一份副本，发给仲裁者。

（3）仲裁者分别通知 A、B，指明双方都已经签约。

（4）A 签署合同的两份副本，并都发送给 B。

（5）B 签署两份收到的合同副本并都进行签名，然后一份自己保存，一份发送给 A。

（6）A、B 通知仲裁者各自拥有了双方签名的合同文件，仲裁者销毁最初两份仅有一个签名的合同副本。

本 章 小 结

本章介绍了数字签名的概念及原理,基于大合数因子分解、有限域上离散对数及椭圆曲线离散对数难题的数字签名方案。针对数字签名的特殊应用场景,介绍了盲签名等具有特殊用途的数字签名方案。

思考题与习题

1. 完善的签名需要满足的条件有哪些?
2. 写出利用公开密钥密码和 Hash 函数实现数字签名的一般过程(先签名后加密)。
3. 试写出 RSA 先签名后加密的算法流程。
4. 简述盲签名的特点和原理。
5. 设用户 A 的公开密钥为($N_A=55$,$e_A=23$),用户 B 的公开密钥为($N_B=33$,$e_B=13$),用户 A 应用 RSA 算法向用户 B 传送消息 $m=6$,求 A 发送的带签名的保密信息。
6. 设应用 RSA 进行签名时,$N=91$,加密密钥 $e=29$,求对消息 $m=23$ 的签名结果。

第七章 Hash 函数与消息认证

本章介绍 Hash 函数的概念、一般结构及典型的 Hash 算法,以及消息认证和身份认证。

第一节 Hash 函数

一、Hash 函数概念

Hash 函数将任意长的报文 M 映射为定长的 Hash 码 H,其形式为

$$h=H(M) \tag{7-1-1}$$

Hash 码也称报文摘要,它是报文每一位的函数,它具有错误检测能力,即改变报文的任何一位或多位,都会导致 Hash 码的改变,发送方将 Hash 码附于要发送的报文之后发送接收方,接收方通过重新计算 Hash 码来认证报文。

Hash 函数的目的就是要产生文件、报文或其他数据加密的"指纹"。Hash 函数要能够用于报文认证,它必须可应用于任意大小的数据块并产生足够定长的输出,对任何给定的 x,用硬件和软件均比较容易实现。除此以外,Hash 函数还应满足下列性质。

(1) 单向性:对任何给定的 Hash 码 h,找到满足 $H(x)=h$ 的 x 在计算上是不可行的。

(2) 抗弱碰撞性:对任何给定的分组 x,找到满足 $y \neq x$ 且 $H(x)=H(y)$ 的 y 在计算上是不可行的。

(3) 抗强碰撞性:找到任何满足 $H(x)=H(y)$ 的偶对 (x, y) 在计算上是不可行的。

单向性是指由 Hash 码不能得出相应的报文。在上述讨论中,虽然秘密值 S 本身并不传送,但若 Hash 函数不是单向的,则攻击者可以获得该秘密值。攻击者可以截获传递的报文 M 和 Hash 码 $C=H(M \| S)$,然后求出 Hash 函数的逆,从而得出 $M \| S=H^{-1}(C)$,从 M 和 $M \| S$ 即可得出 S。

抗弱碰撞性保证不能找到与给定报文具有相同的 Hash 码的另一报文,因此通过对 Hash 码加密来防止伪造,如果该性质不成立,那么攻击者可以截获一条报文 M 及其加密的 Hash 码 $E(H(M),K)$,由报文 M 产生 $H(M)$,然后找报文 M' 使得 $H(M')=H(M)$,这样攻击者可用 M' 去取代 M。

抗强碰撞性涉及 Hash 函数抗生日攻击这类攻击的能力强弱问题,例如:

(1) 发送方对报文"签名",即 $M \| D(H(M), K_{dA})$,其中 $H(M)$ 为 m 位。

(2) 攻击者生产报文 M 的 $2^{m/2}$ 种变式,且每一种变式表达相同的意义。然后攻击者

再伪造一条报文 M_1，并产生 M_1 的 $2^{m/2}$ 种变式。

（3）比较上述两个集合，若能找出相同的 Hash 码的一对报文 M' 和 M'_1，则找到这对报文的概率大于 0.5。如果找不到这样的报文，那么再产生一条伪造的报文直到成功为止。

（4）攻击者将 M' 提供给 A 签名，将该签名附于 M'_1 后，发送给意定的接收方，因为 M' 和 M'_1 的 Hash 码相同，所以对它们产生的签名也相同，因此攻击者即使不知道密钥也能攻击成功。

如果使用的 Hash 码函数值为 64 位，那么所需代价仅为 2^{32}。

由此可见，Hash 码应该较长，现今最流行的 SHA-1 和 RIPEMD-160 的 Hash 码都是 160 位，而 MD5 的 Hash 码是 128 位。

二、Hash 函数一般结构

Merkle 提出了安全 Hash 函数的一般结构。如图 7-1-1 所示，它是一种迭代结构。目前所使用的大多数 Hash 函数（包括 MD5，SHA-1 和 RIPEMD-160）均具有这种结构。它将输入报文分为 L-1 个大小为 b 位的分组。若第 L-1 个分组不足 b 位，则将其填充，然后再附加上一个表示输入的总长度分组。由于输入中包含长度，所以攻击者必须找出具有相同 Hash 码且长度相等的两条报文，或者找出两条长度不等但加入报文长度后 Hash 码相同的报文，从而增加了攻击的难度。

Hash 函数可归纳如下。

$$CV_0 = IV = n \text{ 位初始值}$$
$$CV_i = f(CV_{i-1}, M_{i-1}), \quad 1 \leqslant i \leqslant L$$
$$H(M) = CV_L$$

其中，Hash 函数的输入为报文 M，它由分组 M_0，M_1，M_2，…，M_{L-1} 组成，函数 f 的输入是前一步中得出 n 位结果（称为链接变量）和一个 b 位分组，输出为一个 n 位分组，通常 $b>n$，所以 f 称为压缩函数。

Hash 函数建立在压缩函数的基础上，许多研究者认为，如果压缩函数具有抗碰撞能力，那么迭代 Hash 函数也具有抗碰撞能力（其逆不一定为真）。因此，设计安全 Hash 函数，重要的是要设计具有抗碰撞能力的压缩函数，并且该压缩函数的输入是定长的。

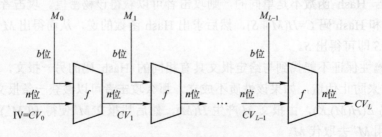

图 7-1-1 安全 Hash 码的一般结构

IV—初始值；CV_i—链接变量；M_i—第 i 个输入分组；f—压缩函数；L—分组数；n—Hash 码长度；B—输入分组的长度。

第二节 Hash 算法

一、MD5 算法

MD5 报文摘要算法是由麻省理工学院 Ron Rivest 提出的,其输入可以是任意长的报文,输出为 128 位的报文摘要。该算法对输入按 512 位进行分组,并以分组为单位进行处理。

MD5 算法步骤如下。

(1) 填充报文。

填充报文的目的是使报文长度与 448 模 512 同余(即长度≡448mod512)。若报文本身已经满足上述长度要求,仍然需要进行填充(例如,若报文长度为 448 位,则仍需要填充 512 位使其长度为 960 位),因此填充位数在 1~512 之间,填充方法是在报文后附加一个 1 和若干个 0,然后附上表示填充前报文长度的 64 位数据(最低有效位在前)。若填充前报文长度大于 2^{64},则只取其低 64 位。

设上述填充后的报文为 M_0,M_1,M_2,$\cdots$,M_{L-1},其中 M_i 的长度为 512 位,所以填充后的报文总长度为 $L\times 512$。报文也可用字长 32 位的数组 $M[0, 1, \cdots, N-1]$ 表示,此处 $N=L\times 16$。如图 7-2-1 所示。

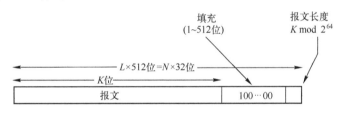

图 7-2-1 消息填充

(2) 初始化缓冲区。

Hash 函数的中间结果和最终结果保存于 128 位的缓冲区 (A,B,C,D) 中,其中 A,B,C,D 均为 32 位,其初始值分别为下列整数(十六进制值)。

A:67452301

B:EFCDAB89

C:98BADCFE

D:10325476

这些初始值的存储方式为:最低有效字节存储在低地址字节位置,即如下存储(十六进制)。

A = 01　23　45　67

B = 89　AB　CD　EF

C = FE　DC　BA　98

D = 76　54　32　10

(3) 执行算法主循环。

每次循环处理一个 512 位的分组，故循环次数为填充后报文的分组数，见图 7-2-2，其中 H_{MD5} 为压缩函数模块。

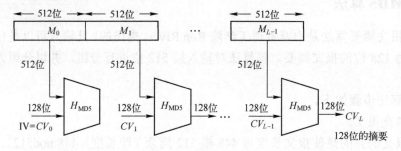

图 7-2-2　利用 MD5 算法产生报文摘要

算法的核心是压缩函数，见图 7-2-3，它由 4 轮运算组成，4 轮运算结构相同，每轮的输入是当前要处理的 512 位的分组(M_q)和 128 位缓冲区 $ABCD$ 的内容。每轮所使用的逻辑函数分别为 F, G, H 和 I。第四轮的输出与第一轮的输入相加得到压缩函数的输出。

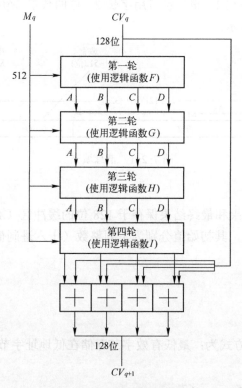

图 7-2-3　MD5 压缩函数

(4) 输出。

所有的 L 个 512 位的分组处理完后，第 L 个分组的输出即是 128 位的报文摘要。

MD₅ 的处理过程归纳如下。

$$CV_0 = \text{IV}$$
$$CV_{q+1}(0) = CV_q(0) + A_q, \quad 0 \leqslant q \leqslant L-1$$
$$CV_{q+1}(1) = CV_q(1) + B_q$$
$$CV_{q+1}(2) = CV_q(2) + C_q$$
$$CV_{q+1}(3) = CV_q(3) + D_q$$
$$MD = CV_L$$

其中：

  IV ——缓冲区 ABCD 的初值；

A_q, B_q, C_q, D_q ——处理第 q 个报文分组时最后一轮的输出；

  + ——模 2^{32} 加法；

  L ——报文分组数（包括填充位和长度域）；

  CV_q ——第 q 个链接变量；

  MD ——报文摘要。

下面详细讨论每轮处理 512 位分组的过程，MD₅ 中每一轮要对缓冲区 ABCD 进行 16 步迭代。因此压缩函数共有 64 步，每步迭代如图 7-2-4 所示。

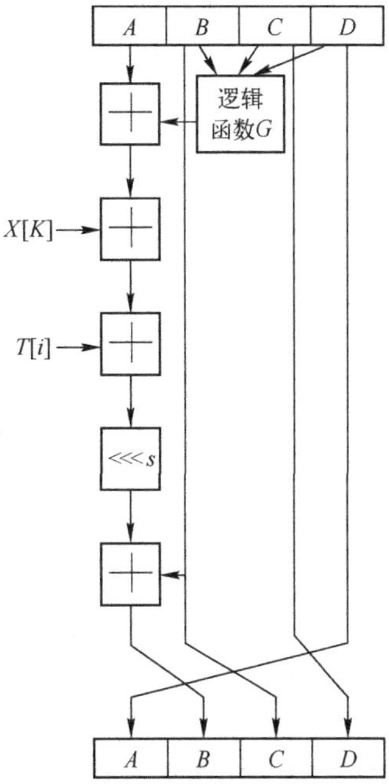

也就是说，每步迭代形式如下。

$A, B, C, D \leftarrow D, B + ((A + g(B,C,D) + X[k] + T[i]) <<< S, B, C$

其中，A，B，C，D ——缓冲区的四个字；

  g ——基本逻辑函数 F, G, H, I 之一；

  <<<S ——32 位的变量循环左移 S 位；

  $X[k] = M[q \times 16 + k]$ ——报文的第 q 个分组的第 k 个 32 位的字；

  $T[i]$ ——T 中的第 i 个 32 位的字；

  + ——模 2^{32} 加法。

每轮使用一个逻辑函数，分别为 F，G，H 和 I，其输入均为 3 个 32 位的字，输出为一个 32 位的字，它们执行位逻辑运算，其定义分别如下。

$$F(b,c,d) = (b \wedge c) \vee (\neg b \wedge d)$$
$$G(b,c,d) = (b \wedge d) \vee (c \wedge \neg d)$$
$$H(b,c,d) = b \oplus c \oplus d$$
$$I(b,c,d) = c \oplus (b \vee \neg d)$$

图 7-2-4 MD5 基本操作

每轮使用 $T[1, 2, \cdots, 64]$ 中的 16 位元素，T 通过正弦函数来构造，其第 i 个元素 $T[i]$ 的定义为

$T[i]=2^{32}\times abs(\sin(i))$的整数部分，其中$i$是弧度。

因为$abs(\sin(i))$在0～1之间，所以T的每个元素都可用32位表示，T的作用是消除输入数据的规律性。表7-2-1列出了所有值。

表7-2-1 从正弦函数构造的表T

$T[1]$=D76AA478	$T[17]$=F61E2562	$T[33]$=FFFA3942	$T[49]$=F4292244
$T[2]$=E8C7B756	$T[18]$=C040B340	$T[34]$=8771F681	$T[50]$=43WAFF97
$T[3]$=242070DB	$T[19]$=265E5A51	$T[35]$=699D6122	$T[51]$=AB9423A7
$T[4]$=C1BDCEEE	$T[20]$=E9B6C7AA	$T[36]$=FDE5380C	$T[52]$=FC93A039
$T[5]$=F57COFAF	$T[21]$=D62F105D	$T[37]$=A4BEEA44	$T[53]$=655B59C3
$T[6]$=4787C62A	$T[22]$=02441453	$T[38]$=4BDECFA9	$T[54]$=FEFF47D
$T[7]$=A8304613	$T[23]$=D8A1E681	$T[39]$=F6BB4B60	$T[55]$=85845DD1
$T[8]$=FD469501	$T[24]$=E7D3FBC8	$T[40]$=BEBFBC70	$T[56]$=6FA87E47D
$T[9]$=698098D8	$T[25]$=21E1CDE6	$T[41]$=289B7EC6	$T[57]$=6FA87E4F
$T[10]$=8B44F7AF	$T[26]$=C33707D6	$T[42]$=EAA127FA	$T[58]$=FE2CE6E0
$T[11]$=FFFF5BB1	$T[27]$=F4D50D87	$T[43]$=D4EF3085	$T[59]$=A3014314
$T[12]$=895CD7BE	$T[28]$=455A14ED	$T[44]$=048811D05	$T[60]$=4E0811A1
$T[13]$=6B901122	$T[29]$=A9E3E905	$T[45]$=D9D4D039	$T[61]$=F7537E82
$T[14]$=FD987193	$T[30]$=FCEFA3F8	$T[46]$=E6DB99E5	$T[62]$=BD3AF235
$T[15]$=A679438E	$T[31]$=676F02D9	$T[47]$=1FA27CF8	$T[63]$=2AD7D2BB
$T[16]$=49B40821	$T[32]$=8D2A4C8A	$T[48]$=C4AC5665	$T[64]$=EB86D391

图7-2-4给出了对一个512位分组的处理过程，设当前要处理的512位分组存于数组$X[0, 1, \cdots, 15]$中，其元素是32位的字。每个字在每轮中恰好被使用一次，但在不同轮中使用它们的顺序不相同，第一轮中，其使用顺序即为初始顺序，第二轮至第四轮中其使用顺序由下列置换确定。

$$\rho_2(i) = (1+5i) \mod 16$$
$$\rho_3(i) = (5+3i) \mod 16$$
$$\rho_4(i) = 7i \mod 16$$

即数组$X[0, 1, \cdots, 15]$种元素的使用顺序如表7-2-2所列。

表7-2-2 512位分组数组$X[0, 1, \cdots, 15]$中16个字的使用顺序

第一轮	$X[0]$	$X[1]$	$X[2]$	$X[3]$	$X[4]$	$X[5]$	$X[6]$	$X[7]$	$X[8]$	$X[9]$	$X[10]$	$X[11]$	$X[12]$	$X[13]$	$X[14]$	$X[15]$
第二轮	$X[1]$	$X[6]$	$X[11]$	$X[0]$	$X[5]$	$X[10]$	$X[15]$	$X[4]$	$X[9]$	$X[14]$	$X[3]$	$X[8]$	$X[13]$	$X[2]$	$X[7]$	$X[12]$
第三轮	$X[5]$	$X[8]$	$X[11]$	$X[14]$	$X[1]$	$X[4]$	$X[7]$	$X[10]$	$X[13]$	$X[0]$	$X[3]$	$X[6]$	$X[9]$	$X[12]$	$X[15]$	$X[2]$
第四轮	$X[0]$	$X[7]$	$X[14]$	$X[5]$	$X[12]$	$X[3]$	$X[10]$	$X[1]$	$X[8]$	$X[15]$	$X[6]$	$X[13]$	$X[4]$	$X[11]$	$X[2]$	$X[9]$

T中的每个字在每轮中恰好被使用一次，并且每步迭代只更新缓冲区A，B，C和D中的一个字，因此，缓冲区的每个字在每轮中被更新4次，每轮都使用了循环左移，且不同轮中循环左移的次数不相同，这些复杂变换的目的是避免产生碰撞（不同的分组产

生相同的输出）。

MD5 算法中，Hash 函数的每一位都是输入的每一位的函数，逻辑函数 F，G，H 和 I 的复杂迭代使得输出对输入的依赖非常小。也就是说，随机选择的两条报文，即使它们具有相同的规律性，其 Hash 码也不会相同，然而对 MD5 算法也存在一些攻击。Berson 已经证明，对单轮 MD5 算法，利用差分分析，可以在合理的时间内找出摘要相同的两条报文。对 MD5 的 4 轮运算中的每一轮该结论都成立，但是 Berson 尚不能说明如何将攻击推广到具有 4 轮运算的 MD5 之上，Boer 和 Bosselaers 说明了如何找到报文分组 X 和两个链接变量，使得它们产生相同的输出。也就是说，对一个 512 位的分组，MD5 压缩函数对缓冲区 ABCD 的不同值产生相同的输出，我们称之为伪碰撞。目前尚无法用上述方法成功地攻击 MD5 算法。Dobbertin 提出的攻击可使 MD5 压缩函数产生碰撞。也就是说，给定一个 512 位的分组，这种方法可以找到另一个 512 位的分组，使得它们的 MD5 运算结果相同，到目前为止，尚不能用 Dobbertin 提出的方法对使用初值(IV)的整个报文进行攻击。

由此可见，MD5 算法抗密码分析能力较弱，MD5 的生日攻击所需代价是 2^{64}，因此，应该使用 Hash 码更长且抗密码分析能力更强的 Hash 函数替代 MD5。

二、SHA-1 算法

安全 Hash 算法(SHA)是由美国标准与技术研究所(NIST)设计并于 1993 公布(FIPS PUB 180)的，1995 年又公布了 FIPS PUB 180-1，通常称为 SHA-1，其输入为长度小于 2^{64} 位的报文，输出为 160 位的报文摘要，该算法对输入按 512 位进行分组，并以分组为单位进行处理。

SHA-1 算法步骤如下。

（1）填充报文。

填充报文的目的使报文长度与 448 模 512 同余（即长度 ≡ 448mod512）。若报文本身已经满足上述长度要求，仍然需要进行填充（例如，若报文长度为 448 位，则仍需要填充 512 位使长度为 960 位），因此填充位数在 1～512 之间。填充方法是在报文后附加一个 1 和若干个 0，然后附上表示填充前报文长度的 64 位数据（最高有效位在前）。

（2）初始化缓冲区。

Hash 函数的中间结果和最终结果保存于 160 位的缓冲区中，缓冲区由 5 个 32 位的寄存器（A，B，C，D，E）组成，将这些寄存器初始化为 32 位的整数（十六进制值）。其中，A、B、C、D 的值与 MD5 中使用的值相同，但其存储方式与 MD5 中不同。在 SHA-1 中，最高有效字节存于低地址字节位置，即如下存储（十六进制值）。

A：67 45 23 01
B：EF CD AB 89
C：98 BA DC FE
D：10 32 54 76
E：C3 D2 E1 F0

（3）执行算法主循环。

每次循环处理一个 512 位的分组，故循环次数为填充后报文的分组数，见图 7-2-5，其中 $H_{\text{SHA-1}}$ 为压缩函数模块。

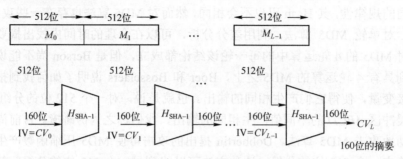

图 7-2-5　利用 SHA-1 算法产生报文摘要

算法的核心是压缩函数，见图 7-2-6。它由 4 轮运算组成，4 轮运算结构相同，每轮的输入是当前要处理的 512 位的分组(M_q)和 160 位缓冲区 A，B，C，D，E 的内容，每轮使用的逻辑函数不同，分别为 f_1，f_2，f_3 和 f_4，第四轮的输出与第一轮的输入相加得到压缩函数的输出。

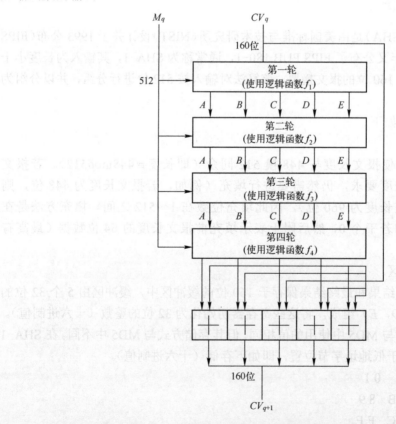

图 7-2-6　SHA-1 压缩函数

（4）输出。

所有的 L 个 512 位的分组处理完后，第 L 个分组的输出即是 160 位的报文摘要。SHA-1 的处理过程可归纳如下。

$$CV_0 = \text{IV}$$
$$CV_{q+1}(0) = CV_q(0) + A_q$$
$$CV_{q+1}(1) = CV_q(1) + B_q$$
$$CV_{q+1}(2) = CV_q(2) + C_q$$
$$CV_{q+1}(3) = CV_q(3) + D_q$$
$$CV_{q+1}(4) = CV_q(4) + E_q$$
$$MD = CV_L$$

式中： IV——缓冲区 A、B、C、D、E 的初值；

A_q，B_q，C_q，D_q，E_q——处理 q 个报文分组时最后一轮的输出；

+——模 2^{32} 加法；

L——报文中分组的个数（包括填充位和长度域）；

CV_q——第 q 个链接变量；

MD——报文摘要。

下面详细讨论每轮处理 512 位分组的过程，SHA-1 中每轮要对缓冲区 A、B、C、D、E 进行 20 步迭代，因此压缩函数共有 80 步。每步迭代如图 7-2-7 所示。

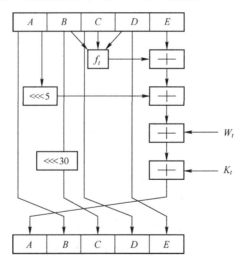

图 7-2-7　SHA 的基本操作（单步）

也就是说，每步具有下述形式。

A，B，C，D，$E \leftarrow (E + f_t(B,C,D)) + (A<<<5) + W_t + K_t)$，$A$，$(B<<<30)$，$C$，$D$

式中：

A，B，C，D，E——缓冲区的 5 个字；

t——步骤编号，$0 \leq t \leq 79$；

$f_t(B,C,D)$——第 t 步使用的基本逻辑函数；

<<<S——32 位的变量循环左移 S 位；

W_t——从当前分组导出的 32 位的字；

K_t——加法常量；

$+$——模 2^{32} 加法。

每轮使用一个逻辑函数，其输入均为 3 个 32 位的字，输出为一个 32 位的字，它们执行位逻辑运算，其定义如表 7-2-3 所列。

表 7-2-3 逻辑运算定义

步骤	函数名称	函数值
$0 \leqslant t \leqslant 19$	$f_1 = f_t(B,C,D)$	$(B \wedge C) \vee (\neg B \wedge D)$
$20 \leqslant t \leqslant 39$	$f_2 = f_t(B,C,D)$	$B \oplus C \oplus D$
$40 \leqslant t \leqslant 59$	$f_3 = f_t(B,C,D)$	$(B \wedge C) \vee (B \wedge D) \vee (C \wedge D)$
$60 \leqslant t \leqslant 69$	$f_4 = f_t(B,C,D)$	$B \oplus C \oplus D$

每轮使用一个加法常量，第 t 步使用的常量为 K_t，其中 $0 \leqslant t \leqslant 79$。其定义如表 7-2-4 所列。

表 7-2-4 各轮中使用的加法常量

轮数	步骤编号 t	加法常量 K_t
第一轮	$0 \leqslant t \leqslant 19$	5A827999
第二轮	$20 \leqslant t \leqslant 39$	6ED9EBA1
第三轮	$40 \leqslant t \leqslant 59$	8F1BBCDC
第四轮	$60 \leqslant t \leqslant 69$	CA62C1D6

每步使用从 512 位的报文分组导出一个 32 位的字。因为共有 80 步，所以要将 16 个 32 位的字（$M_0 \sim M_{15}$）扩展为 80 个 32 位的字（$W_0 \sim W_{79}$）。其扩展过程如下。

$$W_t = M_t, \quad 0 \leqslant t \leqslant 15$$

$$W_t = (W_{t-16} \oplus W_{t-14} \oplus W_{t-8} \oplus W_{t-3}) <<< 1, \quad 16 \leqslant t \leqslant 79$$

前 16 步迭代中 W_t 的值等于报文分组的第 t 个字，其余 64 步迭代中 W_t 等于前面某 4 个 W_t 值异或后循环左移一位的结果，SHA-1 将报文分组的 16 个字扩展为 80 个字供压缩函数使用，这种大量冗余使被压缩的报文分组相互独立，所以对给定的报文，找出具有相同压缩结果的报文会非常复杂。

三、RIPEMD-160 算法

RIPEMD-160 报文算法是为欧共体 PIPE 项目而研制的，其输入可以是任意长的报文。输出是 160 位的报文摘要，该算法对输入按 512 位进行分组，并以分组为单位进行处理。

RIPEMD-160 算法步骤如下。

（1）填充报文。

填充报文的目的是使报文与 448 模 512 同余（即长度≡448mod 512）。若报文本身已经满足上述长度要求，仍需要进行填充（例如，若报文长度 448 位，则仍需要填充 512 位使其长度为 960 位），因此填充数在 1～512。填充方法是在报文后附加一个 1 和若干个 0，然后附上表示填充前报文长度的 64 位数据（最高有效位在前）。

（2）初始化缓冲区。

Hash 函数的中间结果和最终结果保存于 160 位的缓冲区中，缓冲区由 5 个 32 位的寄存器（A,B,C,D,E）组成，将这些寄存器初始化为下列 32 位的整数（十六进制值）。

A：67 45 23 01
B：EF CD AB 89
C：98 BA DC FE
D：10 32 54 76
E：C3 D2 E1 F0

这些值的存放格式与 MD5 一样，即最低有效字节存储在低地址字节位置，即如下存储（十六进制值）。

A：01 23 45 67
B：89 AB CD EF
C：FE DA BA 98
D：76 54 32 10
E：F0 E1 D2 C3

（3）执行算法主循环。

每次循环处理一个 512 位的分组，故循环次数为填充后报文的分组数，参见图 7-2-5，其中 H_{SHA-1} 改为 RIPEMD-160 的压缩函数模块 $H_{RIPEMD-160}$ 即可。

算法的核心是压缩函数，如图 7-2-8 所示。它由 2 组 5 轮运算组成，它们结构相同，每轮的输入是当前处理的 512 位的分组(M_q)和 160 位缓冲区 A、B、C、D、E 的内容（左边）或者 A'、B'、C'、D'、E'的内容（右边），且每轮都对缓冲区进行更新。每轮所使用的逻辑函数分别为 f_1, f_2, f_3, f_4 和 f_5。但左右两组中使用函数的顺序正好相反，第五轮的输出与第一轮的输入相加得到压缩函数的输出。使用左右两组的处理方法是为了增加在轮与轮之间寻找碰撞的复杂性，因为攻击者可以通过找轮与轮之间的碰撞来找压缩函数的碰撞。

（4）输出。

所有的 L 个 512 位的分组处理完后，第 L 个分组的输出即是 160 位的报文摘要。

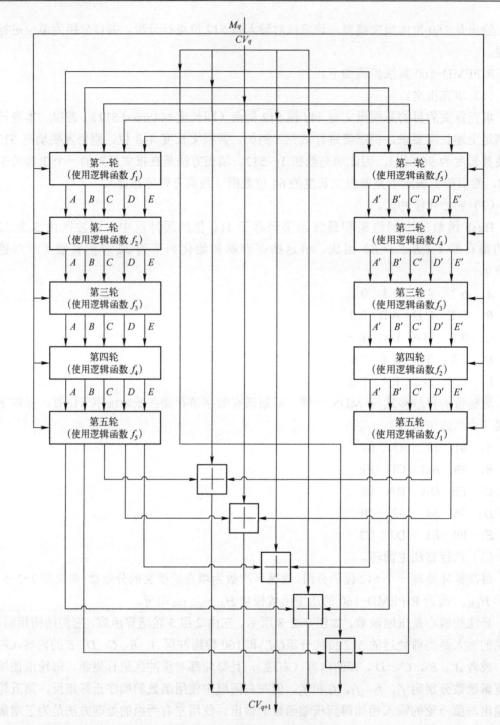

图 7-2-8 RIPEMD-160 压缩函数

RIPEMD-160 的处理过程可归纳如下。

$$CV_0 = IV$$
$$CV_{q+1}(0) = CV_q(1) + C_q + D'_q, \quad 0 \leq q \leq L-1$$

$$CV_{q+1}(1)=CV_q(2)+D_q+E'_q$$
$$CV_{q+1}(2)=CV_q(3)+E_q+A'_q$$
$$CV_{q+1}(3)=CV_q(4)+A_q+B'_q$$
$$CV_{q+1}(4)=CV_q(0)+B_q+C'_q$$
$$MD=CV_L$$

式中：

  IV——第三步定义的缓冲区 A、B、C、D、E 的初值；

  A_q，B_q，C_q，D_q，E_q——处理 q 个报文分组时左边最后一轮的输出；

  A'_q，B'_q，C'_q，D'_q，E'_q——处理第 q 个报文分组时右边最后一轮的输出；

  +——模 2^{32} 加法；

  L——报文中分组的个数（包括填充位和长度域）；

  MD——报文摘要。

下面详细讨论每轮处理 512 位分组的过程，RIPEMD-160 中每轮要对缓冲区 A、B、C、D、E 进行 16 步迭代，因此左右两组分别有 80 步。每步迭代如图 7-2-9 所示。

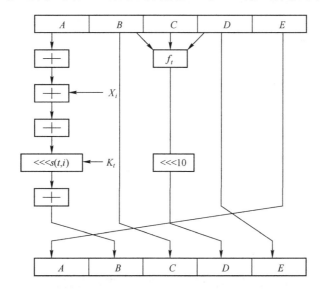

图 7-2-9   RIPEMD-160 基本操作（单步）

也就是说，每步具有下述形式。

  A，B，C，D，$E \leftarrow (A+f_t(B,C,D)+X_i+K_t)\lll S(t,i)+E, B, f_t(B,C,D) \lll 10, D$

式中： A，B，C，D，E——缓冲区的 5 个字；

    t——步骤编号，$0 \leqslant t \leqslant 79$；

    $f_t(B,C,D)$——第 t 步使用的基本逻辑函数；

    $s(t, i)$——第 t 步对 X_i 执行循环左移的次数；

    $\lll S$——32 位的变量循环左移 S 位；

X_i——从当前分组导出的 32 位的字；
K_t——第 t 步使用的加法常量；
+——模 2^{32} 加法。

每轮使用一个逻辑函数，分别为 f_1, f_2, f_3, f_4 和 f_5，且右边使用函数的顺序与左边相反，其输入均为 3 个 32 位的字，输出为一个 32 位的字，它们执行位逻辑运算，其定义（见表 7-2-5）分别如下。

表 7-2-5　位逻辑运算

步骤	函数名称	函数值
$0 \leq t \leq 15$	$f_1 = f_t(B,C,D)$	$B \oplus C \oplus D$
$16 \leq t \leq 31$	$f_2 = f_t(B,C,D)$	$(B \wedge C) \vee (\neg B \wedge D)$
$32 \leq t \leq 47$	$f_3 = f_t(B,C,D)$	$(B \vee \neg C) \oplus D$
$48 \leq t \leq 63$	$f_4 = f_t(B,C,D)$	$(B \wedge D) \vee (C \wedge \neg D)$
$64 \leq t \leq 79$	$f_5 = f_t(B,C,D)$	$B \oplus (C \wedge \neg D)$

每轮使用一个加法常量，第 t 步使用的常量为 K_t，其中 $0 \leq t \leq 79$。其定义见表 7-2-6。

表 7-2-6　RIPEMD-160 各轮中使用的加法常量

轮数	步骤编号 t	左边 加法常量 K_t（十六进制）	右边 加法常量 K_t（十六进制）
第一轮	$0 \leq t \leq 15$	00000000	50A28BE6
第二轮	$16 \leq t \leq 31$	5A827999	5C4DD124
第三轮	$32 \leq t \leq 47$	6ED9EBA1	6D70eFE3
第四轮	$48 \leq t \leq 63$	8F1BBCDC	7A6D76E9
第五轮	$64 \leq t \leq 79$	A953FD4E	00000000

前面要处理的 512 位的分组保存于 32 位的字数组 $X[0\cdots15]$ 中，在每轮中每个 $X[i]$ 恰好被使用一次，且不同轮中这些字的使用顺序不同，表 7-2-7 给出的置换说明了各轮中这些字的使用顺序。

表 7-2-7　RIPEMD-160 各轮中使用的置换

	第一轮	第二轮	第三轮	第四轮	第五轮
左边	I	ρ	ρ^2	ρ^3	ρ^4
右边	π	$\rho\pi$	$\rho^2\pi$	$\rho^3\pi$	$\rho^4\pi$

注：I 为恒等置换；置换 ρ 和 π 的定义如表 7-2-8 所列。

表 7-2-8　置换 ρ 和置换 π

i	0	1	2	3	4	5	6	7	8	9	10	11	12	13	14	15
$\rho(i)$	7	4	13	1	10	6	15	3	12	0	9	5	2	14	11	8
$\pi(i)$	5	14	7	0	9	2	11	4	13	6	15	8	1	10	3	12

置换 ρ 的作用是使某轮中相近的两个字在下一轮中相差甚远；置换 π 的作用是使在左边相近的两个字在右边至少有 7 位不同。

每轮中各步对字所使用的循环左移次数由表 7-2-9 确定，它指明了处理 32 位的字时每步中使用的移动次数。循环左移的选择基于以下设计标准。

（1）移动范围为 5～15。一般认为少于 5 次的移动是不够的。
（2）每个字在各轮中循环移动的次数不同。
（3）每个字的移动不应有特定规律（如总的移动次数不应被 32 整除）。
（4）不应有太多的移动次数能被 4 整除。

表 7-2-9　左右两边各轮中字的循环左移次数

轮（步骤编号）	0	1	2	3	4	5	6	7	8	9	10	11	12	13	14	15
1($0 \leqslant t \leqslant 15$)	1	4	5	2	5	8	7	9	11	13	14	15	6	7	9	8
2($15 \leqslant t \leqslant 31$)	2	3	1	5	6	9	9	7	12	15	11	13	7	8	7	7
3($31 \leqslant t \leqslant 47$)	13	15	14	11	7	7	6	8	13	14	13	12	5	5	6	9
4($48 \leqslant t \leqslant 63$)	14	11	12	14	8	6	5	5	14	12	15	14	9	9	8	6
5($64 \leqslant t \leqslant 79$)	15	12	13	13	9	5	8	6	15	11	12	11	8	6	5	5

RIPEMD-160 包含 5 轮而不是 4 轮运算，每步迭代中字 C 循环移动 10 次。因为其他字的循环次数均不为 10，所以字 C 的循环移动次数选择为 10 次，这种选择可以避免对最高有效位的攻击。

为简单起见，RIPEMD-160 左右两边的处理过程本质上是相同的，但其设计者认为有必要使左右两边的处理尽可能不同。这些不同点如下。

（1）左右两边使用的加法常量不同。
（2）左右两边逻辑函数（$f_1 \sim f_5$）的使用顺序相反。
（3）左右两边对报文分组的 32 位的字的处理顺序不同。

四、3 种 Hash 算法的比较

1．抗穷举攻击的能力

对 MD5 用穷举攻击方法产生具有给定摘要的报文，其代价为 2^{128}，而对 SHA-1 和 RIPEMD-160，其代价为 2^{160}；对 MD5 用穷举攻击方法产生两个摘要相同的报文，其代价为 2^{64}，而对 SHA-1 和 RIPEMD-160，其代价为 2^{80}，所以 SHA-1 和 RIPEMD-160 抗穷举攻击的能力要强于 MD5。

2．抗密码分析的能力

MD5 抗已知的密码分析攻击的能力较弱，而 SHA-1 抗这些攻击的能力似乎并不弱，但是由于 SHA-1 的设计原则尚未公开，所以很难评价其强度。RIPEMD-160 正是为抗已知的密码分析攻击而设计的，虽然对 SHA-1 的设计原则知之甚少，但它抗已知的密码分析攻击的能力似乎很强。RIPEMD-160 使用平行的两列结构，执行的步数增加了一倍，也就增加了复杂性，对 RIPEMD-160 的密码分析更加困难。

3. 执行速度

上述 3 个算法都基于模 2^{32} 加法和简单的位逻辑运算，所以它们在 32 位机上执行速度较快。由于 SHA-1 和 RIPEMD-160 比 MD5 更复杂且迭代步数更多，所以它们的执行速度比 MD5 要慢。表 7-2-10 给出了在 266MHz Pentium 机上得到的一些结果。

表 7-2-10　几种 Hash 函数的性能比较

算　法	速度/(Mb/s)
MD5	32.4
SHA-1	14.4
RIPEMD-160	13.6

4. 简洁性

上述 3 个算法均易于描述和实现，不需要使用大的程序或置换表。

5. 存储结构

MD5 和 RIPEMD-160 采用的存储方式是最低有效字节存储在低地址字节位置，而 SHA-1 采用的存储方式是最高有效字节在低地址字节位置，这两种结构的强度相当，表 7-2-11 总结了它们的异同。

表 7-2-11　MD5、SHA-1 和 RIPEMD-160 的比较

	MD5	SHA-1	RIPEMD-160
摘要长度	128 位	160 位	160 位
基本处理单位	512 位	512 位	512 位
步数	64（4 轮，每轮 16 步）	80（4 轮，每轮 20 步）	160（10 轮，每轮 16 步）
最大报文长度	∞	$2^{64}-1$	∞
基本逻辑函数	4	4	5
使用的加法常量	64	4	9
存储方式	最低有效字节在前	最高有效字节在前	最低有效字节在前

五、SHA256 算法

SHA256 算法全称是安全散列算法（secure Hash algorithm），是由美国国家安全局（NSA）所研发的一种散列函数算法，它属于 SHA2 算法，SHA2 算法是对 SHA1 算法的继承。SHA2 与 SHA1 算法的区别在于两者的构造和签名的长度不同，而一般人们会把其产生的 Hash 位数长度不同作为两者最大的区别。其中，SHA1 最终产生的是 160bit 的 Hash 值。而 SHA2 算法最终产生的 Hash 值是组合数，包括 SHA-224、SHA256、SHA-384、SHA-512、SHA-256、SHA-512/224、SHA-512/256。这些组合的不同在于函数的执行过程中，产生的摘要的数据长度以及函数的循环次数不同。但是这些算法的基本结构是一致的。在 SHA2 算法中，使用最广泛、最受欢迎、最权威的就是 SHA256 算法，其他算法由于协议标准等原因，在实际中使用得不多。

SHA256 算法本质上就是一种 Hash 算法。对于任意长度的数据，SHA256 都会产生出一个 256bit 的 Hash 值。SHA256 的执行过程分为信息预处理和消息摘要的计算。

信息预处理分为两个部分：补位和补长度。当接收到输入信息时，首先对输入信息进行补位，使输入信息的长度为对 512 取模的余数为 448，无论输入信息的长度是多少，都必须进行补位。之所以要求信息的长度是对 512 取模的余数是 448，是因为在补长度的时候，会用一个 64bit 的数据来代替原来的输入信息的值，这样整个信息的长度对 512 取模余数正好为零。补位的操作是：先补一个 1，再进行补 0，直到长度满足对 512 取模的余数为 448。这个长度的要求同时也说明了整个补位操作的范围是 1~512，最少补 1 位，最多补 512bit。下面举例说明 SHA256 补位的过程。

原始信息：0110001011001001100011

补位第一步（首先在信息最后面补一个 1）：0110001011001001100011　1

补位第二步（然后再补 423 个 0）：0110001010001001100011　10……0

把最后补位完成后的数据写成十六进制形式，如图 7-2-10 所示。

```
1   61626380 0000000000000000 00000000
2   00000000 0000000000000000 00000000
3   00000000 0000000000000000 00000000
4   00000000 0000000000000000 00000000
5   00000000 0000000000000000 00000000
6   00000000 0000000000000000 00000000
7   00000000 00000000
```

图 7-2-10　补位之后的数据

现在，数据的长度是 448，满足对 512 取模之后余数为 448 的条件，补位完成，可以进行补长度操作。

补长度操作就是将原始数据补在完成补位操作之后的数据后面，之前会用一个 64bit 的数据来代替原始数据进行补长度。如果最初的消息长度不大于 2^{64}，那么第一个字节就是 0。完成整个补长度的操作之后，整个数据以十六进制表示如图 7-2-11 所示。

```
1   61626380 0000000000000000 00000000
2   00000000 0000000000000000 00000000
3
4   00000000 0000000000000000 00000000
5
6   00000000 0000000000000000 00000018
```

图 7-2-11　补长度后的数据

但是，如果原始数据的长度大于 2^{64}，那么我们需要将初始数据补成 512 的倍数。然后，再以 512 为单位将补完的数据切割为若干个部分。这样做就可以将每个单元转化为 64bit 的数据，分别补在补位操作完成之后的数据后面，然后再进行消息摘要的计算。

在介绍消息摘要的计算之前，首先介绍一下整个消息摘要的计算过程中使用到的一些常量和进行逻辑运算的函数。

SHA256 算法中所使用的常量都是对自然数中的质数的平方根的小数部分取前 32bit

作为常量进行使用。在整个算法中先使用到了 64 个常量和 8 个 Hash 初始值常量。这 64 个常量是对自然数中的前 64 个质数进行开平方取小数部分的 32bit 形成的。十六进制如图 7-2-12 所示。

1	428a2f98 71374491 b5c0fbcf e9b5dba5
2	3956c25b 59f111f1 923f82a4 ab1c5ed5
3	d807aa98 12835b01 243185be 550c7dc3
4	72be5d74 80deb1fe 9bdc06a7 c19bf174
5	e49b69c1 efbe4786 0fc19dc6 240ca1cc
6	2de92c6f 4a7484aa 5cb0a9dc 76f988da
7	983e5152 a831c66d b00327c8 bf597fc7
8	c6e00bf3 d5a79147 06ca6351 14292967
9	27b70a85 2e1b2138 4d2c6dfc 53380d13
10	650a7354 766a0abb 81c2c92e 92722c85
11	a2bfe8a1 a81a664b c24b8b70 c76c51a3
12	d192e819 d6990624 f40e3585 106aa070
13	19a4c116 1e376c08 2748774c 34b0bcb5
14	391c0cb3 4ed8aa4a 5b9cca4f 682e6ff3
15	748f82ee 78a5636f 84c87814 8cc70208
16	90befffa a4506ceb bef9a3f7 c67178f2

图 7-2-12　算法常量

而 8 个 Hash 初始值是对自然数的前 8 个质数进行取平方根的小数部分的前 32bit 作为 Hash 值的初始值。8 个 Hash 值如图 7-2-13 所示。

1	H(0)0=6a09e667
2	H(0)1=bb67ae85
3	H(0)2=3c6ef372
4	H(0)3=a54ff53a
5	H(0)4=510e527f
6	H(0)5=9b05688c
7	H(0)6=1f83d9ab
8	H(0)7=5be0cd19

图 7-2-13　Hash 初值

在 SHA256 算法中，所进行的操作基本上是都是逻辑运算。SHA256 算法使用到逻辑函数如图 7-2-14 所示。

1	CH(x, y, z)=(x AND z) XOR ((NOT x) AND z)
2	MAJ(x, y, z)=(x AND y) XOR (x AND z) XOR (y AND z)
3	BSIG0(x)=ROTR^2(x) XOR ROTR^13(x) XOR ROTR^22(x)
4	BSIG1(x)=ROTR^6(x) XOR ROTR^11(x) XOR ROTR^25(x)
5	SSIG0(x)=ROTR^7(x) XOR ROTR^18(x) XOR SHR^3(x)
6	SSIG1(x)=ROTR^17(x) XOR ROTR^19(x) XOR SHR^10(x)

图 7-2-14　逻辑函数

计算消息摘要：就是首先将消息以 512bit 为单位分解成 N 个消息块，有 N 个消息块，就说明一共要迭代 N 次。然后，最终的 Hash 值就是 SHA256 算法的消息摘要，如图 7-2-15 所示。

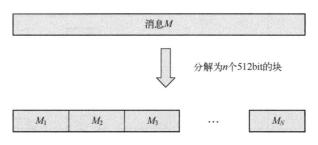

图 7-2-15　消息摘要

整个过程就是 Hash 初值 $H(0)$ 与第一个消息块进行逻辑运算得到 $H(1)$，然后 $H(1)$ 再和第二个消息块进行运算得到 $H(2)$。这样循环往复，一共进行 N 次迭代，最终得到 Hash 值 $H(N)$ 就是 256bit 的消息摘要。每次迭代的过程可以用映射函数 Map 进行表示，那么两次迭代的关系可以表示为 Map$\{H(i-1)\}=H(i)$，如图 7-2-16 所示。

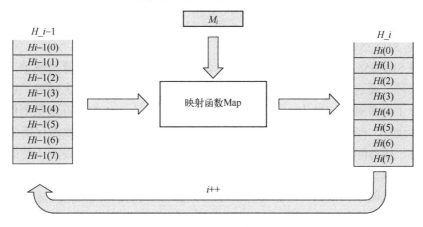

图 7-2-16　迭代关系图

在 SHA256 算法中，运算单元最小是字节，每个字节 32bit，8 个字节共 256bit。在第一次迭代时，所使用的 $H(0)$ 是前面介绍过的 Hash 初始值。每次迭代的过程中，都是先构造出 64 个 32bit 的中间变量。在 SHA256 算法中，这 64 个变量被命名为 $W_0 \cdots W_{15}$。其中，$W_0 \sim W_{15}$ 是由消息块直接分解得到的，这 16 个变量，每个变量 32bit，一共正好 512bit。这也正好对应前面以 512bit 为单位将消息块分解成若干个数据块。其他的 48 个 W 是由前面的 16 个 W 根据下面的公式迭代而得到：

$$W_t = \sigma(W_{t-2}) + W_{t-7} + \sigma(W_{t-15}) + W_{t-16}$$

通过这个公式就可以得到 64 个中间变量。然后，会进行 64 次的循环，才完成一次迭代。在这 64 次循环中，就是使用之前介绍的那些逻辑函数对 Hash 值进行逻辑操作。每次循环如图 7-2-17 所示。

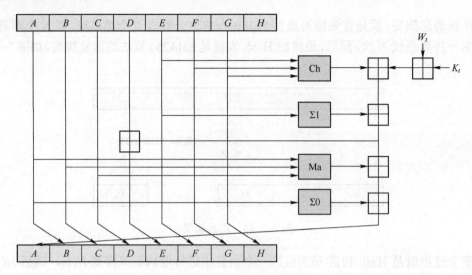

图 7-2-17 逻辑操作图

图中的 $ABCDEFGH$ 是 Hash 值 $H(i)$ 8 个 32bit 的分量。完成一次循环之后,Hash 值的每个分量都会按照一定的规则进行更新,这样就形成了整个 Hash 值的更新。经过 64 次循环之后,就完成了本次迭代,形成了新的 Hash 值 H。经过 N 次迭代之后,最终得到 $H(N)$ 就是 SHA256 算法的消息摘要。

通过对 SHA256 算法的简单介绍和分析,可以发现在算法的计算过程中,存在较大数量级的循环。而这些循环的过程中,逻辑运算占了整个过程的很大比重。这就形成整个过程执行了很多重复的操作,只是数据不同罢了。而且,之前分析过整个任务是一个循环迭代的过程。$H(0)$ 和第一个消息块进行迭代操作,产生了下一次迭代用的 Hash 值 $H(1)$。然后,$H(1)$ 再和第二个消息块进行迭代操作。循环重复,这种上下游的关系就造成了 SHA256 算法内部具有极高的耦合性。下游代码使用上游代码的计算结果,彼此之间存在一种严重的数据依赖,下游节点必须等上游节点执行完成之后,才能执行。整个算法只能串行进行执行,无法并行。

综上所述,SHA256 算法存在指令冗余和耦合性强的特点。通过分析发现,可以通过变量的设置去减少整个过程执行的指令数目,以加快算法的执行时间。而且,还可以设置并行的流水机制,对中间结果的缓存机制进行优化,实现大规模数据的实时处理方法。并且,有些研究针对 SHA256 算法设计专门的硬件系统,来提高整个算法的效率。

第三节 消息认证

认证(authentication)又称鉴别、确认,它是证实某事是否名副其实或是否有效的过程。

认证和加密的区别在于:加密用以确保数据的保密性,阻止对手的被动攻击,如截取、窃听等;而认证用以确保报文发送者和接收者的真实性以及报文的完整性,阻止对手的主动攻击,如冒充、篡改、重播等。认证往往是许多应用系统中安全保护的第一道防线，因而极为重要。

认证的基本思想是通过验证称谓者（人或事）的一个或多个参数的真实性和有效性，来达到验证称谓者是否名副其实的目的（图 7-3-1）。这样，就要求验证的参数和被认证的对象之间存在严格的对应关系，理想情况下这种对应关系应是唯一的。

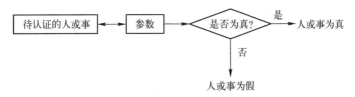

图 7-3-1 认证原理

认证系统常用的参数有口令、标识符、密钥、信物、智能卡、指纹、视网纹等。对于那些能在长时间内保持不变的参数（非时变参数）可采用在保密条件下预先产生并存储的位模式进行认证，而对于经常变化的参数则应适时地产生位模式，再对此进行认证。

一般来说，利用人的生理特征参数进行认证的安全性高，但技术要求也高，至今尚未普及。目前，广泛应用的还是基于密码的认证技术。

认证和数字签名技术都是确保数据真实性的措施，但两者有着明显的区别。

（1）认证总是基于某种收发双方共享的保密数据来认证被鉴别对象的真实性，而数字签名中用于验证签名的数据是公开的。

（2）认证允许收发双方互相验证其真实性，不准许第三者验证，而数字签名允许收发双方和第三者都能验证。

（3）数字签名具有发送方不能抵赖、接收方不能伪造和具有在公证人前解决纠纷的能力，而认证则不一定具备。

如果收发双方都是诚实的，那么仅有认证就足够了。利用认证技术，收发双方可以验证对方的真实性和报文的真实性、完整性。但因他们双方共享保密的认证数据，如果接收方不诚实，则他可以伪造发送方的报文，且发送方无法争辩；同样，发送方也可抵赖其发出的报文，且接收方也无法争辩。由于接收方可以伪造，发送方能够抵赖，因此第三者便无法仲裁。

认证协议就是能使通信各方证实对方身份或消息来源的通信协议，它是一种分布式算法，是两个或两个以上实体为达到一个特定的安全目标，执行的一系列有明确规定动作的步骤。前面提到，认证主要由底层的认证函数和上层的认证协议相互配合来实现。认证协议根据应用需求的不同可分为单向认证和双向认证。

（1）单向认证。我们称通信一方对另一方的认证为单向认证，设 A, B 是通信的双方，A 是发送方，B 是接收方。若采用传统密码，则 A 认证 B 是否为其意定通信方的过程如下（假定 A, B 共享保密的会话密钥 K_S）。

① $A \rightarrow B$：$E(R_A, K_S)$

② $B \rightarrow A$：$E(f(R_A), K_S)$

A 首先产生一个随机数 R_A，用密钥 K_S 对其加密后发送给 B，同时 A 对 R_A 施加某函数变换 f 得到 $f(R_A)$，其中 f 是某公开的简单函数（如对 R_A 的某些位求反）。

B 收到报文后，用他们共享的会话密钥 K_S 对其解密得到 R_A，对其施加函数变换 f，并用 K_S 对 $f(R_A)$ 加密后发送给 A。

A 收到后再用 K_S 对其收到的报文解密，并与其原先计算的 $f(R_A)$ 比较。若两者相等，则 A 认为 B 是其意定的通信方，便可开始报文通信；否则，A 认为 B 不是其意定的通信方，于是终止与 B 的通信。

若采用公开密钥密码，A 认证 B 是否是其意定通信方的过程如下（假定 A，B 的公钥为 K_{eA} 和 K_{eB}，私钥分别为 K_{dA} 和 K_{dB}）：

① $A \rightarrow B$：R_A

② $B \rightarrow A$：$D(R_A, K_{dB})$

A 首先产生随机数 R_A，并发送给 B。B 收到后用其私钥 K_{dB} 对收到的报文签名，然后再发送给 A。这样 A 就可以用 B 的公钥 K_{eB} 验证 B 是否为其意定的通信方。

接收方 B 也可用同样的方法认证 A 是否为其意定的通信方。

(2) 双向认证。我们称通信双方同时对其另一方的认证为双向认证或相互认证。若利用传统密码，A 和 B 相互认证对方是否为意定的通信方的过程如下。

① $A \rightarrow B$：$E(R_A, K_S)$

② $B \rightarrow A$：$E(R_A \| R_B, K_S)$

③ $A \rightarrow B$：$E(R_B, K_S)$

A 首先产生一个随机数 R_A，用他们共享的密钥 K_S 对其加密后发送给 B。

B 收到报文后，用他们共享的密钥 K_S 对其解密得到 R_A。B 也产生一个随机数 R_B，并将其连接在 R_A 之后，得到 $R_A \| R_B$（符号 $R_A \| R_B$ 表示 R_B 连接在 R_A 之后）。B 用 K_S 对 $R_A \| R_B$ 加密后发送给 A。

A 再用 K_S 对其收到报文解密得到 R_A，并与自己原先的 R_A 比较。若它与其原先的 R_A 相等，则 A 认为 B 是其意定的接收方。

B 也用 K_S 对在步骤③中收到的报文解密得到 R_B，并与自己原先的 R_B 比较。它与其原先的 R_B 相等，则 B 认为 A 是其意定的发送方。

若采用公开密钥密码，A 和 B 相互认证对方是否为其意定通信方的过程如下。

① $A \rightarrow B$：R_A

② $B \rightarrow A$：$D(R_A \| R_B, K_{dB})$

③ $A \rightarrow B$：$D(R_B, K_{dA})$

A 首先产生随机数 R_A 并发送给 B，B 也产生随机数 R_B 且将 R_B 连接在 R_A 之后，得到 $R_A \| R_B$ 并用其私钥 k_{dB} 对 $R_A \| R_B$ 签名后发送给 A。

A 恢复出 R_A 和 R_B，并将恢复出的 R_A 与原来的 R_A 进行比较，若相等，则 A 认为 B 是其意定的接收方，A 再用其私钥 K_{dB} 对恢复出的 R_B 签名后发送给 B。

B 用 A 的公钥 k_{eA} 从步骤③收到的报文中恢复出 R_B，若它与其原先的 R_B 相等，则 B 认为 A 是其意定的发送方。

一、基于消息加密的认证

在这种方法中,整个报文的密文作为认证码。如在传统密码中,发送方 A 要发送报文给接收方 B,则 A 用他们共享的密钥 K 对发送的报文 M 加密后发送给 B:
$$A \to B: E(M,K)$$

该方法可以提供以下内容。

(1) 报文秘密性:如果只有 A 和 B 知道密钥 K,那么其他任何人均不能恢复出报文明文。

(2) 报文源认证:除 B 外只有 A 拥有 K,也就只有 A 可产生出 B 能解密文,所以 B 可相信报文发自 A。

(3) 报文认证:因为攻击者不知道密钥 K,所以也就不知如何改变密文中的信息位使得在明文中产生预期的改变,因此,若 B 可以恢复出明文,则 B 可以认为 M 中的每一位都未被改变。

由此可见,传统密码既可提供保密又可提供认证。

但是给定解密算法 D 和密钥 K,接收方可对接收到的任何报文 X 执行解密运算从而产生输出 $Y=D(X, K)$。因此要求接收方能对解密所得明文的合法性进行判别,但是这十分困难。例如,若是明文是二进制文件,则很难确定解密后的报文是否是真实的明文。因此攻击者可以冒充合法用户来发布任何报文,从而造成干扰和破坏。

解决上述问题的方法之一是,在每个报文后附加错误检测码,也称帧校验序列(FCS)或校验和:

$$\text{FCS}=F(M) \tag{7-3-1}$$

若 A 要发送报文 M 给 B,则 A 将 $F(M)$ 附于报文 M 之后,即
$$A \to B: E(M\|F(M),K)$$

发送方 A 把 M 和 FCS 一起加密后发送给 B,接收方 B 解密出其收到的报文和附加的 FCS,并用相同的函数 F 重新计算 FCS。若计算得到的 FCS 和收到的 FCS 相等,则 B 认为报文是真实的。

若利用公钥加密,则可提供认证和签名:
$$A \to B: D(M\|F(M),K_{dA})$$

因为接收方 B 可用发送方的公钥 K_{eA} 恢复出 M 和 $F(M)$,并将计算得出的 $F(M)$ 与恢复出的 $F(M)$ 比较,若相等,则 B 认为报文是真实的。另外,A 通过其私钥对报文签名,可见该方法可提供认证和签名功能。但由于任何人均可用 A 的公钥恢复出报文,所以该方法不能提供保密性。

如果要提供保密性,A 可用 B 的公钥对上述签名加密。
$$A \to B: E(D(M\|F(M),K_{dA}),K_{eB})$$

但该方法中,每次通信发送方和接收方各要执行两次复杂的公钥密码算法。

二、基于消息认证码的认证

消息认证码（Message Authentication Code，MAC）是消息内容和密钥的公开函数，其输出是固定长度的短数据块：

$$\text{MAC} = C(M, K) \tag{7-3-2}$$

假定通信双方共享密钥 K。若发送方 A 向接收方 B 发送报文 M，则 A 计算 MAC，并将报文 M 和 MAC 发送给接收方：

$$A \rightarrow B : M \| \text{MAC}$$

接收方收到报文后，用相同的密钥 K 进行相同的计算得出新的 MAC，并将其与接收到的 MAC 进行比较，若二者相等，则得出以下结论。

（1）接收方可以相信报文未被修改。如果攻击者改变了报文，因为已假定攻击者不知道秘密钥，所以他不知道如何对 MAC 做相应修改，这将使接收方计算出的 MAC 不等于接收到的 MAC。

（2）接收方可以相信报文来自意定的发送方，因为其他各方均不知道密钥，因此他们不能产生具有正确 MAC 的报文。

如果报文中加入序列号（如 HDLC，X.25 和 TCP 中使用的序列号），则由于攻击者无法成功修改序列号，接收方可以相信报文顺序是正确的。

在上述方法中，报文是以明文形式传送的，所以该方法可以提供认证，但不能提供保密性。若要获得保密性，可使用下面两种方法。

一种方法是在使用 MAC 算法之后对报文加密：

$$A \rightarrow B : E(M \| C(M, K_1), K_2)$$

因为只有 A 和 B 共享 K_1，所以该方法可提供认证；因为只有 A 和 B 共享 K_2，所以该方法可提供保密性。

另一种方法是在使用 MAC 算法之前对报文加密来获得保密性：

$$A \rightarrow B : E(M, K_2) \| C(E(M, K_2), K_1)$$

上述两种方法都需要两个独立的密钥，并且收发双方共享这两个密钥：第一种是先将报文作为输入，计算 MAC，并将 MAC 附加在报文后，然后对整个信息块加密形成待发送的信息块；第二种是先将报文加密，然后将此密文作为输入，计算 MAC，并将 MAC 附加在上述密文之后形成待发送的信息块，通常使用的是第一种方法，即将 MAC 直接附加于明文之后。

从理论上讲，对不同的 M，产生的报文认证码 MAC 不同，因为若 $M_1 \neq M_2$，而 $\text{MAC}_1 = C(M_1) = C(M_2) = \text{MAC}_2$，则攻击者可将 M_1 篡改为 M_2，而接收方不能发现。换言之，C 应与 M 的每一位相关。否则，若 C 与 M 中某位无关，则攻击者可篡改该位而不会被发现。但是要使函数 C 具备上述性质，将要求报文认证码 MAC 至少和报文 M 一样，这是不现实的。因此，实际应用时要求函数 C 具备以下性质。

① 对已知 M_1 和 $C(M_1, K)$ 构造满足 $C(M_2, K) = C(M_1, K)$ 的报文 M_2 在计算上是不可

行的。

② $C(M, K)$ 应是均匀分布的，即对任何随机选择的报文 M_1 和 M_2，$C(M_1, K)=C(M_2, K)$ 的概率是 2^{-n}，其中 n 是 MAC 的位数。

③ 设 M_2 是 M_1 的某个已知的变换，即 $M_2=f(M_1)$，如 f 逆转 M_1 的一位或多位，那么 $C(M_1, K)=C(M_2, K)$ 的概率是 2^{-n}。

性质①是为了阻止攻击者构造出与给定的 MAC 匹配的新报文，性质②是为了阻止基于选择明文的穷举攻击，也就是说，攻击者可以访问 MAC 函数，对报文产生 MAC，这样攻击者就可以对各种报文计算 MAC，直至找到与给定 MAC 相同的报文为止。如果 MAC 函数具有均匀分布的特征，那么用穷举方法平时需要 $2n-1$ 步才能找到具有给定 MAC 的报文，性质③要求认证算法对报文各部分的依赖应是相同的，否则攻击者在已知 M 和 $C(M, K)$ 时，可以对 M 的某些已知的"弱点"处进行修改，然后计算 MAC，这样有可能更早得出具有给定 MAC 的新报文。

值得注意的是，MAC 算法不要求可逆性，而加密算法必须是可逆的；与加密相比，认证函数更不易被攻破；由于收发双方共享密钥，因此 MAC 不能提供数字签名功能。

由前述可知，传统加密可以提供认证功能。但由于有许多应用是将同一报文广播给多个接收者，这是一种简单可靠的方法，就是由其中一个接收者负责验证报文的真实性，所以报文必须以明文加上报文认证码的形式进行广播，负责验证的接收者拥有密钥并执行认证过程。若 MAC 错误，则他发警报通知其他各接收者。因此，有时仍使用分离的报文认证码，另外，有一些应用关心的是报文认证，而不是报文的保密性。例如简单网络管理协议（SNMP v3），它将保密性和认证功能分离开来。对这些应用，管理系统应对其收到的 SNMP 报文进行认证。

基于 DES 的 MAC 算法是使用最广泛的 MAC 算法之一，可以满足上面提出的要求，它采用 DES 运算的密文反馈链接（CBC）方式，需认证的数据被分成大小为 64 位的分组 $D_1 \| D_2 \| \cdots \| D_N$，若最后分组不足 64 位，则在后填 0 至成 64 位，图 7-3-2 所示为认证码（MAC）的计算过程。

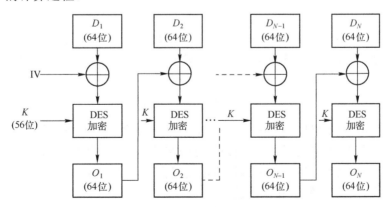

图 7-3-2 基于 DES 的 MAC 算法

其中 $O_1 = \mathrm{DES}(D_1, K)$

$$O_i=\text{DES}(D_i \oplus O_{i-1}, K), \quad 2 \leq i \leq N$$

IV 为初始向量，此处取 0；

K 为密钥。

消息认证码 MAC 可以是整个分组 O_N，也可以是 O_N 最左边的 M 位，其中 $16 \leq M \leq 64$。

根据图 7-3-2 的 MAC 算法原理，可以很容易地用其他强的分组密码（如 AES）计算生产 MAC。要注意的是，不同的分组密码的分组长度可能不同。例如 AES 就是一种分组长度可变的密码，目前 AES 的分组长度多为 128 位。

三、基于散列函数的认证

Hash 函数基本用途如下：

1. 提供认证

（1）$A \rightarrow B : M \| E(H(M), K)$。

发送方生成报文 Hash 码 $H(M)$ 并使用传统密码算法对其加密，将加密后的结果附于消息 M 之后发送给接收方，此处仅对 Hash 码加密，其特点是处理代价较小，由于 $H(M)$ 受密码保护，所以 B 通过比较 $H(M)$ 可认证报文的真实性。

（2）$A \rightarrow B : M \| H(M \| S)$。

发送方生成报文 M 和秘密值 S 的 Hash 码，并将其附于报文 M 之后发送给接收方。假定通信双方共享秘密值 S，这样 B 可以验证 Hash 码来认证报文的真实性。由于秘密值本身并不传递，所以攻击者无法修改所截获的报文，也不能伪造报文。此处没有对 Hash 码加密。

2. 提供认证和保密性

（1）$A \rightarrow B : E(M \| H(M), K)$。

发送方生成报文 M 的 Hash 码 $H(M)$ 并使用传统密码算法对报文 M 和 Hash 码加密，然后发送给接收方，由于只有 A 和 B 共享密钥，所以 B 通过比较 $H(M)$ 可认证报文源和报文的真实性。由于该方法是整个报文和 Hash 码加密，所以也提供了保密性。

（2）$A \rightarrow B : E(M \| H(M \| S), K)$。

发送生成报文 M 和秘密值 S 的 Hash 码，并使用传统密码算法对报文 M 和 Hash 码加密，然后发送给接收方，该方法可认证报文源、报文的真实性，并提供了保密性。

3. 提供认证和数字签名

$$A \rightarrow B : M \| D(H(M), K_{dA})$$

发送方使用公钥密码用其私钥对消息 M 的 Hash 码签名，并将其附于报文 M 之后发送给接收方，B 可以通过验证 Hash 值来认证报文的真实性。因此，该方法可提供认证，由于只有发送方可以进行签名，所以该方法也提供了数字签名。

4. 提供认证、数字签名和保密性

$$A \rightarrow B : E(M \| D(H(M), K_{dA}), K)$$

此方法使用了传统密码和公钥密码，发送方先用其私钥 K_{dA} 对消息 M 的 Hash 码签名，然后再使用传统密码对报文 M 和签名进行加密，由前述讨论可知，该方法可提供认证、数字签名和保密性。

四、消息时间性认证

消息的时间性即指消息的顺序性。消息时间性的认证是使接收方在收到消息后能够确认是否保持正确的顺序、有无断漏和重复。实现消息时间性的认证简单的方法如下。

(1) 序列号。发送方在每条报文后附加上序列号，接收方只有在序列号正确时才接收报文。但这种方法要求每一通信方都必须记录与其通信的最后序列号。

(2) 时间戳。发送方在第 i 份报文中加入时间参数 T_i，接收方只需验证 T_i 的顺序是否合理，便可确认报文的顺序是否正确。仅当报文包含时间戳并且在接收方看来这个时间戳与其所认为的当前时间足够接近时，接收方才认为收到的报文是新报文。在简单情况下，时间戳可以是日期时间值 $TOD_1, TOD_2, \cdots, TOD_n$。日期时间值取为年、月、日、时、分、秒即可，$TOD_i$ 为发送第 i 份报文时的时间。这种方法要求通信各方的时钟应保持同步，因此它需要某种协议保持通信各方的同步。为了能够处理网络错误，该协议必须能够容错，并且还应能抗恶意攻击；另外，如果通信一方时钟机制出错而使同步失效，那么攻击者攻击成功的可能性就会增大，因此任何基于时间戳的程序应有足够短的时限以使攻击的可能性最小，同时由于各种不可预知的网络延时，不可能保持各分布时钟精确同步，因此任何基于时间戳的程序都应有足够长的时限以适应网络延时。

(3) 随机数/响应。每当 A 要发报文给 B 时，A 先通知 B，B 动态地产生一个随机数 R_B，并发送给 A。A 将 R_B 加入报文中，加密后发给 B。B 收到报文后解密还原 R_B，若解密所得 R_B 正确，便确认报文的顺序是正确的。显然这种方法适合于全双工通信，但不适合于无连接的应用，因为它要求在传输之前必须先握手。

攻击者将所截获的报文在原密钥使用期内重新注入到通信线路中进行捣乱、欺骗接收方的行为称为重播攻击。报文的时间认证可抗重播攻击。

下面给出几个抗重播攻击的例子。

(1) Needlan-Schroeder 协议。

该协议的目的是要保证将会话密钥 K_S 安全地分配给 A 和 B。假定 A，B 和 KDC 分别共享密钥 K_A 和 K_B。

① $A \rightarrow$ KDC：$ID_A \parallel ID_B \parallel R_A$

② KDC $\rightarrow A$：$E(K_S \parallel ID_B \parallel R_A \parallel E(K_S \parallel ID_A, K_B), K_A)$

③ $A \rightarrow B$：$E(K_S \parallel ID_A, K_B)$

④ $B \rightarrow A$：$E(R_B, K_S)$

⑤ $A \rightarrow B$：$E(f(R_B), K_S)$

这里使用 R_A，R_B 和 $f(R_B)$ 是为了防止重播攻击，即攻击者可能记录下旧报文，以后再播这些报文，如攻击者可截获第③步中的报文并重播之。第②步中的 R_A 可使 A 相信他收到的来自 KDC 的报文是新报文。第④和⑤步是为了防止重播攻击，若 B 在第⑤步中解密出的 $f(R_B)$ 与由原来的 R_B 计算的结果相同，则 B 可确信他收到的是新报文。

尽管有第④和⑤步的握手，但该协议仍有安全漏洞，若攻击者已知某旧会话密钥，则他可重播第③步中的报文以假冒 A 和 B 通信。假定攻击者 X 已知一个旧会话密钥 K_S 且截获第③步中的报文，则他就可以冒充 A：

① $X \rightarrow B$：$E(K_S \| ID_A, K_B)$
② $B \rightarrow$ "A"：$E(R_B, K_S)$
③ $X \rightarrow B$：$E(f(R_B), K_S)$

这样 X 可使 B 相信他正在与"A"通信。若在第②和③步中使用时间戳则可抗上述攻击。

① $A \rightarrow KDC$：$ID_A \| ID_B$
② $KDC \rightarrow A$：$E(K_S \| ID_B \| T \| E(K_S \| ID_A \| T, K_B), K_A)$
③ $A \rightarrow B$：$E(K_S \| ID_A \| T, K_B)$
④ $B \rightarrow A$：$E(R_B, K_S)$
⑤ $A \rightarrow B$：$E(f(R_B), K_S)$

时间戳 T 使 A 和 B 确信该会话密钥是刚刚产生的，这样 A 和 B 均可知本次交换的是新会话密钥。A 和 B 通过检验下式来验证及时性：

$$| \text{Clock} - T | < \Delta t_1 + \Delta t_2$$

其中 Δt_1 是 KDC 的时钟与 A 或 B 的本地时钟正常误差的估计值，Δt_2 是预计的网络延时。每个节点可以根据某标准的参考源设置其时钟。由于时间戳受密钥的保护，所以即使攻击者知道旧会话密钥，也不能成功地重播报文，因为 B 可以根据报文的及时性检测出第③步中的重播报文。

这种方法的缺陷是依赖于时钟，而这些时钟需在整个网络上保持同步，但是，分布的时钟不可能完全同步。若发送方的时钟超前于接收方的时钟，那么攻击者就可以截获报文，并在报文内的时间戳为接收方当前时钟时重播报文。这种攻击称为抑制-重播攻击（suppress-replay attackd）。

解决抑制-重播攻击的一种方法是，要求通信各方必须根据 KDC 的时钟周期性地校验其时钟。另一种方法是建立在使用临时交互号的握手协议之上，它不要求时钟同步，并且接收方选择的临时交互号对发送方而言是不可预知的，所以不易受抑制-重播攻击。

（2）Neuman-stubblebine 协议。

① $A \rightarrow B$：$ID_A \| R_A$
② $B \rightarrow KDC$：$ID_B \| R_B \| E(ID_A \| R_A \| T_B, K_B)$
③ $KDC \rightarrow A$：$E(ID_B \| R_A \| K_S \| T_B, K_A) \| E(ID_A \| K_S \| T_B, K_B) \| R_B$
④ $A \rightarrow B$：$E(ID_A \| K_S \| T_B, K_B) \| E(R_S, K_S)$

A 产生临时交互号 R_A，并将其标识和 R_A 以明文的形式发送给 B。

B 向 KDC 申请一个会话密钥。B 将其标识和临时交互号 R_B 以及用 B 和 KDC 共享的密钥 K_B 加密后的信息发送给 KDC，用于请求 KDC 给 A 发证书，它指定了证书接收方、证书的有效期和收到的 A 的临时交互号。

KDC 用其与 A 共享的密钥 K_A 对 ID_B, R_A, K_S 和 T_B 加密,用其与 B 共享的密钥 K_B 对 ID_A, K_S 和 T_B 加密后,连同 B 的临时交互号一起发送给 A。A 解密出 $\mathrm{ID}_B \parallel R_A \parallel K_S \parallel T_B$,则可验证 B 曾收到过 A 最初发出的报文(因 ID_B),可知该报文不是重播的报文(因 R_A),并可从中得出会话密钥 K_S 及其使用时限 T_B。$E(\mathrm{ID}_A \parallel K_S \parallel T_B, K_B)$ 可用作 A 进行后续认证的一张"证明书"。

A 用会话密钥对 R_B 加密后,连同证明书一起发送给 B。B 可由该证明书求得会话密钥,从而得出 R_B。用会话密钥对 B 的临时交互号加密可保证该报文是来自 A 的非重播报文。

上述协议提供了 A 和 B 通过会话密钥进行通信的安全有效手段。该协议使 A 拥有可用于对 B 进行后续认证的密钥,避免了与认证服务器的重复联系。假定 A 和 B 用上述协议建立并结束了一个会话,并且在该协议所建立的时限内 A 希望与 B 进行新的会话,则可使用下述协议。

① $A \rightarrow B: E(\mathrm{ID}_A \parallel K_S \parallel T_B, K_B) \parallel R'_A$
② $B \rightarrow A: R'_B \parallel E(R'_A, K_S)$
③ $A \rightarrow B: E(R'_B, K_S)$

B 在步骤①收到报文后,可以验证证明书是否失效,新产生的 R''_A 和 R''_B 使双方确信没有重播攻击。这里 T_B 指的是对于 B 的时钟的时间,因为 B 只校验自身产生的时间戳,所以并不要求时钟同步。

第四节 身 份 认 证

一、口令

口令是双方预先约定的秘密数据,它用来验证用户知道什么。口令验证的安全性虽然不如其他几种方法,但是口令验证简单易行,因此口令验证是目前应用最广泛的身份认证方法之一。在计算机系统中,操作系统、网络、数据库都采用了口令验证。

在一些简单的系统中,用户的口令以口令表的形式存储。当用户要访问系统时,系统要求用户提供其口令,系统将用户提供的口令与口令表中存储的相应用户的口令进行比较。若相等则确认用户身份有效,否则确认用户身份无效,拒绝访问。

但是,在上述口令验证机制中,存在下列一些问题。

(1) 攻击者可能从口令表中获取用户口令。因为用户的口令以明文存储在系统中,系统管理员可以获得所有口令,攻击者也可利用系统的漏洞来获得他人的口令。

(2) 攻击者可能在传输线路上截获用户口令。因为用户的口令在用户终端到系统的线路上以明文形式传输,所以攻击者可在传输线路上截获用户口令。

(3) 用户和系统的地位不平等,这里只有系统强制性地验证用户的身份,而用户无法验证系统的身份。

下面给出几种改进的口令验证机制。

（1）利用单向函数加密口令。在这种验证机制中，用户的口令在系统中以密文的形式存储，并且对用户口令的加密应使得从口令的密文恢复出口令的明文在计算上是不可行的。也就是说，口令一旦加密，将永远不可能以明文形式在任何地方出现。这就要求对口令加密的算法是单向的，即只能加密，不能解密。用户访问系统时提供其口令，系统对该口令用单向函数加密，并与存储的密文相比较。若相等，则确认用户身份有效，否则确认用户身份无效。

（2）利用数字签名方法验证口令。在这种验证机制中，用户 i 将其公钥提交给系统，作为验证口令的数据，系统为每个用户建立一个时间标志 T_i（如访问次数计数器），用户访问系统时将其签名信息 $\text{ID}_i \| D((\text{ID}_i, N_i,), K_{di})$ 提供给系统，其中 N_i 表示本次访问是第 N_i 次访问。系统根据明文形式的标识符 ID_i 查出 K_{ei}，并计算

$$E(D((\text{ID}_i, N_i), K_{di}), K_{ei}) = <\text{ID}\,i^*, N_i^*> \qquad (7\text{-}4\text{-}1)$$

当且仅当 $\text{ID}_i = \text{ID}_i^*$，$N_i^* = T_i + 1$ 时系统才确认用户身份有效。

在这种方法中，口令是用户的保密的解密密钥 K_{di}，它不存储于系统中，所以任何人都不可能通过访问系统而得到；虽然 K_{ei} 存储于系统中，但是由 K_{ei} 不能推出 K_{di}；由于从终端到系统的通道上传输的是签名数据而不是 K_{ei} 本身，所以攻击者也不能通过截取获得；由于系统为每个用户设置了时间标志 T_i，且仅当 $N_i^* = T_i + 1$ 才是接收访问，所以可以抗重播攻击。

（3）口令的双向验证。仅仅只有系统验证用户的身份，而用户不能验证系统的身份，是不全面的，也是不平等的。为了确保安全保密，用户和系统应能相互平等地验证对方的身份。

设 A 和 B 是一对平等的实体，在他们通信之前，必须对对方的身份进行验证。为此，他们应事先约定并共享对方的口令。设 A 的口令为 P_A，B 的口令为 P_B。当 A 要求与 B 通信时，B 必须验证 A 的身份，因此 A 应当首先向 B 出示表示自己身份的数据。但此时 A 尚未对 B 的身份进行验证，所以 A 不能直接将自己的口令发给 B。如果 B 要求与 A 通信也存在同样的问题。

为了解决这一问题，实现口令的双向对等验证，可选择一个单向函数 f。假定 A 要求与 B 通信，则 A 和 B 可如下相互认证对方的身份。

① $A \rightarrow B$：R_A
② $B \rightarrow A$：$f(P_B \| R_A) \| R_B$
③ $A \rightarrow B$：$f(P_A \| R_B)$

A 首先选择随机数 R_A 并发送给 B。B 收到 R_A 后，产生随机数 R_B，利用单向函数 f 对其口令 P_B 和随机数 R_A 进行加密 $f(P_B \| R_A)$，并连同 R_B 一起发送给 A。A 利用单向函数 f 对自己保存的 P_B 和 R_A 进行加密，并与接收到的 $f(P_B \| R_A)$ 进行比较。若两者相等，则 A 确认 B 的身份是真实的，否则认为 B 的身份是不真实的。然后 A 利用单向函数 f 对其口令 P_A 和随机数 R_B 加密后发送给 B。B 利用单向函数 f 对自己保存的 P_A 和 R_B 进行加密，并与接收到的 $f(P_A \| R_B)$ 进行比较。若两者相等，则 B 确认 A 的身份是真实

的，否则认为 A 的身份是不真实的。

由于 f 是单向函数，即使知道 $f(P_A \| R_B)$ 和 R_B 也不能计算出 P_A，即使知道 $f(P_B \| R_A)$ 和 R_A 也不能计算出 P_B，所以在上述口令验证机制中，即使有一方是假冒者，他也不能骗得对方的口令。为了阻止重播攻击，可在 $f(P_B \| R_A)$ 和 $f(P_A \| R_B)$ 中加入时间性参量。

（4）一次性口令。为了安全，口令应当能够更换，而且口令的使用周期越短对安全越有利，最好是一个口令只使用一次，即一次性口令。实现一次性口令的方法有很多。利用 DES 等强密码算法可实现一次性口令。系统产生一个随机数 R，对其加密得到 $E(R, K)$，并将 $E(R, K)$ 提供给用户，用户计算 $E(D(E(R, K), K)+1, K)$，将计算值回送给系统。同时系统计算 $R+1$。系统将用户返回的值与系统自身计算的值进行比较。若两者相等，则系统认为用户的身份为真。在这种方法中，系统和用户必须持有相同的密钥。

利用单向函数也可实现一次性口令。设 A 和 B 要进行通信，A 选择随机数 x，并计算

$$y_0 = f^n(x) \qquad (7\text{-}4\text{-}2)$$

其中，f 是单向函数。A 将 y_0 发送给 B 作为验证口令的数据。因为 f 是单向函数，所以对 y_0 不需保密。A 以

$$y_i = f^{n-i}(x) \qquad (0 < i \leqslant n) \qquad (7\text{-}4\text{-}3)$$

作为其第 i 次通信的口令发送给 B，B 计算 $f(y_i)$ 并验证是否等于 y_{i-1}。若相等，则确认 A 的身份是真实的，否则可知 A 的身份是不真实的，并中断通信，显然，这种认证方式共有 n 个不同的口令。

口令的产生可以由用户自己选择，也可由计算机产生，还可以由用户自己选择辅以计算机检测，或由计算机产生而由用户选择。用户自己选择口令，简单方便，且容易记忆，但随机性差。用户习惯地喜欢选用与自己相关的一些事物名，如姓名、宠物名等作口令。有文献曾分析了长期从用户那里收集到的 3289 个口令，其状况令人吃惊！其中 86% 的口令是不合适的。用计算机产生口令随机性好，但用户不容易记住。目前许多计算机系统采用由用户选择辅以计算机检测方式确定口令。在 UNIX 系统中，口令被加密转换为 11 个可打印字符。VAX 的 VMS 系统随机产生 5 个口令，由用户选择其中之一。IBM 的 MVS 系统拒绝接收最近使用过的口令。

一个好的口令应当具备以下特点。

（1）应使用多种字符。如同时包含字母、数字、标点和控制符等。UNIX 系统在用户选择口令时，如果发现用户给出的口令不同时包含字母和数字，或口令是用户名的某种组合，就拒绝接收口令。

（2）应有足够的长度。一般取 6~10 个字符为宜。在许多系统中用户选择的口令长度不够时，系统拒绝接收。

（3）应尽量随机。不要选择一些与自己相关的人名、地名、生日等，最好也不要选择字典中的单词。

(4)应定期更换。经常更换口令有利于安全,但经常更换口令是一件十分麻烦的事。基于 SystemV 的 UNIX 系统使用了口令时效机制。口令的时效机制强迫用户在指定的最长时间期限内更换口令。口令时效机制还有一个最短时间限制,一个口令只有使用的时间超过了这个最短时间限制才允许更换,而且这个最短时间限制可以设为 0,这样可随时更换口令。

二、磁卡和智能卡

磁卡是目前已广泛应用的一种用以证实身份的个人持有物,但是磁卡存在一些缺点。磁卡仅有数据存储能力,而无数据处理能力,没有对其记录的数据进行保护的机制,因而伪造和复制磁卡比较容易。随着微处理器的发展,出现了智能卡(smart card)。

智能卡又称 CPU 卡,是一种镶嵌有单片机芯片的 IC 卡。卡上的单片机芯片包含中央处理器 CPU、随机存储器 RAM、电擦除可编程存储器 EEPROM、只读存储器 ROM 和 I/O 接口。因此,智能卡被誉为最小的个人计算机。芯片操作系统 COS(chip operating system)是芯片资源的管理者和安全保密的基础。由于 CPU 卡不仅具有数据存储能力、数据处理能力,而且有操作系统的软件支持,因而安全保密性好。目前,智能卡在越来越多的应用领域取代了磁卡。

用磁卡和智能卡来作为用户的身份凭证进行身份认证,其理论根据都是通过验证用户拥有什么来实现用户的身份认证。

如果仅仅只靠磁卡和智能卡这种物理持有物来作为用户的身份凭证进行身份认证,尚有不足。因为如果磁卡和智能卡丢失,则捡到磁卡和智能卡的人就可假冒真正的用户。为此,还需要一种磁卡和智能卡上不具有的身份信息。这种身份信息通常采用个人识别号 PIN(personal identification number)。

一般每个卡的持有者都有一个个人识别号 PIN。本质上,PIN 就是持卡人的口令。PIN 不能写到卡上,持卡人必须牢记,并严格保密。PIN 可由金融机构来产生并分配给持卡人选择并报金融机构核准。金融机构产生 PIN 的方法主要有两种:一种方法是选用一个密码函数,从持卡人的账号等数据产生 PIN。如果选用的密码是强的,那么产生的 PIN 也将是强的。这种方法的优点是不需要保存 PIN 的任何记录,只是在需要时从账号计算产生。缺点是账号不变,则 PIN 也不能改变。另一种方法是利用一个随机函数来产生随机数作为 PIN。这种方法的优点是不存在 PIN 账号之间的关联,缺点是改造机构必须保存 PIN 的记录。

系统通过验证持卡人是否持有真实的卡且知道正确的 PIN 来达到认证持卡人身份的目的。

三、生物特征识别

现行的许多计算机系统中,包括许多非常机密的系统,都是使用"用户 ID+口令"的方法来进行用户的身份认证和访问控制。实际上,这些方案隐含着一些问题,如口令容易被遗忘。有关机构的调查表明,遗忘口令而产生的问题已经成为 IT 厂商售后服务的常见问题之一。口令也容易被别人窃取，盗取者通过观察用户在计算机终端前输入口令时的击键动作就可知道用户口令，甚至可以通过用户的生日、年龄、姓名或者其他一些信息猜出口令。众所周知，高度机密的美国一些军事机构计算机网络曾不止一次被黑客侵入，黑客们实际上就是从这些计算机网络的某一合法用户的口令开始的。尽管现行系统通过要求用户及时改变他们的口令来防止盗用口令行为，但这种方法不但增加了用户的记忆负担，也不能从根本上解决问题。

通过识别用户的生理特征来认证用户的身份是安全性极高的身份认证方法。把人体特征运用于身份识别，则它应具有不可复制的特点，必须具有唯一性和稳定性。研究和经验表明，人的指纹、掌纹、面孔、发音、虹膜、视网膜、骨架等都具有唯一性和稳定性的特征，即每个人的这些特征都与别人不同且终身不变，因此可以进行身份识别。基于这些特征，人们发展了指纹识别、视网膜识别、发音识别等多种生物识别技术，其中指纹识别技术更是生物识别技术的热点。

指纹识别技术的利用可以分为两类，即验证（verification）和辨识（identification）。验证就是通过把一个现场采集到的指纹与一个已经登记的指纹进行匹配来确认身份的过程。首先，用户指纹必须在指纹库中已经注册。指纹以一定的压缩格式存储，并与用户姓名或标识联系起来。在匹配时，先验证其标识，再通过系统存储的指纹与现场采集的指纹进行比对来证明其是否合法。它回答了这样一个问题："他是他自称的这个人吗？"图 7-4-1 给出了指纹登记与验证原理的示意图。

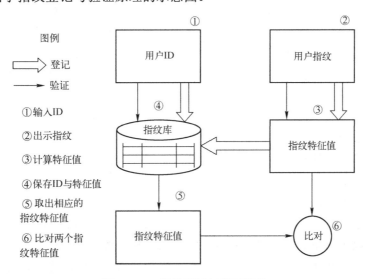

图 7-4-1 指纹登记与验证原理

辨识则是把现场采集到的指纹同指纹数据库中的指纹逐一比对，从中找出与现场指纹相匹配的指纹。辨识主要应用于犯罪指纹匹配的传统领域中。一个不明身份的人的指纹与指纹库中有犯罪记录的人的指纹进行比对，来确定此人是否曾经有过犯罪记录。辨识其实是回答了这样一个问题："他是谁？"图 7-4-2 给出了指纹登记与辨识的原理的示意图。

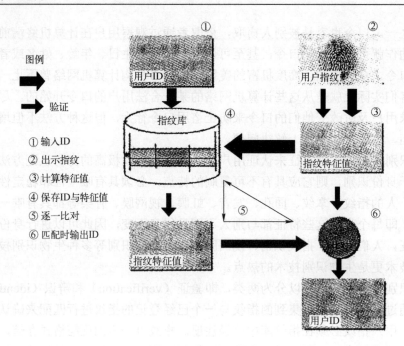

图 7-4-2　指纹登记与辨识原理

由于计算机处理指纹时,只涉及指纹的一些有限的信息,而且比对算法并不是精确匹配,其结果也不能保证 100%准确。指纹识别系统的重要衡量标志是识别率,它主要由拒判率和误判率两部分组成。拒判是指某指纹是用户的指纹而系统却说不是。误判是指某指纹不是用户的指纹而系统却说是。显然误判比拒判对安全的危害更大,拒判是系统易用性的重要指标,它与误判率成反比。由于拒判率和误判率是相互矛盾的,这就使得在应用系统的设计中,要权衡易用性和安全性。

尽管指纹识别系统存在着可靠性问题,但其安全性比相同可靠性级别的"用户 ID+口令"方案的安全性高得多。例如采用 4 位数字口令的系统,不安全概率为 0.01%。与采用误判率为 0.01%的指纹系统相比,口令系统更不安全,因为在一段时间内攻击者可以试用所有可能的口令,但是他不可能找到足够多的人去为他把所有的手指都试一遍。

指纹识别技术可以通过几种方法应用到许多方面。把指纹识别技术同 IC 卡结合起来,是目前最有前景的方向之一。该技术把持卡人的指纹加密后存储在 IC 卡上,并在读卡机上加装指纹识别系统,通过比对卡上的指纹与持卡者的指纹就可以确认持卡者是否是卡的真正主人,从而进行下一步的交易。在更加严格的场合,还可以进一步同后台主机系统数据库中的指纹做比较。

四、零知识证明

设 P 是示证者,V 是验证者,P 可通过两种方法向 V 证明他知道某种秘密信息。一种方法是 P 向 V 说出该信息,但这样 V 也就知道了该秘密。另一种方法是采用交互证明方法,它以某种有效的数学方法,使 V 确信 P 知道该秘密,而 P 又不泄露其秘密,这即是零知识证明。

Jean-Jacques Quisquater 和 Louis Guillou 用一个关于洞穴的故事来解释零知识。洞穴如图 7-4-3 所示，洞穴里 C 和 D 之间有一道密门，只有知道咒语的人才能打开该密门。

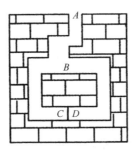

图 7-4-3　洞穴示意

P 想对 V 证明他知道咒语，但不想泄露之，那么 P 使 V 确信的过程如下：

（1）V 站在 A 点；

（2）P 进入洞穴中的 C 点或 D 点；

（3）P 进入洞穴后，V 走到 B 点；

（4）V 要 P：①从左边出来；或②从右边出来；

（5）P 按要求实现（必要时 P 用咒语打开密门）；

（6）P 和 V 重复（1）～（5）n 次。

若 P 不知道咒语，则在协议的每一轮中他只有 50% 的机会成功，所以他成功欺骗 V 的概率为 50%。经过 n 轮后，P 成功欺骗 V 的概率为 2^{-n}。当 n 等于 16 时，P 成功欺骗 V 的概率只有 1/65536。

此洞穴问题可以转换数学问题，V 通过与 P 交互作用验证 P 是否确定知道解决某个难题的秘密信息。

下面介绍基于离散对数的零知识证明算法。P 欲向 V 证明他知道满足 $A^x \equiv B \pmod{p}$ 的 x，其中 p 是素数，x 是与 $p-1$ 互素的随机数。A，B 和 p 是公开的，x 是保密的。P 在不泄露 x 的情况下向 V 证明他知道 x 的过程如下。

（1）P 产生 t 个随机数 $r_1, r_2, \cdots, r_t (r_i < p, 1 \leq i \leq t)$。

（2）P 计算 $h_i = A^{r_i} \bmod p$，并将 h_i 发送给 $V (1 \leq i \leq t)$。

（3）P 和 V 执行硬币抛掷协议，产生 t 个位：$b_1, b_2, \cdots, b_t$。

（4）对 $1 \leq i \leq t$。

① 若 $b_i = 0$，则 P 将 r_i 发送给 V。

② 若 $b_i = 1$，则 P 将 $s_i = (r_i - r_j) \bmod (p-1)$ 发送给 V，其中 j 是满足 $b_j = 1$ 的最小整数。

（5）对 $1 \leq i \leq t$，

① 若 $b_i = 0$，则 V 验证 $A^{r_i} = h_i \pmod{p}$。

② 若 $b_i = 1$，则 V 验证 $A^{s_i} = h_i h_j^{-1} \pmod{p}$。

（6）P 将 $z = (x - r_j) \bmod (p-1)$ 发送给 V。

（7）V 进一步验证 $A^z \equiv B h_j^{-1} \pmod{p}$。

这里 P 欺诈成功的概率为 2^{-t}。

Chaum 提出一种改进的离散对数零知识证明算法。

（1）P 选择随机数 $r(<p-1)$，计算 $h=A^r \bmod p$，并将 h 发送给 V。

（2）V 发送一随机位 b 给 P。

（3）P 计算 $s=r+bx \bmod (p-1)$，并发送给 V。

（4）V 验证 $A^s \equiv hB^b$。

（5）重复（1）~（4）t 次。

P 欺诈成功的概率为 2^{-t}。

使用零知识证明来作为身份证明最先是由 Uriel Feige、Amos Fiat 和 AdiShamir 提出的。通过使用零知识证明，示证者证明他知道其私钥，并由此证明其身份。Feige-Giat-Shamir 身份认证方案是最著名的身份零知识证明方案。

（1）简化的 Feige-Giat-Shamir 身份认证方案。

可信赖的仲裁方随机选择一个模数 n，n 为两个大素数之积。实际中，n 至少为 512 位或长达 1024 位。

为了产生 P 的公钥和私钥，仲裁方产生随机数 v，使 v 满足 $x^2 \equiv v(\bmod n)$ 有解，且 $v^{-1} \bmod n$ 存在。以 v 作为 P 的公钥，以满足 $s \equiv \text{sqrt}(v^{-1})(\bmod n)$ 的最小的 s 作为 P 的私钥。P 向 V 证明其身份的协议如下。

① P 选取随机数 $r(<n)$，计算 $x=r^2(\bmod n)$，并将 x 发送给 V。

② V 发送一随机位 b 给 P。

③ 若 $b=0$，则 P 将 r 发送给 V。

若 $b=1$，则 P 将 $y=r \times s(\bmod n)$ 发送给 V。

④ 若 $b=0$，则 V 验证 $x \equiv r^2(\bmod n)$，证实 P 知道 $\text{sqrt}(x)$。

若 $b=1$，则 V 验证 $x \equiv y^2 \times v(\bmod n)$，以证实 P 知道 $\text{sqrt}(v^{-1})$。

该协议是单论认证，P 和 V 可重复该协议 t 次，直至 V 确信 P 知道 s。

攻击者可以从 P 欺骗 V 或攻击者 X 假冒 P 以欺骗 V 两个方面对该协议进行攻击。

P 或攻击者 X 不知道 s，但他仍可选取 r，并发送 $x=r^2(\bmod n)$ 给 V。然后 V 发送 b 给 P 或 X。当 $b=0$ 时，则 P 或 X 可通过 V 的检测而使 V 受骗；当 $b=1$ 时，则 V 可发现 P 或 X 不知道 s。这样 V 受骗的概率为 1/2，因而 V 连续 t 次受骗的概率仅为 2^{-t}。

要避免上述情形，P 不能重复使用 r，否则 V 可在第②步发给 P 另一随机位。这样 V 可获得 P 的两种应答，因而 V 可以从中计算出 s，并假冒 P。

（2）Feige-Giat-Shamir 身份认证方案。

和前面一样，可信赖的仲裁方随机选择一个模数 n，n 为两大素数之积。为了产生 P 的公钥和私钥，仲裁方选取 k 个不同的数 $v_1,v_2,\cdots,v_k$，v_i 满足 $x^2 \equiv v_i(\bmod n)$ 有解，且 $v_i^{-1} \bmod n$ 存在。以 $v_1,v_2,\cdots,v_k$ 作为 P 的公钥，计算满足 $s_i \equiv \text{sqrt}(v_i^{-1})(\bmod n)$ 的最小的 s_i，以 $s_1,s_2,\cdots,s_k$ 作为 P 的私钥。P 向 V 证明其身份的协议如下。

① P 选取随机数 $r(<n)$，计算 $x=r^2(\bmod n)$，并将 x 发送给 V。

② V 将一个 k 位随机二进制串 $b_1,b_2,\cdots,b_k$ 发送给 P。

③ P 将 $y=r\times(S_1^{b1}\times S_2^{b2}\times\cdots\times S_k^{bk})(\mod n)$ 发送给 V。

④ V 验证 $x\equiv y^2(v_1^{b1}\times v_2^{b2}\times\cdots\times v_k^{bk})(\mod n)$。

P 和 V 可重复该协议 t 次，直至 V 确信 P 知道 $s_1,s_2,\cdots,s_k$，此时 P 欺骗 V 的概率为 2^{-kt}。

例如，$n=35(=5\times 7)$。计算平方剩余：

1：$x^2=1 \mod 35$，解 $x=1,6,29$ 或 34；
4：$x^2=1 \mod 35$，解 $x=2,12,23$ 或 33；
9：$x^2=9 \mod 35$，解 $x=3,17,18$ 或 32；
11：$x^2=11 \mod 35$，解 $x=9,16,19$ 或 26；
14：$x^2=14 \mod 35$，解 $x=7$ 或 28；
15：$x^2=15 \mod 35$，解 $x=15$ 或 20；
16：$x^2=16 \mod 35$，解 $x=4,11,24$ 或 31；
21：$x^2=21 \mod 35$，解 $x=14$ 或 21；
25：$x^2=25 \mod 35$，解 $x=5$ 或 30；
29：$x^2=29 \mod 35$，解 $x=8,13,22$ 或 27；
30：$x^2=30 \mod 35$，解 $x=10$ 或 25。

当 v 为 14, 15, 21, 25 或 30 时，v^{-1} 不存在；当 v 为 1, 4, 9, 11, 16 或 29 时，v^{-1} 分别为 1, 9, 4, 16, 11 或 29，相应的 s 分别为 1, 3, 2, 4, 9 或 8。

若选 $k=4$，则 P 可用 $\{4, 11, 16, 29\}$ 作为公钥，相应的 $\{3, 4, 9, 8\}$ 作为私钥。该协议执行过程如下：

① P 选取随机数 16，计算 $16^2(\mod 35)=11$，并发送给 V。

② V 将一个 $k$bit 随机二进制串 $\{1, 1, 0, 1\}$ 发送给 P。

③ P 计算 $16\times(3^1\times 4^1\times 9^0\times 8^1)(\mod 35)=31$，并发送给 V。

④ V 验证 $31^2\times(4^1\times 11^1\times 16^0\times 29^1)(\mod 35)=11$。

P 和 V 可重复该协议，直至 V 确信 P 为止。当 n 较小时，则无安全性可言；当 n 为 512bit 以上时，则 V 不可能知道 P 的私钥，只能相信 P 拥有该私钥。

（3）Guillou-Quisquater 身份认证方案。

Feige-Fiat-Shamir 算法是第一个实用的基于身份证明的算法。它通过增加迭代次数和每次迭代中认证的次数，将所需的计算量减至最小。

假设 P 欲向 V 证明其身份。设 A 的身份证明为 J（如由卡的名称、有效期、银行账号和其他应用所需的信息组成的数据串）。模数 n 是两个秘密的素数之积，v 是指数，n 和 v 是公开的。私钥 B 满足 $JB^v\equiv 1(\mod n)$。

P 必须使 V 确信他知道 B 以证明 J 确是其身份证明。P 将其身份证明 J 发送给 V，向 V 证明 J 确实是 P 的身份证明的协议如下。

① P 选取随机整数 $r(1\leq r\leq n-1)$，计算 $T=r^v \mod n$，并将 T 发送给 V。

② V 选取随机整数 $d(0\leq r\leq v-1)$，并发送给 P。

③ P 计算 $D=rB^d \mod n$，并发送给 V。

④ V 验证 $T\equiv D^v J^d \mod n$。

（4）Schorr 身份认证方案。

Schorr 提出的算法是 Feige-Fiat-Shamir 和 Guillou-Quisquater 算法的一种变形，它的安全性基于离散对数的困难性，该方法可以通过预计算来降低实时计算量，其所需传送的数据量也会减少许多，特别适用于计算能力有限的应用。

首先选取两个素数 p 和 q，且 $q|(p-1)$，然后选择满足 $a^q \equiv 1 \bmod p$ 的 $a(a \neq 1)$。p，q 和 a 是公开的，并为一组用户所共用。

选择随机数 $s(s<q)$ 作为私钥，将 $v=a^{-s} \pmod p$ 作为公钥。P 向 V 证明他拥有密钥 s 的过程如下。

① P 选定随机数 $r(1 \leqslant r \leqslant q^{-1})$，计算 $x=a^r \bmod p$，并将 x 发送给 V。
② V 选定未曾用过的随机数 $e(0 \leqslant r \leqslant 2^{t-1})$，并发送给 P。
③ P 计算 $y=(r+se) \bmod n$，并将 y 发送给 V。
④ V 验证 $x \equiv a^y v^e \bmod p$。

该方法的安全性基于 t。破解该算法的难度约为 2^t。

本 章 小 结

本章介绍 Hash 函数的基本概念、原理及常用算法，在此基础上分别介绍了基于消息加密的认证、基于消息认证码的认证、基于散列函数的认证，以及消息时间性认证和身份认证。

思考题与习题

1．认证的基本思想是什么？
2．认证与加密的区别有哪些？
3．认证与数字签名的区别有哪些？
4．消息认证的方法有哪些？
5．Hash 函数应满足哪些基本性质，其主要应用有哪些？
6．分组密码的工作模式中可用于认证的有哪几种？

第八章 密钥管理

根据近代密码学的观点，密码体制的安全应当只取决于密钥的安全，而不取决于对密码算法的保密。但是，这仅仅是在设计密码算法时的要求，而在密码的实际应用时，对保密性要求高的系统仍必须对密码算法实施保密。比如军用密码历来都对密码算法严加保密。另外，密钥必须经常更换，这是安全保密所必需的。否则，即使是采用很强的密码算法，时间一长，敌手截获的密文越多，破译密码的可能性就越大。著名的"一次一密"密码之所以是理论上绝对不可破译的，原因之一就是一个密钥只使用一次。在计算机网络环境中，由于用户和节点很多，因此需要使用大量的密钥。如此大量的密钥，而且又要经常更换，其产生、存储、分配都是极大的问题。如无一套妥善管理方法，其困难性和危险性是可想而知的。

密钥管理历来就是一个很棘手的问题，是一项复杂、细致的长期工作，既包含一系列的技术问题，又包含许多管理问题和人员素质问题。在这里必须注意每一个细小的环节，否则便可能带来意想不到的损失。历史表明，从密钥管理的途径窃取秘密要比单纯从破译密码途径窃取秘密所花的代价小得多。

第一节 密钥管理概述

一、密钥的定义与类型

根据近代密码学的观点，密码体制的安全应当只取决于密钥的安全，而不取决于对密码算法的保密。控制或参与密码变换的可变参数称为密钥（key），分为加密密钥（encryption key）和解密密钥（decryption key）。密钥是密码中最机密的信息，密码保密完全寓于密钥之中。密钥的生存周期是指授权该密钥的使用周期。

密码的类型包括以下几种。

（1）基本密钥（base key）：又称初始密钥（primary key）、用户密钥（user key），是由用户选定或由系统分配给用户的，可在较长时间（相对于会话密钥）内由一对用户所专用的密钥。

（2）会话密钥（session key）：即两个通信终端用户在一次通话或交换数据时使用的密钥。当它用于加密文件时，称为文件密钥（file key），当它用于加密数据时，称为数据加密密钥（data encrypting key）。

（3）密钥加密密钥（key encrypting key）：对会话密钥或文件密钥进行加密时采用的

密钥,又称辅助(二级)密钥(secondary key)或密钥传送密钥(key transport key)。

(4)主机主密钥(host master key):它是对密钥加密密钥进行加密的密钥,保存于主机处理器之中或之外。

(5)在公钥体制下,还有公开密钥、秘密密钥、签名密钥之分。

二、密钥管理的主要内容

技术上,密钥管理指对密钥从最初产生到最终销毁的全过程实施计划、组织、指挥、协调和控制的活动,涉及密钥的产生、存储、分配、更新、备份、恢复和销毁的全过程。每个密钥都有其生命周期,密钥管理就是对密钥的整个生命周期的各个阶段进行全面管理。因为密码体制不同,所以其密钥的管理方法也不同。例如,公开密钥密码和传统密码的密钥管理就有很大的不同。

密钥管理的主要内容包括密钥的产生、分配和维护。其中维护涉及密钥的存储、更新、备份、恢复、销毁等方面。

1. 密钥的产生

密钥的产生是随机产生秘密参数以便为密码系统生产所需密钥的过程。目前,已有多种密钥产生器可以提供大型系统所需的各类密钥。密钥的产生应有严格的技术和行政管理措施,技术上要确保生成密钥的算法有足够的复杂度和安全性,并且要能通过各种随机性检验,管理上要确保密钥是在严格的保密环境下生成,不会被泄露和篡改。

密钥的产生包括主密钥的产生、密钥加密密钥的产生和会话密钥的产生。

(1)主密钥的产生。主密钥通常要用诸如抛硬币、掷骰子、随机数表(随机数表是一个用随机或近似随机的方法产生的表格)法等随机方式产生,以保证密钥的随机性,避免可预测性。而任何机器和算法所产生的密钥都有被预测的危险。主密钥是控制产生其他加密密钥的密钥,而且长时间保持不变,因此其安全性是至关重要的。

(2)密钥加密密钥的产生。密钥加密密钥可以由密钥产生器生成,也可以由密钥操作员选定。密钥产生器主要有随机数发生器和伪随机数发生器。伪随机数发生器:人们通常使用算法来产生随机数,如果算法很好,则产生的序列可以通过随机性的合理测试,但由于算法是确定性的,因此产生的序列实际上并不是统计随机的,这些数经常被称为伪随机数。

(3)数据加密密钥(会话密钥或文件密钥)的产生。数据加密密钥可在密钥加密密钥作用下通过某种算法动态地产生。不论采用何种方式产生密钥,都要求生成的密钥是随机的,这可以通过对产生的序列进行随机性检验来保证。同时生成密钥时要解决质量、效率、安全等问题,还要为适应密钥的递送、保管、注入、使用等方面的要求将密钥以可靠的方式形成产品。

2. 密钥的存储

密钥存储是存放密钥以备使用的过程。如果密钥不是在使用中实时产生并一次性使用,则它们必然要经历存储的过程。密钥可以存放在个人的脑海中,可以存放在ROM密钥卡或磁卡中,也可用加密形式存放在系统中。

密钥存储设备应该对密钥的安全性提供保证，对秘密密钥提供机密性、真实性和完整性保护，对公开密钥提供真实性和完整性保护。

3．密钥的分配

密钥分配是分发和传送密钥的过程，即使用密码的有关各方得到密钥的过程。密钥分配要解决安全问题和效率问题。如果不能确保安全，则使用密码的各方得到的密钥就不能使用；如果不能将密钥及时送达，将不能对用户信息系统使用密码进行及时的保障。密钥分配手段包括人工分配和技术分配。

4．密钥的更新

密钥更新是指在密钥过期之前从旧的密钥产生出新的密钥，并以新的密钥代替旧的密钥。

密钥在以下 3 种情况下需要进行更新。

（1）密钥的生存期结束。

（2）已知或怀疑密钥已被泄露。

（3）通信成员中有人提出更新密钥。

5．密钥备份

密钥备份是指保留密钥的副本以备密钥损坏时恢复密钥。为了在密钥遭受损坏时能够将密钥恢复，需要对正在使用的密钥进行备份。备份的密钥必须存放在安全的存储设备中，并且具有不低于正在使用的密钥的安全控制水平。

密钥备份的方法如下。

（1）密钥托管方案：将要备份的密钥交由可信赖的安全人员放在安全的地方保管（或用主密钥加密后封存）。

（2）共享密钥协议：将要备份的密钥分成几个部分分别加密存储，其中任何一部分都不起关键作用，需要时取出有关的几部分恢复出完整的密钥。

（3）使用智能卡作为临时密钥托管。

6．密钥销毁

密钥销毁是指对密钥及其所有备份进行销毁而不再使用的过程。

在以下两种情形下需要销毁密钥。

（1）密钥的生存期结束，为防止密钥泄露造成从前加密的信息被破译，需要及时销毁已不再使用的密钥。

（2）在密钥保护的机密信息的安全受到威胁或密码面临敌人获取的危险情况下，为保护该信息或密码的安全，需要立即销毁密钥。

三、密钥管理的原则

密钥管理是一个系统工程，必须从整体上考虑，从细节处着手，严密细致地施工，充分完善地测试，才能较好地解决密钥管理问题。为此，首先应当弄清密钥管理的一些基本原则。

1．区分密钥管理的策略和机制

密钥管理策略是密钥管理系统的高级指导。策略着重原则指导，而不着重具体实现。

密钥管理机制是实现和执行策略的技术机构和方法。没有好的管理策略，再好的机制也不能确保密钥的安全。相反，没有好的机制，再好的策略也没有实际意义。策略通常是原则性的、简单明确的，而机制是具体的、复杂繁琐的。

2．全程安全原则

必须在密钥的产生、存储、分配、组织、使用、停用、更换、销毁的全过程中对密钥采取妥善的安全管理。只有在各个阶段都安全时，密钥才是安全的，否则只要其中一个环节不安全，则密钥便不安全。例如，对于重要的密钥，从它一产生到销毁的全过程中除了在使用的时候可以以明文形式出现外，都不应当以明文形式出现。

3．最小权利原则

应当只分配给用户进行某一事务处理所需的最小的密钥集合。因为用户获得的密钥越多，则他的权利就越大，因而所能获得的信息就越多。如果用户不诚实，则可能发生危害信息安全的事件。

4．责任分离原则

一个密钥应当专职一种功能，不要让一个密钥兼任几种功能。例如，用于数据加密的密钥不应同时用于认证，用于文件加密的密钥不应同时用于通信加密。而应当是：一个密钥用于数据加密，另一个密钥用于认证；一个密钥用于文件加密，另一个密钥用于通信加密。因为，使一个密钥专职一种功能，即使密钥暴露，也只会影响一种功能，使损失最小，否则损失就大得多。

5．密钥分级原则

对于一个大的系统（如网络），所需要的密钥的种类和数量都很多。应当采用密钥分级的策略，根据密钥的职责和重要性，把密钥划分为几个级别。用高级密钥保护低级密钥，最高级的密钥由安全的物理保护。这样，既可减少受保护的密钥的数量，又可简化密钥的管理工作。一般可将密钥划分为 3 级，即主密钥、二级密钥和初级密钥。

6．密钥更换原则

密钥必须按时更换。否则，即使是采用很强的密码算法，时间一长，敌手截获的密文越多，破译密码的可能性就越大。理想情况是一个密钥只使用一次。完全的一次一密是不现实的。一般，初级密钥采用一次一密，二级密钥更换的频率低些，主密钥更换的频率更低些。密钥更换的频率越高，越有利于安全，但是密钥的管理就越麻烦。实际应用时应当在安全和方便之间折中。

7．密钥应当有足够的长度

密码安全的一个必要条件是密钥有足够的长度。密钥越长，密钥空间就越大，攻击就越困难，因而也就越安全。然而密钥越长，则软硬件实现消耗的资源就越多。

8．密码体制不同，密钥管理也不相同

由于传统密码体制与公开密钥密码体制是性质不同的两种密码，因此它们在密钥管理方面有很大的不同。

四、密钥保护的策略

密钥保护的原则是既利保密，又利使用。采取的措施有密钥分层保护和分散保护。

1．密钥的分散管理策略

密钥分散管理主要有两种方式：一是将密钥分散在密码机和操作员的手中；二是利用门限方案，将密钥分散在不同的人手中。例如，对于密钥备份文件的解密与密钥恢复，必须有多个人的参与才能实施。

2．密钥的层层保护策略

密钥的层层保护策略是将密钥进行分层，分为主密钥、密钥加密密钥和会话密钥等级别。密钥加密密钥保护会话密钥；主密钥保护密钥加密密钥；主密钥必须严格保护并妥善保管。

3．密钥分层管理和分散管理的必要性

在一个密码系统中，无论密钥如何分层保护，最高一级的密钥（一般是主密钥）总是明的，无法采用密码算法保护，而直接将主密钥明放在计算机中是不允许的，因此必须对主密钥采取相应的保护措施，即对主密钥实行分散管理，将主密钥拆分成几部分，由不同的人来管理或人机共同管理，最大限度地保证主密钥的安全。

对密钥实行分层管理也是十分必要的，分层管理采用了密码算法，一级对下一级进行保护，底层密钥的泄露不会危及上层密钥的安全，当某个密钥泄露时，最大限度地减少损失。

例 8.1 用户 A 与用户 B 共享一个端端密钥 k_{AB}，用自己的主密钥对 k_{AB} 加密存于机器之中，主密钥记好。通信时，发起方产生一个随机数 K_S，并用主密钥解密 k_{AB}，再以 k_{AB} 为 AES 算法的密钥对 K_S 加密得 K。

（1）明传密用（明文传、密文用）：

利用 K 对明文 m 加密，将 K_S 与 m 对应的密文 c 一起传送给对方。

对方收到 (K_S, c) 后，以共享的 k_{AB} 作为 AES 算法的密钥对 K_S 加密得到当前密钥 K，用 K 对密文 c 脱密，恢复明文 m。

（2）密传明用（密文传、明文用）：

利用 K_S 对明文 m 加密，将 K 与 m 的密文 c 一起传送给对方。

对方收到 (K, c) 后，以共享的 k_{AB} 作为 AES 算法的密钥对 K 脱密得到当前密钥 K_S，用 K_S 对密文 c 脱密，恢复明文 m。

注：实际上是以 AES 算法作为会话密钥发生器，以 k_{AB} 为 AES 算法的密钥，发起方产生随机数 K_S 作为算法的明文，并用 k_{AB} 加密产生相应密文 K。使用时，将 AES 算法的明文 K_S 或密文 K 作为当前的会话密钥。

第二节 密钥协商与分发

密钥的协商是保密通信双方（或多方）通过公开信道的通信来共同形成秘密密钥的过程，该过程遵从一定的协议。一个密钥协商方案中，密钥的值是某个函数值，其输入量由两个成员提供。密钥协商的结果是：参与协商的双方都将得到相同的密钥，同时，所得到的密钥对于其他任何方（除可能的可信管理机构 CA 外）都是不可知的。有代表性的密钥协商方案如 Diffie-Hellman 密钥交换算法。

与密钥协商机制中密钥的生成由保密通信双方共同确定不同，密钥的分发是保密通信中的一方生成并选择秘密密钥，然后把该密钥发送给通信参与的其他一方或多方的机制，密钥分发需要由密钥分发协议来进行控制。密钥分发协议是关于密钥分发的规则和约定。

从分发途径的不同来区分，密钥的分发方法有网外分发和网内分发两种方式。

网外分发方式是通过非通信网络的可靠物理渠道携带密钥分发给互相通信的各用户。但影响这种方法适用场合的因素主要包括：随着用户的增多和通信量的增大，密钥量大大增加；密钥必须定期更换才能做到安全可靠，要求密钥更换频繁；电子商务等网络应用中陌生人间的保密通信需求；密钥分发成本过高等问题。

网内分发方式是通过通信与计算机网络的密钥在线、自动分发方式。有两种方法：一种是在用户之间直接实现分配；另一种是设立一个密钥分发中心，由它负责密钥分发。后一种方法已成为使用较多的密钥分发方法。

按照密钥分发内容的不同，密钥的分发方法主要分为秘密密钥的分发和公开密钥的分发两大类。

一、Diffie-Hellman 密钥交换算法

该算法本身限于密钥交换的用途，被许多商用产品用作密钥交换技术，因此该算法通常称为 Diffie-Hellman 密钥交换。这种密钥交换技术的目的在于使得两个用户安全地交换一个秘密密钥以便用于以后的报文加密。

Diffie-Hellman 密钥交换算法的有效性依赖于计算离散对数的难度。简言之，可以如下定义离散对数：首先定义一个素数 p 的原根，为其各次幂产生从 1 到 $p-1$ 的所有整数根，也就是说，如果 a 是素数 p 的一个原根，那么数值

$$a \bmod p, a^2 \bmod p, \cdots, a^{p-1} \bmod p$$

是各不相同的整数，并且以某种排列方式组成了从 1 到 $p-1$ 的所有整数。

对于一个整数 b 和素数 p 的一个原根 a，可以找到唯一的指数 i，使得

$$b = a^i \bmod p \quad \text{其中 } 0 \leqslant i \leqslant (p-1)$$

指数 i 称为 b 的以 a 为基数的模 p 的离散对数或者指数。该值被记为 $\text{ind}_{a,p}(b)$。

基于此背景知识，可以定义 Diffie-Hellman 密钥交换算法。该算法描述如下。

(1) 有两个全局公开的参数，一个素数 p 和一个整数 a，a 是 q 的一个原根。

(2) 假设用户 A 和 B 希望交换一个密钥，用户 A 选择一个作为私有密钥的随机数 $X_A < p$，并计算公开密钥 $Y_A = a^{X_A} \bmod p$。A 对 X_A 的值保密存放而使 Y_A 能被 B 公开获得。类似地，用户 B 选择一个私有的随机数 $X_B < p$，并计算公开密钥 $Y_B = a^{X_B} \bmod p$。B 对 X_B 的值保密存放而使 Y_B 能被 A 公开获得。

(3) 用户 A 产生共享秘密密钥的计算方式是 $K = (Y_B)^{X_A} \bmod p$。同样，用户 B 产生共享秘密密钥的计算是 $K = (Y_A)^{X_B} \bmod p$。这两个计算产生相同的结果：

$$K = (Y_B)^{X_A} \bmod p$$
$$= (a^{X_B} \bmod p)^{X_A} \bmod p$$
$$= (a^{X_B})^{X_A} \bmod p$$
$$= a^{X_B X_A} \bmod p$$
$$= (a^{X_A})^{X_B} \bmod p$$
$$= (a^{X_A} \bmod p)^{X_B} \bmod p$$
$$= (Y_A)^{X_B} \bmod p$$

因此相当于双方已经交换了一个相同的秘密密钥。

（4）因为 X_A 和 X_B 是保密的，一个敌对方可以利用的参数只有 p、a、Y_A 和 Y_B。因而敌对方被迫取离散对数来确定密钥。例如，要获取用户 B 的秘密密钥，敌对方必须先计算

$$X_B = \mathrm{ind}_{a,p}(Y_B)$$

然后再使用用户 B 采用的同样方法计算其秘密密钥 K。

Diffie-Hellman 密钥交换算法的安全性依赖于这样一个事实：虽然计算以一个素数为模的指数相对容易，但计算离散对数却很困难。对于大的素数，计算出离散对数几乎是不可能的。

下面举例说明。密钥交换基于素数 $p = 97$ 和 97 的一个原根 $a = 5$。A 和 B 分别选择私有密钥 $X_A = 36$ 和 $X_B = 58$。每人计算其公开密钥

$$Y_A = 5^{36} = 50 \bmod 97$$
$$Y_B = 5^{58} = 44 \bmod 97$$

在他们相互获取了公开密钥之后，各自通过计算得到双方共享的秘密密钥如下：

$$K = (Y_B)^{X_A} \bmod 97 = 44^{36} = 75 \bmod 97$$
$$K = (Y_A)^{X_B} \bmod 97 = 50^{58} = 75 \bmod 97$$

从 |50, 44| 出发，攻击者要计算出 75 很不容易。

下面再举一个使用 Diffie-Hellman 算法的例子。假设有一组用户（如一个局域网上的所有用户），每个人都产生一个长期的私有密钥 X_A，并计算一个公开密钥 Y_A。这些公开密钥数值，连同全局公开数值 p 和 a 都存储在某个中央目录中。在任何时刻，用户 B 都可以访问用户 A 的公开数值，计算一个秘密密钥，并使用这个密钥发送一个加密报文给 A。如果中央目录是可信任的，那么这种形式的通信就提供了保密性和一定程度的鉴别功能。因为只有 A 和 B 可以确定这个密钥，其他用户都无法解读报文（保密性）。接收方 A 知道只有用户 B 才能使用此密钥生成这个报文（鉴别）。

Diffie-Hellman 算法具有以下两个吸引力的特征。

（1）仅当需要时才生成密钥，减少了将密钥存储很长一段时间而遭受攻击的机会。

（2）除对全局参数的约定外，密钥交换不需要事先存在的基础结构。

然而，该技术也存在以下不足。

（1）没有提供双方身份的任何信息。

（2）它是计算密集性的，因此容易遭受阻塞性攻击，即对手请求大量的密钥。受攻击者花费了相对多的计算资源来求解无用的幂系数而不是在做真正的工作。

（3）没办法防止重演攻击。

（4）容易遭受中间人的攻击。第三方 C 在和 A 通信时扮演 B；和 B 通信时扮演 A。A 和 B 都与 C 协商了一个密钥，然后 C 就可以监听和传递通信量。中间人的攻击按如下进行。

① B 在给 A 的报文中发送他的公开密钥。

② C 截获并解析该报文。C 将 B 的公开密钥保存下来并给 A 发送报文，该报文具有 B 的用户 ID 但使用 C 的公开密钥 Y_C，仍按照好像是来自 B 的样子被发送出去。A 收到 C 的报文后，将 Y_C 和 B 的用户 ID 存储在一起。类似地，C 使用 Y_C 向 B 发送好像来自 A 的报文。

③ B 基于私有密钥 X_B 和 Y_C 计算秘密密钥 K_1。A 基于私有密钥 X_A 和 Y_C 计算秘密密钥 K_2。C 使用私有密钥 X_C 和 Y_B 计算 K_1，并使用 X_C 和 Y_A 计算 K_2。

④ 从现在开始，C 就可以转发 A 发给 B 的报文或转发 B 发给 A 的报文，在途中根据需要修改他们的密文。使得 A 和 B 都不知道他们在和 C 共享通信。

二、会话密钥的分发方式

会话密钥的分发有下列 3 种典型的方式。

1. 用一个密钥加密密钥（Key）加密多个会话密钥

这种方法要求预先通过秘密渠道分配一个用于密钥加密的密钥，而会话密钥可以临时产生，用密钥加密后发送给对方。这种方法的好处：每次通信可临时选用不同的会话密钥，提高了通信的安全性和密钥使用的灵活性。

2. 使用密钥分发中心（KDC）

这种方法中，通信各方建立了一个大家都信赖的密钥分发中心（key-distribution center，KDC），并且每一方都与 KDC 共享一个密钥。在同一个 KDC 中两个用户之间要执行密钥交换时有两种处理方式。

（1）会话密钥由通信发起方生成。

A 与 B 进行保密通信时，A 临时随机地选择一个会话密钥 K_S，用它与 KDC 间的共享密钥 K_A 加密这个会话密钥和希望与之通信的对象 B 的身份后发送给 KDC。

KDC 收到后再用 K_A 解密这个密文获得 A 所选择的会话密钥 K_S，以及 A 希望与之通信的对象 B，然后 KDC 用它与 B 的共享密钥 K_B 来加密这个会话密钥 K_S，以及希望与 B 通信的对象 A 的身份，并将其发送给 B。

B 收到密文后，用它与 KDC 间共享的密钥 K_B 来解密，从而获得 A 要与自己通信和 A 确定的会话密钥 K_S。

然后，A 和 B 就可以用会话密钥 K_S 进行保密通信了。

下面介绍 Wide-Mouth Frog 协议。

① $A \rightarrow$ KDC：$\text{ID}_A \parallel E(T_A \parallel \text{ID}_B \parallel K_S, K_A)$

② KDC $\rightarrow B$：$E(T_B \parallel \text{ID}_A \parallel K_S, K_B)$

A 首先用 K_A 对时间戳 T_A（关于时间戳的讨论见后）、B 的标识 ID_B 和密钥 K_S 加密，并连同 A 的标识 ID_A 一起发送给 KDC。

因为 ID_A 是明文，KDC 知道是 A 发来的，于是用 K_A 解密，得到 $T_A \| ID_B \| K_S$。因此 KDC 知道 A 要与 B 通信，欲交换的会话密钥为 K_S，然后 KDC 用 K_B 对时间戳 T_B、A 的标识 ID_A 和会话密钥 K_S 加密后发送给 B。

由于 K_B 为 KDC 和 B 所共享，所以除 KDC 外只有 B 能解密出 ID_A 和 K_S，从而 B 知道 A 想与之通信且会话密钥为 K_S。

在这种方法中，认证的可靠性建立在 KDC 的可信性之上。A 相信 KDC 会按其要求将报文发送给 B，所以 A 认证其接收方为 B；B 相信 KDC 只会将与其有关的报文发送给他，所以 B 认证其发送方为 A。

该协议假设 A 有能力产生好的会话密钥，但实际上很难达到真随机性。可见该协议对通信方的要求非常高。

（2）会话密钥由 KDC 生成。

会话密钥由 KDC 生成，典型的协议如 Yahalom 协议。

① $A \to B : ID_A \| R_A$
② $B \to KDC : ID_B \| E(ID_A \| R_A \| R_B, K_B)$
③ $KDC \to A : E(ID_B \| K_S \| R_A \| R_B, K_A) \| E(ID_A \| K_S, K_B)$
④ $A \to B : E(ID_A \| K_S, K_B) \| E(R_B, K_S)$

A 先将其标识 ID_A 和其产生的随机数 R_A 发送给 B，表示 A 欲与 B 通信。

B 收到报文后，用 K_B 意定的发送方标识 ID_A、随机数 R_A 和 B 产生的随机数 R_B 加密后发送给 KDC，以申请会话密钥。

KDC 用 K_A 对标识 ID_B、会话密钥 K_S、随机数 R_A 和 R_B 加密，用 K_B 对标识 ID_A 和会话密钥 K_S 加密，并一起发送给 A。

因为 A 拥有 K_A，所以 A 能对报文解密得出 ID_B、K_S、R_A 和 R_B。若解密所得的随机数 R_A 与 A 在步骤①中产生的随机数相同，则 A 认为 B 是其通信对方，然后 A 用 K_S 对 R_B 加密，并连同从 KDC 收到的 $E(ID_A \| K_S, K_B)$ 一起发送给 B。

因为 B 拥有 K_B，所以 B 可解密出 ID_A 和 K_S，进而解密 $E(R_B, K_S)$ 得出 R_B，若解密得出的 R_B 与 B 在步骤②产生的随机数相同，则 B 认为 A 是其通信对方。

这样 A 与 B 均确信各自都在与对方通信，并且双方均获得了会话密钥 K_S。

3．利用公钥技术分发

如图 8-2-1 所示，Alice 的标识为 ID_A，公私钥对为 (K_{eA}, K_{dA})。Bob 的标识为 ID_B，公私钥对为 (K_{eB}, K_{dB})，Alice 想和 Bob 通过网络进行通信，他们采用公开密钥密码体制，加密算法为 E，解密算法为 D，明文为 M，明文的 Hash 值表示为 $H(M)$。但由于明文 M 相对较大，在传输过程中拟采用分组密码算法 AES 对数据进行加密，设计会话密钥协商和分发方案为

$$E_{AES}(ID_A \| ID_B \| M \| T, K_S) \| D(H(M), K_{dA}) \| E(K_S, K_{eB})$$

或 $E_{AES}(ID_A \| ID_B \| M \| T \| D(H(M), K_{dA}), K_S) \| E(K_S, K_{eB})$

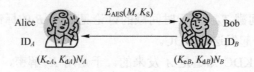

图 8-2-1　密钥协商与分发

三、密钥协商与分发实例

使用 KDC 进行密钥分发一个实际的流行应用是 Kerberos。Kerberos 既是一个 KDC，同时也是一个认证协议，它在多个系统中得到应用，如 Windows2000。Kerberos 最初由美国麻省理工学院（MIT）设计，目前已经发展到第 5 版。详细的 Kerberos 协议请参考相关文献。

电子邮件应用中广泛使用了加密，其特点是不必要通信双方同时在线联系。发送方只需将邮件发送到收方的邮箱中，而接收方可在任何需要的时候读取邮件。在此类应用中，报文的头必须是明文形式，以便由简单邮件传输协议（SMTP）或 X.400 存储-转发邮件协议来进行处理。但是我们通常希望对方发送的邮件加密，并且只有收方能够解密报文。其次，接收方希望保证报文来自意定的发送方，即需要对报文源的认证。

设 A 欲发送邮件 M 给 B，若采用传统密码，则通过如下方案实现密钥的协商与分发：

① $A \to \text{KDC}: \text{ID}_A \| \text{ID}_B \| R_A$

② $\text{KDC} \to A: E(K_S \| \text{ID}_B \| R_A \| E(K_S \| \text{ID}_A, K_B), K_A)$

③ $A \to B: E(K_S \| \text{ID}_A, K_B) \| E(M, K_S)$

因为只有 B 能解密出 K_S 和 ID_A，并进一步解密出 M，所以这种方法确保只有意定的接收方才能读取报文，并确保发送方是 A，从而实现了会话密钥 K_S 的交换和对发送方的认证。

若采用公开密钥密码，则只要发送方对每份报文进行签名，接收方验证签名即可。例如：

$$A \to B: E(M \| D(H(M), K_{dA}), K_{eB})$$

这里 H 是 Hash 函数（关于 Hash 函数的讨论见后）。因为只有 B 解密出 M，所以只有意定的接收方 B 才能读取报文。因为 A 已对报文签名 $D(H(M), k_{dA})$，所以 A 以后不能否认发送过报文 M。

第三节　密钥托管技术

密钥托管技术又称为密钥恢复（key recovery），是一种能够在紧急情况下获取解密信息的技术。它用于保存用户的私钥备份，既可在必要时帮助国家司法或安全部门获取原始明文信息，也可在用户丢失、损坏自己的密钥的情况下恢复明文。因此它不同于一般的加密和解密操作。现在美国和一些国家规定：必须在加密系统中加入能够保证法律执行部门可方便获得明文的密钥恢复机制，否则将不允许该加密系统推广使用。

美国政府 1993 年颁布了 EES 标准（escrow encryption standard），该标准体现了一种新思想，即对密钥实行法定托管代理的机制。如果向法院提供的证据表明，密码使用者是利用密码在进行危及国家安全和违反法律规定的事，经过法院许可，政府可以从托管代理机构取来密钥参数，经过合成运送，就可以直接侦听通信。其后，美国政府进一步改进并提出了密钥托管（key escrow）政策，希望用这种办法加强政府对密码使用的调控管理。

密钥托管的主要作用如下：

（1）防抵赖性。在移动电子商务活动中，通过数字签名即可验证消息发送方的身份并且还可以防止抵赖。但当用户改变了自己的密钥，他就可抵赖没有进行过此电子商务活动。防止这种抵赖有几种办法：一种是用户在改密钥时必须向 CA 说明，不能自己私自改变；另一种是密钥托管，当用户抵赖时，托管人就可出示他们存储的密钥来合成用户的密钥，使用户无法抵赖。

（2）政府监听。政府、法律职能部门或合法的第三方为了跟踪、截获犯罪嫌疑人员的通信，需要获得通信双方的密钥。这时合法的监听者就可通过用户的委托人收集密钥份额后来得到用户密钥，就可进行监听。

（3）密钥恢复。用户遗忘了密钥想恢复密钥，就可从委托人那里收集密钥份额来恢复密钥。

密钥托管方案包括以下几个。

（1）密钥托管标准（EES）。它应用了两个特性：

① 一个保密的加密算法——Skipjack 算法，它是一个对称的分组密码，密码长度为 80bit，用于加/解密用户间通信的信息。

② 为法律实施提供的"后门"部分——法律实施访问域（law enforcement access field，LEAF），通过这个访问域，政府部门可在法律授权下，取得用户间通信的会话密钥。但是 EES 同时也存在一些问题，比如：系统使用的算法 Skipjack 是保密的，托管机构需要大量的数据库来存储托管密钥，如果硬件芯片的密钥被泄露了，整个芯片就永久失效了。

正是由于 EES 存在非常明显的缺陷，遭到了公众的强烈反对而不能推广使用。

（2）门限密钥托管思想。门限密钥托管的思想是将(k, n)门限方案和密钥托管算法相结合。这个思想的出发点是，将一个用户的私钥分为 n 个部分，每一部分通过秘密信道交给一个托管代理。在密钥恢复阶段，在其中的不少于 k 个托管代理参与下，可以恢复出用户的私钥，而任意少于 k 的托管代理都不能够恢复出用户的私钥。如果 $k=n$，这种密钥托管就退化为(n, n)密钥托管，即在所有的托管机构的参与下才能恢复出用户私钥。

（3）部分密钥托管思想。Shamir 首次提出了部分密钥托管的方案，其目的是在监听时延迟恢复密钥，从而阻止了法律授权机构大规模实施监听的事件发生。部分密钥托管，就是把整个私钥 c 分成两个部分 x_0 和 a，使得 $c=x_0+a$，其中 a 是小比特数，x_0 是被托管的密钥。x_0 分成许多分子密钥，它们分别被不同的托管机构托管，只有足够多的托管机构合在一起才能恢复 x_0。监听机构在实施监听时依靠托管机构只能得到 x_0，要得到用户

的私钥 c，就需要穷举搜出 a。

（4）时间约束下的密钥托管思想。政府的密钥托管策略是想为公众提供一个更好的密码算法，但是又保留监听的能力。对于实际用户来说，密钥托管并不能够带来任何好处，但是从国家安全出发，实施电子监视是必要的。因此，关键在寻找能够最大程度保障个人利益的同时又能保证政府监督的体制。

A.K.Lenstra 等提出了在时间约束下的密钥托管方案，它既能较好地保障个人利益，同时又能保证政府监视的体制。时间约束下的密钥托管方案限制了监听机构监听的权限和范围。方案有效地加强了对密钥托管中心的管理，同时也限制了监听机构的权力，保证了密钥托管的安全性，更容易被用户信任与接受。

第四节 秘密共享技术

秘密共享就是将一个密钥分成许多影子密钥，然后秘密地将它们分配给若干参与者，使得某些参与者在同时给出他们的影子密钥时，可以重建出密钥，但当出示影子密钥的人员数量或授权达不到规定要求时，即使你有无限的计算能力，也得不到密钥的任何信息。利用秘密共享技术保管密钥具有如下优点。

（1）为密钥合理地创建了备份，克服了以往保存副本的数量越大，安全性泄露的危险越大，保存副本越小，则副本丢失的风险越大的缺点。

（2）有利于防止权力过分集中而导致被滥用的问题。

（3）攻击者必须获取足够多的子密钥才能恢复出所共享的密钥，保证了密钥的安全性和完整性。

（4）在不增加风险的情况下，增加了系统的可靠性。

秘密共享的这些优点使得它特别适合在分布式网络环境中保护重要数据的安全，是网络应用服务中保证数据安全的最重要工具之一。它不但在密钥管理上极为有用，而且在数据安全、银行网络管理及导弹控制与发射等方面有非常广泛的应用。此外，秘密共享技术与密码学的其他技术也有紧密联系，如它与数字签名、身份认证等技术结合可形成有广泛应用价值的密码学算法和安全协议。

实现秘密共享的方法是通过门限方案，比较典型的门限方案是(t,n)门限。设 t 和 n 为正整数，$t \leq n$。一个(t,n)门限方案就是将密钥 k 分为 n 个影子密钥的一种方法，使得在知道其中 t 个影子密钥时可以恢复密钥 k，但知道的影子密钥个数小于 t 时得不到密钥的任何信息。Shamir 于 1979 年基于拉格朗日内插值多项式提出了一个(t,n)门限方案，在方案中，设 p 是素数，k 是秘密密钥，且 $K \in \mathrm{GF}(p)$。

（1）秘密分发。秘密分发者 D 给 n 个参与者 $P_i(0 \leq i \leq n)$分配份额的过程，即方案的分配算法如下。

① 随机选择一个 $\mathrm{GF}(p)$上的 $t-1$ 次多项式 $f(x) = a_0 + a_1 x + \cdots + a_{t-1} x^{t-1}$ 使得 $f(0)=a_0=k$ 要在各参与者中分享的秘密 D 对 $f(x)$保密。

② D 在 Z_p 中选择 n 个互不相同的非零元素 $x_1, x_2, \cdots, x_n$，计算 $y_i = f(x_i)(0 \leq i \leq n)$。

③ 将(x_i, y_i)分配给参与者$P_i(0 \leq i \leq n)$,值x_i是公开的,y_i作为秘密份额,不公开。

(2) 秘密重构。给定任何t个点,不妨设为前t个点$(x_1, y_1), (x_2, y_2), \cdots, (x_k, y_k)$,由插值公式知

$$f(x) = \sum_{i=1}^{t} y_i \prod_{j=1, j \neq i}^{t} \frac{(x - x_j)}{(x_i - x_j)} \pmod{p}$$

则$k = f(0) = a_0$。

Shamir方案作为一种被广泛选用的门限方案,具有以下优点。

① t个秘密份额可以确定出整个多项式,并可计算出其他的秘密份额。

② 在原有分享者的秘密份额保持不变的情况下,可以增加新的分享者,只要增加后分享者的总数不超过n。

③ 还可以在原有共享密钥未暴露之前,通过构造常数项仍为共享密钥的具有新系数的次多项式,重新计算新一轮分享者的秘密份额,从而使得分享者原有的秘密份额作废。

但同时方案存在以下问题。

① 在秘密分发阶段,不诚实的秘密分发者可分发无效的秘密份额给参与者。

② 在秘密重构阶段,某些参与者可能提交无效的秘密份额使得无法恢复正确秘密。

③ 秘密分发者与参与者之间需点对点安全通道。

以上缺陷可通过对影子密钥的认证来解决。

第五节 公钥基础设施

一、PKI 的概念

公钥基础设施(PKI)是当前解决网络安全的主要方式之一。PKI技术是一种遵循既定标准的密钥管理平台,它的基础是加密技术,核心是证书服务,支持集中自动的密钥管理和密钥分配,能够为所有的网络应用提供加密和数字签名等密码服务及所需要的密钥和证书管理体系。简单来说,PKI就是利用公开密钥理论和技术建立提供安全服务的、具有通用性的基础设施,是创建、颁发、管理、注销公钥证书所涉及的所有软件、硬件集合体,PKI可以用来建立不同实体间的"信任"关系,它是目前网络安全建设的基础与核心。

在通过计算机网络进行的各种数据处理、事务处理和商务活动中,涉及业务活动的双方能否以某种方式建立相互信任关系并确定彼此的身份是至关重要的。而PKI就是一个用于建立和管理这种相互信任关系的安全工具。它既能满足电子商务、电子政务和电子事务等应用的安全需求,又可以有效地解决网络应用中信息的保密性、真实性、完整性、不可否认性和访问控制等安全问题。

二、PKI 的基本组成

PKI一般包括以下10个功能组件:

1．认证中心（CA）

认证中心（CA）是 PKI 的核心组成部分，是证书签发的机构，是 PKI 应用中权威的、可信任的、公正的第三方机构。CA 向主体发行证书，该主体成为证书的持有者。通过 CA 在数字证书上的数字签名来声明证书特有的身份。CA 是信任的起点，各个终端实体必须对 CA 高度信任，因为它们要通过 CA 来保证其他主体。

认证中心又由六部分组成。

（1）签名和加密服务器；
（2）密钥管理服务器；
（3）证书管理服务器；
（4）证书发布和 CLR 发布服务器；
（5）在线证书状态查询服务器；
（6）Web 服务器。

认证中心就是一个用于确保这种信任关系的权威实体，它是 PKI 的核心执行机构，其主要职责包括：①标识证书申请者的身份；②确保 CA 用于签名证书的非对称密钥的质量和安全性；③管理证书信息资料。

2．证书库

证书库是已颁发证书和已经撤销证书的集中存放地，是网上的公共信息库。CA 将证书发送到 X.500 格式的目录服务器上，用户可通过 LDAP 目录访问协议已经颁发的证书、下载证书撤销列表。证书库支持分布式存放。可采用数据库镜像技术，将相关的证书和证书撤销列表从目录服务器下载并存储到本地，以提高证书的查询效率，这是一个大型 PKI 系统的基本应用需求。

3．证书撤销

CA 通过签发证书来绑定用户的身份和公钥，这种绑定关系在已经颁布证书的正常生命周期内是有效的。PKI 一般使用证书撤销列表机制进行证书撤销。证书撤销发生在证书取消阶段。撤销列表 CLR 是带有时间戳的已撤销的以撤销证书列表的数字签约结构，签名由签发机构 CA 签发。CA 根据其运行策略定期更新 CRL，并将 CLR 发布到目录服务器上，以供系统的用户进行查询。验证证书的有效性时，需要检查它是否位于 CRL 中。

4．密钥备份与恢复

公钥密码可用于数字签名和加/解密。与这两种用途对应的有两个密钥对：签名密钥对和加密密钥对。

签名密钥对由签名私钥和解签公钥组成。由于数字签名具有不可否认性，签名私钥只能由所有者一人保存，不能做任何备份和存档，以保证签名施加的唯一性。解签公司需要存档，用于验证旧的数字签名。一旦签名钥丢失，只能重新生成新的签名密钥对。

由于签名私钥不能备份，所以密钥的备份与恢复主要是针对解密私钥。当用户遗忘了解密私钥的访问口令或存储解密私钥的物理介质被破坏时，用加密公钥加密密文数据就无法恢复，所以需要对该密钥进行备份并能够及时恢复。

密钥备份发生在证书的初始阶段。当密钥被用于数据加密时，CA 将对其中的解密私钥进行备份。密钥恢复发生在证书的颁发阶段。当终端用户的解密私钥丢失时，CA从密钥备份和恢复服务中恢复该密钥。

5．自动密钥更新

因为安全的问题，密钥和证书的有效期是有限的，需要定期进行更新。如果是手动更新，这会降低 PKI 的系统的可用性，因为有些用户可能忘记了更新，知道密钥和证书过期，无法获取相关服务。所以自动密钥更新服务是必要的。

自动密钥更新是指 PKI 自动完成密钥和证书的更新，无需用户干预。PKI 会定时检查证书的有效期，在有效期临近结束时，启动更新过程，生成新的密钥对和新的证书，并将证书自动更新到证书库中，该过程与初始化阶段的证书生成和分发类似。在证书颁发时即被赋予一个有效期。一般来说，当密钥和证书的生存期到达有效期的 80%时，自动密钥更新就会发生。这是考虑到 PKI 在处理时耗费的时间和可能的延迟，避免密钥和证书相关操作产生中断。

6．密钥历史档案

密钥更新的存在意味着经过一段时间每个用户都会有多个旧证书和至少一个"当前"证书。这一系列证书和相应的私钥组成用户密钥历史档案。记录整个密钥历史是十分重要的，因为某个用户 5 年前加密的数据无法用现在的私钥解密，这个用户需要从密钥历史档案中找到正确的解密密钥来解密数据。类似地，需要熊哦那个密钥历史档案中找到合适的证书来验证 5 年前的数字签名。PKI 提供管理密钥历史档案的功能，保存所有的密钥，以便正确地备份和恢复密钥，通过查找正确的密钥来解密数据。

7．交叉认证

在不同的 PKI 之间建立信任关系，进行安全通信，就需要进行"交叉认证"，即每个不同的 PKI 用户彼此要验证对方的证书。"交叉认证"是 PKI 中的一个重要的概念，通过把以前无关的 CA 连接在一起，扩大信任域的范围，使各个体群之间的安全通信成为可能。

8．支持不可否认

一个 PKI 用户经常实行与他身份相关的不可否认的操作。PKI 必须能支持避免或阻止否认，这就是不可否认的特点。一个 PKI 本身不可能提供真正完全的不可否认的功能，需要人工分析，判断证据，并作出决断。然而，PKI 必须提供所需要的技术上的证据，以支持决策，并提供数据来源认证和可信时间的数字签名。

9．安全时间戳

支持不可否认的一个关键因素，就是在 PKI 中使用安全时间戳。PKI 中必须有用户可信任的权威时间源，权威时间源提供的时间并不需要正确，仅仅被用作一个参照时间完成基于 PKI 的事务处理。

10．客户端软件

如果用户没有发出请求，PKI 通常不会做什么事。用户最终要在本地平台运行客户端软件来完成请求工作，客户端软件必须询问证书和相关的撤销信息，必须理解密钥历史档案，知道何时请求密钥更新或密钥恢复操作，必须知道何时为文档请求时间戳。没有客户端软件，就不能使用 PKI 提供的功能。客户端软件独立于其他应用程序，应用程序通过标准接口访问客户端软件，再由客户端软件访问 PKI，最终完成用户请求功能。

三、PKI 的安全服务

PKI 作为安全基础设施，为不同的用户提供多种安全服务，这些安全服务可以分为核心服务和支撑服务两大类。

1. 核心服务

核心服务包括认证服务、完整性服务、保密性服务。

认证服务就是确认实体即为自己声明的实体。在应用程序中有实体鉴别和数据来源鉴别两种形式。例如，甲需要验证乙所用证书的真伪。当乙在网络上将证书传送给甲时，甲使用 CA 的公钥解开证书上的数字签名，如果签名通过验证，则证明乙持有的证书是真的；其次，甲还需要验证乙身份的真伪。乙可以将自己的口令用自己的私钥进行数字签名传送给甲，甲已经从乙的证书中或从证书库中查得了乙的公钥，甲就可以用乙的公钥来验证乙的数字签名。如果该签名通过验证，乙在网络中的真实身份就能够确定，并能获得甲的信任；反之，当乙确定了甲的真实身份后，甲乙双方就可以建立相互信任关系。

完整性服务是指数据接收方可以确认收到的数据是否同发送方发出的数据完整一致。这种方法实质是一种数字签名过程，它首先利用 Hash 函数提取数据"指纹"，然后将数据和其"指纹"信息一起发送到对方，对方收到数据后，重新利用 Hash 函数提取数据"指纹"并与接收到的数据"指纹"比对，进而判断数据是否被篡改。如果敏感数据在传输和处理过程中被篡改，接收方就不会收到完整的数据签名，验证就会失败。反之，如果签名通过了验证，就证明接收方收到的是未经修改的完整数据。

保密性服务确保数据的秘密，即除了指定的实体外，无人能读出这段数据。保密性服务提供一种"数字信封"机制，发送方先产生一个对称密钥，并用该对称密钥加密敏感数据。同时，发送方还用接收方的公钥加密对称密钥，就像把它装入一个"数字信封"。随后，把被加密的对称密钥（"数字信封"）和被加密的敏感数据一起传送给接收方。接收方用自己的私钥拆开"数字信封"，并得到对称密钥，再用对称密钥解开被加密的敏感数据。

2. 支撑服务

支撑服务包括安全时间戳、公证服务、不可否认服务。

安全时间戳是证明电子文档在某一特定时间创建或签署的一系列技术，主要运用于以下两个方面：一是建立文档的存在时间；二是延长数字签名的生命期，保证不可否认性。

公证服务提供一种证明数据的有效性和正确性的方法。这种公证服务依赖于需要验证的数据和数据验证方式。在 PKI 中，经常需要验证数据包括 Hash 签名、公钥和私钥等，验证的内容主要是数据的合法性和正确性，验证的方法主要是鉴别签名。

不可否认服务提供一种防止实体对其行为进行抵赖的机制，它从技术上保证实体对其行为的认可。实体的行为多种多样，抵赖问题随时都可能发生，在各种实体行为中，人们更关注发送数据、收到数据、传输数据、创建数据、修改数据以及认同实体行为等的不可否认性。在 PKI 中，由于实体的各种行为只能发生在它被信任之后，所以可通过时间戳标记和数字签名来审计实体的各种行为。通过这种审计将实体的各种行为与时间和数字签名绑定在一起使实体无法抵赖其行为。

四、PKI 的应用

PKI 的应用是非常广泛的，并且在不断地发展之中。以下是 PKI 常应用的实例。

1. 虚拟专用网络（VPN）

通常，企业在架构 VPN 时都会利用防火墙和访问控制技术来提高 VPN 的安全性，这只解决了很少一部分问题，而一个现代 VPN 所需要的安全保障，如认证、机密、完整、不可否认以及易用性等都需要采用更完善的安全技术。就技术而言，除了基于防火墙的 VPN 之外，还可以有其他的结构方式，如基于黑盒的 VPN、基于路由器的 VPN、基于远程访问的 VPN 或者基于软件的 VPN。现实中构造的 VPN 往往并不局限于一种单一的结构，而是趋向于采用混合结构方式，以达到最适合具体环境、最理想的效果。在实现上，VPN 的基本思想是采用秘密通信通道，用加密的方法来实现。事实上，缺乏 PKI 技术所支持的数字证书，VPN 也就缺少了最重要的安全特性。

基于 PKI 技术的 IPSec 协议现在已经成为架构 VPN 的基础，它可以为路由器之间、防火墙之间或者路由器和防火墙之间提供经过加密和认证的通信。虽然它的实现会复杂一些，但其安全性比其他协议都完善得多。由于 IPSec 是 IP 层上的协议，因此很容易在全世界范围内形成一种规范，具有非常好的通用性，而且 IPSec 本身就支持面向未来的协议——IPv6。总之，IPSec 还是一个发展中的协议，随着成熟的公钥密码技术越来越多地嵌入到 IPSec 中，相信在未来几年内，该协议会在 VPN 世界里扮演越来越重要的角色。

2. 安全电子邮件

作为 Internet 上最有效的应用，电子邮件凭借其易用、低成本和高效已经成为现代商业中的一种标准信息交换工具。随着 Internet 的持续增长，商业机构或政府机构都开始用电子邮件交换一些秘密的或是有商业价值的信息，这就引出了一些安全方面的问题。其实，电子邮件的安全需求也是机密、完整、认证和不可否认，而这些都可以利用 PKI 技术来获得。具体来说，利用数字证书和私钥，用户可以对他所发的邮件进行数字签名，这样就可以获得认证、完整性和不可否认性，如果证书是由其所属公司或某一可信第三方颁发的，收到邮件的人就可以信任该邮件的来源，无论他是否认识发邮件的人；另外，在政策和法律允许的情况下，用加密的方法就可以保障信息的保密性。

目前发展很快的安全电子邮件协议是 S/MIME，这是一个允许发送加密和有签名邮件的协议。该协议的实现需要依赖于 PKI 技术。

3. Web 安全

为了透明地解决 Web 的安全问题，最合适的入手点是浏览器。现在，无论是 Internet Explorer 还是 Netscape Navigator 浏览器，都支持 SSL 协议。这是一个在传输层和应用层之间的安全通信层，在两个实体进行通信之前，先要建立 SSL 连接，以此实现对应用层透明的安全通信。利用 PKI 技术，SSL 协议允许在浏览器和服务器之间进行加密通信。此外还可以利用数字证书保证通信安全，服务器端和浏览器端分别由可信的第三方颁发数字证书，这样在交易时，双方可以通过数字证书确认对方的身份。需要注意的是，SSL

协议本身并不能提供对不可否认性的支持，这部分的工作必须由数字证书完成。

结合 SSL 协议和数字证书，PKI 技术可以保证 Web 交易多方面的安全需求，使 Web 上的交易和面对面的交易一样安全。

4．电子商务的应用

PKI 技术是解决电子商务安全问题的关键，综合 PKI 的各种应用，我们可以建立一个可信任和足够安全的网络。在这里，我们有可信的认证中心，典型的如银行、政府或其他第三方。在通信中，利用数字证书可消除匿名带来的风险，利用加密技术可消除开放网络带来的风险，这样，商业交易就可以安全可靠地在网上进行。

网上商业行为只是 PKI 技术目前比较热门的一种应用，必须看到，PKI 还是一门处于发展中的技术。例如，除了对身份认证的需求外，现在又提出了对交易时间戳的认证需求。PKI 的应用前景也绝不仅限于网上的商业行为，事实上，网络生活中的方方面面都有 PKI 的应用天地，不只在有线网络，甚至在无线通信中，PKI 技术都已经得到了广泛的应用。

五、PKI 的发展

随着 PKI 技术应用的不断深入，PKI 技术本身也在不断发展与变化，近年来比较重要的变化有以下方面。

1．属性证书

X.509 V4 增加了属性证书的概念。提起属性证书就不能不提起授权管理基础设施（PMI）。X.509 公钥证书原始的含义非常简单，即为某个人的身份提供不可更改的证据。但是，人们很快发现，在许多应用领域，比如电子政务、电子商务应用中，需要的信息远不止身份信息，尤其是当交易的双方在以前彼此没有过任何关系的时候。在这种情况下，关于一个人的权限或者属性信息远比其身份信息更为重要。为了使附加信息能够保存在证书中，X.509 v4 中引入了公钥证书扩展项，这种证书扩展项可以保存任何类型的附加数据。随后，各个证书系统纷纷引入自己的专有证书扩展项，以满足各自应用的需求。

2．漫游证书

证书应用的普及自然产生了证书的便携性需要，而到目前，能提供证书和其对应私钥移动性的实际解决方案只有两种：第一种是智能卡技术。在该技术中，公钥/私钥对存放在卡上，但这种方法存在缺陷，如易丢失和损坏，并且依赖读卡器（虽然带 USB 接口的智能钥匙不依赖读卡器，但成本太高）；第二种选择是将证书和私钥复制到一张软盘备用，但软盘不仅容易丢失和损坏，而且安全性也较差。

一个新的解决方案就是使用漫游证书，它通过第三方软件提供，只需在任何系统中正确地配置，该软件（或者插件）就可以允许用户访问自己的公钥/私钥对。它的基本原理很简单，即将用户的证书和私钥放在一个安全的中央服务器上，当用户登录到一个本地系统时，从服务器安全地检索出公钥/私钥对，并将其放在本地系统的内存中以备后用，当用户完成工作并从本地系统注销后，该软件自动删除存放在本地系统中的用户证书和私钥。

3．无线 PKI（WPKI）

随着无线通信技术的广泛应用，无线通信领域的安全问题也引起了广泛的重视。将 PKI 技术直接应用于无线通信领域存在两方面的问题：其一是无线终端的资源有限（运算能力、存储能力、电源等）；其二是通信模式不同。为适应这些需求，目前已公布了 WPKI 草案，其内容涉及 WPKI 的运作方式、WPKI 如何与现行的 PKI 服务相结合等。对 WPKI 技术的研究与应用正处于探索之中，它代表了 PKI 技术发展的一个重要趋势。

本 章 小 结

本章介绍了密钥管理的主要内容、原则和保护策略，涵盖了密钥的产生、存储、分配、更新、备份、恢复和销毁的全过程管理，介绍了密钥协商与分发、密钥托管技术和秘密共享技术，最后对公钥基础设施 PKI 进行了介绍。

思考题与习题

1．密钥管理的生命周期包括哪些阶段？
2．传统密码体制密钥分配的基本方法有哪些？
3．公钥密码体制中公钥的分配方法主要有哪些？
4．简述密钥分层管理的基本思想及其必要性。
5．简述证书管理机构 CA 与公钥加密的关系。
6．什么是会话密钥？并说明 KDC 是如何在收、发双方之间创建会话密钥的。
7．假设 A 和 B 已经安全地交换过公钥，在此基础上，A、B 希望用传统体制进行保密通信，则 A、B 之间交换会话密钥的步骤如下：

（1）A 向 B 传送：$E_{e_B}(\text{ID}_A \| N_1)$；

（2）B 向 A 传送：$E_{e_A}(N_1 \| N_2)$；

（3）A 向 B 传送：$E_{e_B}(N_2)$；

（4）A 选择秘密密钥 Ks 并向 B 发送：$m = E_{e_B}(D_{d_A}(k_S))$；

（5）B 计算 $E_{e_A}(D_{d_B}(m)) = k_S$，恢复 k_S。

试解释每一步要达到的目的和各参数的含义。

第九章 中国商用密码算法

本章主要介绍中国商用密码算法标准,包括祖冲之序列密码算法、SM2 椭圆曲线公钥密码算法、SM3 杂凑算法和 SM4 分组密码算法。

第一节 祖冲之序列密码算法(ZUC)

祖冲之算法,简称 ZUC,是一个面向字设计的序列密码算法,其在 128bit 种子密钥和 128bit 初始向量控制下输出 32bit 的密钥字流。祖冲之算法于 2011 年 9 月被 3GPP LTE 采纳为国际加密标准(标准号为 TS 35.211),即第 4 代移动通信加密标准,2012 年 3 月被发布为国家密码行业标准(标准号为 GM/T 0001—2012),2016 年 10 月被发布为国家标准(标准号为 GB/T 33133—2016)。本节简单介绍祖冲之算法,并总结了其设计思想和国内外对该算法安全性分析的主要进展。

3GPP(The 3 rd Generation Partner Project)即第三代合作伙伴计划,是由欧洲电信标准协会(ETSI)、日本无线工业及商贸委员会(ARIB)和电信技术委员会(TTC)、韩国电信技术协会(TTA)以及美国电信标准委员会(TIA)于 1998 年底发起成立的,是一个专门负责制定全球 3G 移动通信标准的计划,我国通信标准协会(CCSA)于 1999 年加入该计划。目前,3GPP 已经囊括了全球最主要的电信标准化协会以及电信运营商和设备提供商,是电信领域全球最具影响力的计划之一。

2004 年,3GPP 开始启动 LTE(long term evolution),旨在确保 3GPP 未来在电信领域的持续竞争力。该计划于 2010 年底被指定为第 4 代移动通信标准,简称 4G 通信标准。LTE 是第 4 代无线通信的主要技术之一,其中安全技术是 LTE 的关键技术,并预留了 16 个密码算法接口。2009 年 5 月,我国推荐以祖冲之算法为核心的保密性算法 128-EEA3 和完整性算法 128-ELA3 在 3GPP 立项,申请成为 3GPP LTE 保密性和完整性算法标准。历经 3GPP SAGE 内部评估、定向学术机构外部评估以及公开评估 3 个阶段评估,于 2011 年 9 月以祖冲之算法为核心的保密性算法 128-EEA3 和完整性算法 128-ELA3 被 3GPP SA 全票通过,正式成为 3GPP LTE 保密性和完整性算法标准,与分别以 AES 和 SNOW 3G 为算法核心的保密性算法和完整性算法共同占用 LTE 中的 3 个算法接口。

祖冲之算法是一个基于字设计的同步序列密码算法,其种子密钥 SK 和初始向量 IV 的长度均为 128bit。在种子密钥 SK 和初始向量 IV 的控制下,每拍输出一个 32bit 的密钥字。祖冲之算法采用过滤生成器结构设计,在线性驱动部分首次采用素域 GF(2^{31}-1)

上的 m 序列作为源序列，具有周期大、随机统计特性好等特点，且在二元域上是非线性的，可以提高抵抗二元域上密码分析的能力；过滤部分采用有限状态机设计，内部包含记忆单元，使用分组密码中扩散和混淆特性好的线性变换和 S 盒，可提供高的非线性。祖冲之算法受益于其结构特点，现有分析结果表明其具有非常高的安全性。

一、算法简介

1．算法结构

祖冲之算法结构主要包含3层，如图9-1-1所示。上层为线性反馈移位寄存器LFSR，中间层为比特重组BR，下层为非线性函数 F。

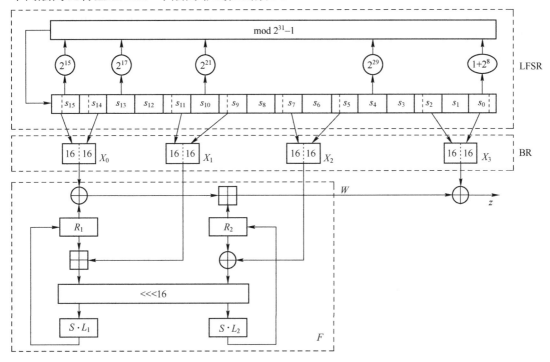

图 9-1-1　祖冲之算法结构图

2．LFSR

LFSR 由 16 个 31bit 的字单元变量 $s_i(0 \leqslant i \leqslant 15)$ 构成，定义在素域 $\mathrm{GF}(2^{31}-1)$ 上，其特征多项式

$$f(x) = x^{16} - (2^{15}x^{15} + 2^{17}x^{13} + 2^{21}x^{10} + 2^{20}x^4 + (2^8+1)) \quad (9\text{-}1\text{-}1)$$

为素域 $\mathrm{GF}(2^{31}-1)$ 上的本原多项式。

设 $\{a_t\}_{t \geqslant 0}$ 为 LFSR 生成的序列，则对任意 $t \geqslant 0$，有

（1） $a_{16+t} = 2^{15}a_{15+t} + 2^{17}a_{13+t} + 2^{21}a_{10+t} + 2^{20}a_{4+t} + (1+2^8)a_t \bmod(2^{31}-1)$。

（2）如果 $a_{16+t} = 0$，则 $a_{16+t} = 2^{31}-1$。

3．比特重组 BR

比特重组 BR 为中间过渡层，其从 LFSR 的寄存器单元变量 $s_0, s_2, s_5, s_7, s_9, s_{11}, s_{14}, s_{15}$ 中

抽取 128bit 组成 4 个 32bit 的字 X_0、X_1、X_2、X_3，以供下层非线性函数 F 和密钥导出函数使用。BR 的具体计算过程如下：

(1) $X_0 = s_{15H} \| s_{14L}$。

(2) $X_1 = s_{11L} \| s_{9H}$。

(3) $X_2 = s_{7L} \| s_{5H}$。

(4) $X_3 = s_{2L} \| s_{0H}$。

式中：s_{iH} 和 s_{iL} 分别表示记忆单元变量 s_i 的高 16 位和低 16 位取值，$0 \leqslant i \leqslant 15$，$\|$ 为字符串连接符。

4．非线性函数 F

非线性函数 F 包含 2 个 32bit 记忆单元变量 R_1 和 R_2，其输入为比特重组 BR 输出的 3 个 32bit 的字 X_0、X_1、X_2，输出为一个 32bit 字 W。F 的计算过程如下。

(1) $W = (X_0 \oplus R_1) \boxplus R_2$。

(2) $W_1 = R_1 \boxplus X_1$。

(3) $W_2 = R_2 \oplus X_2$。

(4) $R_1 = S(L_1(W_{1L} \| W_{2H}))$。

(5) $R_2 = S(L_2(W_{2L} \| W_{1H}))$。

式中：S 为 32bit 的 S 盒变换；L_1、L_2 为 32bit 的线性变换，定义如下。

$$L_1(X) = X \oplus (X <<< 2) \oplus (X <<< 10) \oplus (X <<< 18) \oplus (X <<< 24)$$

$$L_2(X) = X \oplus (X <<< 8) \oplus (X <<< 14) \oplus (X <<< 22) \oplus (X <<< 30)$$

其中：<<< 表示长度为 32bit 的字的左循环移位运算。

5．密钥载入

祖冲之算法种子密钥 SK 和初始向量 IV 长度均为 128bit。密钥载入过程首先将种子密钥 SK 和初始向量 IV 打入到 LFSR 的记忆单元变量 $s_0, s_1, \cdots, s_{15}$ 中作为其初始状态。记为

$$SK = SK_0 \| SK_1 \| \cdots \| SK_{15}$$

和

$$IV = IV_0 \| IV_1 \| \cdots \| IV_{15}$$

式中：SK_i、IV_i 均为 8bit 的位串，$0 \leqslant i \leqslant 15$。

于是，有

$$s_i = SK_i \| d_i \| IV_i \tag{9-1-2}$$

式中：$d_i (0 \leqslant i \leqslant 15)$ 为 15bit 的常数。

然后，令非线性函数 F 的 2 个记忆单元变量 R_1 和 R_2 为 0。

最后，运行初始化迭代过程 32 次，完成密钥载入过程，如图 9-1-2 所示。其中每次初始化迭代过程将依次执行比特重组、非线性函数 F 计算和 LFSR 状态更新 3 个子步骤。在 LFSR 状态更新过程中，非线性函数 F 的输出 W 需要向右移 1 位（舍弃最末 1 位）参与到 LFSR 的反馈计算中。

第九章　中国商用密码算法

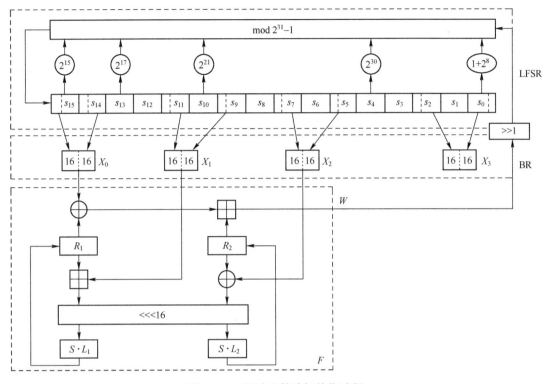

图 9-1-2　祖冲之算法初始化过程

6. 密钥流生成

祖冲之算法在密钥载入之后,首先依次执行比特重组 BR、非线性函数 F 计算和 LFSR 状态更新,完成 1 次迭代过程,在此过程中不输出任何密钥字,然后进入密钥字输出过程。在密钥字输出过程中,算法每迭代 1 次,输出一个 32bit 的密钥字 z:

$$z = W \oplus X_3 \tag{9-1-3}$$

式中:W 为非线性函数的输出;X_3 为比特重组的输出。

二、设计原理

祖冲之算法设计以高安全性作为优先目标,同时兼顾高的软硬件实现性能,在整体结构上可以分为上中下 3 层,其中:

上层为 LFSR,采用素域 $GF(2^{31}-1)$ 上的本原序列,主要提供周期大、统计特性好的源序列。由于素域 $GF(2^{31}-1)$ 上的加法在二元域 $GF(2)$ 上是非线性的,素域 $GF(2^{31}-1)$ 上本原序列可视作二元域 $GF(2)$ 上的非线性序列,其具有权位序列平移等价、大的线性复杂度和好的随机统计特性等特点,并在一定程度上提供好的抵抗现有的基于二元域的密码分析的能力,譬如二元域上的代数攻击、相关攻击和区分分析等。

中层为比特重组 BR,其主要功能是衔接上层 LFSR 和下层非线性函数 F,将上层 31bit 数据转化为 32bit 数据以供下层非线性函数 F 使用。比特重组采用软件实现友好的移位操作和字符串连接操作,其主要目的是打破上层 LFSR 的线性代数结构,并在一定程度上提供抵抗素域 $GF(2^{31}-1)$ 上的密码攻击的能力。

下层为非线性函数 F，其主要借鉴了分组密码的设计思想，采用具有最优差分/线性分支数的线性变换和密码学性质优良的 S 盒来提供好的扩散性和高的非线性。此外，非线性函数 F 基于 32bit 的字设计，采用异或、循环移位、模 2^{32} 加、S 盒等不同代数结构上的运算，彻底打破源序列在素域 $GF(2^{31}-1)$ 上的线性代数结构，进一步提高算法抵抗素域 $GF(2^{31}-1)$ 上的密码分析的能力。

通过上述 3 层的有效结合，祖冲之算法能够抵抗各种已知序列密码分析方法。

三、部件特性

1. LFSR

令 $p=2^{31}-1$，由 LFSR 定义，容易验证其特征多项式 $f(x)$ 为 $GF(p)$ 上的本原多项式，故由 $f(x)$ 生成的任意非 0 序列的周期均为 $T=p^{16}-1\approx 2^{496}$。本节简单介绍与 LFSR 相关的部分密码学性质。

设序列 a 是 $GF(p)$ 上由 $f(x)$ 生成的本原序列，其 2-adic 权位分解为

$$a = a_0 + a_1 2 + a_2 2^2 + \cdots + a_{30} 2^{30} \tag{9-1-4}$$

其中 $a_i(0\leqslant i\leqslant 30)$ 均为 0，1 序列，称为第 i 权位序列。

注意对任意整数 $x = x_0 + x_1 2 + x_2 2^2 + \cdots + x_{30} 2^{30} \in [0, p)$，有

$$2x \bmod p = x_{30} + x_0 2 + x_1 2^2 + \cdots + x_{29} 2^{30} = x <<<_{31} 1 \tag{9-1-5}$$

这里，$<<<_{31}$ 表示长度为 31bit 的字的循环移位操作。于是有以下性质。

性质 9.1 设序列 a 是 $GF(p)$ 上由 $f(x)$ 生成的本原序列，权位序列 $a_i(0\leqslant i\leqslant 30)$ 如上定义。则所有权位序列 $a_i(0\leqslant i\leqslant 30)$ 之间都是相互平移等价的，也就是说，对任意 $1\leqslant i\leqslant 30$，a_i 可以通过 a_0 平移得到。

记素域 $GF(p)$ 上由 $f(x)$ 生成的所有序列 a 组成的集合为 $G(f(x))$。如果对任意 $a,b\in G(f(x))$，都有 $a=b$ 当且仅当 $a_0=b_0$，这里 a_0 和 b_0 分别表示 a 和 b 的第 0 权位序列，亦即最低权位序列，则称序列集合 $G(f(x))$ 是模 2 压缩保熵的。

性质 9.2 设 $f(x)$ 是 $GF(p)$ 上的任意本原多项式序列，则由 $f(x)$ 生成的序列集合 $G(f(x))$ 是模 2 压缩保熵的。

由性质 9.1 和性质 9.2，可得到关于由 $f(x)$ 生成的任意非 0 序列 a 导出的权位序列的周期和线性复杂度性质。

性质 9.3 对任意非 0 序列 $a\in G(f(x))$ 和整数 $0\leqslant i\leqslant 30$，设权位序列如上定义，则有

（1）所有权位序列 a_i 的周期都相等，为 $p^{16}-1\approx 2^{496}$。

（2）所有权位序列 a_i 的线性复杂度都相等，为

$$LC(a_i) = \tau(p^{16}-1)/(p-1) \tag{9-1-6}$$

式中：τ 为素域 $GF(p)$ 上由任意本原元 ζ 生成序列 $\{\zeta^t\}_{t\geqslant 0}$ 的第 0 权位序列的线性复杂度。

设 $J=\{1,2,\cdots,p\}$，$x_1,x_2,\cdots,x_k$ 为 J 上的 k 个相互独立且服从均匀分布的随机元素。

记它们模 p 之和为

$$y = x_1, x_2, \cdots, x_k \bmod p$$

式中：$y \in J$。令 $y = x_1 \oplus x_2 \oplus \cdots \oplus x_k$，对 $0 \leqslant i \leqslant 30$，称

$$\varepsilon_i = \Pr[y_i = u_i] - 1/2$$

为 y 的第 i 比特符合优势，这里 y_i 和 u_i 分别为 y 和 u 在二进制表示下的第 i 比特取值。对于比特符合优势，有下面的结论。

引理 9.1 对任意给定的正整数 k，设 ε_i 为 y 的第 i 比特符合优势，$0 \leqslant i \leqslant 30$，则对任意 $0 \leqslant i \leqslant 30$，有

$$\varepsilon_i = \varepsilon(k,p) = 1/p^k \sum_{0 \leqslant i \leqslant [k/2]} (N_{k,(2i+1)p-1} - N_{k,2ip-1}) - 1/2 \tag{9-1-7}$$

式中：$N_{k,t}$ 表示集合 $J_{k,t} = \{(x_1,x_2,\cdots,x_k) | x_1 + x_2 + \cdots + x_k \leqslant t, x_i \in J, 1 \leqslant i \leqslant k\}$ 中元素的个数。

对于给定的 $k>1$，可以通过递推关系来计算 $N_{k,t}$。

$$N_{k,t} = \sum_{1 \leqslant i \leqslant p} N_{k-1,t-i} \tag{9-1-8}$$

初始值 $N_{k,t}$ 满足：当 $t<1$ 时，$N_{1,t}=0$；当 $1 \leqslant t \leqslant p$ 时，$N_{1,t}=t$，当 $t>p$ 时，$N_{1,t}=p$。

表 9-1-1 列举了 k 取 2，3，4，5，6，7，8 时的单比特符合优势 $\varepsilon(k,p)$ 的值。

表 9-1-1 $k=2$，3，4，5，6，7，8 时 $\varepsilon(k,p)$ 的值

k	$\varepsilon(k,p)$
2	-2^{-32}
3	-2^{-2585}
4	-2^{-33685}
5	2^{-3907}
6	2^{-33322}
7	-2^{-5212}
8	-2^{-33890}

从表 9-1-1 可以看出，当 k 取偶数时，其单比特线性符合优势较小，与 p 的取值大小有关；而当 k 取奇数时，其单比特线性符合优势非常大，一般与 p 的取值大小关系不大，仅由 k 决定。在祖冲之算法中 $k=6$，因此得出性质 9.4。

性质 9.4 祖冲之算法 LFSR 的反馈输入具有低的单比特符合优势。

2. 线性变换 L_1 和 L_2

对任意一个给定长度为 32bit 的串，将其视为由 4 个长度为 8bit 的子串组成的向量 $x = x_0 \| x_1 \| x_2 \| x_3$，这里 $x_i (0 \leqslant i \leqslant 3)$ 为 8bit 的位串。于是，可以定义长度为 32bit 的串的字节重量 $W_B(x)$ 为 x 中不为 0 的字节 $x_i (0 \leqslant i \leqslant 3)$ 的个数。

对给定的线性变换 $y=Lx$，定义其差分分支数 $D_B(L)$ 和线性分支数 $L_B(L)$ 分别为

$$D_B(L) = \min_{x \neq 0} W_B(x) + W_B(Lx)$$

和

$$L_B(L) = \min_{x \neq 0} W_B(x) + W_B(L^T x)$$

式中：L^T 为矩阵转置。

于是，对于 L_1 和 L_2，有性质 9.5。

性质 9.5 线性变换 L_1 和 L_2 均是长度为 32bit 的串上的置换，且它们的差分分支数和线性分支数均达到最大，都等于 5。

3. S 盒 S_0 和 S_1

祖冲之算法采用了 2 个 8×8 的 S 盒 S_0 和 S_1，其中 S_0 采用 3 轮 Feistel 结构构造，具有较低的硬件实现面积和较好的密码学性质；S_1 基于有限域逆函数构造，与分组密码 AES 的 S 盒类似，它们之间仿射等价。表 9-1-2 列举了 2 个 S 盒的主要密码学指标。

表 9-1-2 S_0 和 S_1 的部分性质

指标	S 盒	
	S_0	S_1
差分均匀性	8	4
代数次数	5	7
非线性度	96	112
代数免疫阶	2	2

四、安全性分析

1. 弱密钥分析

弱密钥分析是一种常见的针对序列密码初始化过程的安全性分析方法。对基于 LFSR 设计的序列密码算法而言，有两种常见的弱密钥，即碰撞型弱密钥和弱状态型弱密钥。前者主要是指 2 个不同的密钥初始向量对映射到同一个输出密钥流；后者主要是指 LFSR 在密钥装载并经过初始化过程后的状态为全 0 态。

对祖冲之算法而言，在其早期版本中，非线性函数 F 的输出 W 通过异或 $\oplus$ 参与 LFSR 的反馈更新，由于异或 $\oplus$ 在素域 $GF(p)$ 上是非线性的，其破坏了初始化状态更新函数的单向性，从而存在大量的碰撞型弱密钥。祖冲之算法最新版本已对此进行了修正，能够确保初始化状态更新是一个置换，从而彻底消除了碰撞型弱密钥。

对于弱状态型弱密钥，假设 LFSR 的所有记忆单元取值为 p，其为 LFSR 的全 0 态，非线性函数 F 的两个长度为 32bit 的记忆单元 R_1 和 R_2 取任意值，并以此作为祖冲之算法初始化后的内部状态。攻击者对此内部状态一步步执行初始化逆过程，逐步退回到密钥装载时的初态，则他可以得到 2^{64} 个可能的初态。注意到祖冲之算法在密钥装载时引入了长度为 304bit 的常数，其中 LFSR 引入了长度为 240bit 的常数，非线性函数引入了长度为 64bit 的全 0 值，因此只有当回退回去得到的"初态"中特定位置的取值恰好等于这些预置的常数时，其才是一个"合法"的初态，此时对应的密钥才是弱密钥。实际校验是否存在弱状态型弱密钥，其计算复杂度为 2^{64} 次初始化逆过程。由于祖冲之算法的初始化过程是复杂的非线性迭代，如果将其看成是一个随机置换，则存在这种类型的弱密钥的概率大约为 $2^{64} \times 2^{-304} = 2^{-240}$。因此可以认为不太可能存在弱状态型弱密钥。

2. 线性区分分析

线性区分分析也是一种常见的针对基于 LFSR 设计的序列密码的分析方法，其目的是将目标算法生成的伪随机密钥流同真随机序列区分开来。线性区分分析的基本思想是：寻找输出密钥流与 LFSR 序列源之间的相关性，并利用序列源的线性制约关系获得输出密钥流在不同时刻之间的非平衡线性关系，最后依据这种不平衡性构造区分器将输出密钥流同真随机序列区分开来。对于祖冲之算法，可以首先构造 LFSR 的输出序列与算法输出密钥流之间非平衡线性关系。下面考查非线性函数 F 的 2 轮迭代，如图 9-1-3 所示。

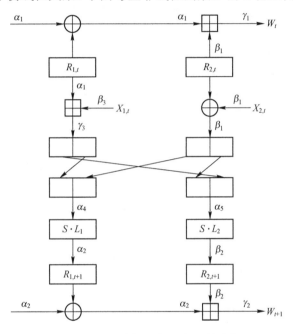

图 9-1-3 非线性函数 F 的 2 轮迭代

在两个相邻时刻 t 和 $t+1$，有

$$(X_{0,t} \oplus R_{1,t}) \boxplus R_{2,t} = W_t \qquad (9\text{-}1\text{-}9)$$

$$(X_{0,t+1} \oplus R_{1,t+1}) \boxplus R_{2,t+1} = W_{t+1} \qquad (9\text{-}1\text{-}10)$$

$$W_1 = R_{1,t} \boxplus X_{1,t} \qquad (9\text{-}1\text{-}11)$$

$$W_2 = R_{2,t} \oplus X_{2,t} \qquad (9\text{-}1\text{-}12)$$

$$R_{1,t+1} = S(L_1(W_{1L} \| W_{2H})) \qquad (9\text{-}1\text{-}13)$$

$$R_{2,t+1} = S(L_2(W_{2L} \| W_{1H})) \qquad (9\text{-}1\text{-}14)$$

在上述公式中只有 S 盒变换和模 2^{32} 加田是非线性的，于是对这些非线性运算全部线性化，有

$$\alpha_1 \cdot (X_{0,t} \oplus R_{1,t}) \oplus \beta_1 \cdot R_{2,t} = \gamma_1 \cdot W_t \qquad (9\text{-}1\text{-}9')$$

$$\alpha_2 \cdot (X_{0,t+1} \oplus R_{1,t+1}) \oplus \beta_2 \cdot R_{2,t+1} = \gamma_2 \cdot W_{t+1} \qquad (9\text{-}1\text{-}10')$$

$$\gamma_3 \cdot W_1 = \alpha_1 R_{1,t} \oplus \beta_3 \cdot X_{1,t} \qquad (9\text{-}1\text{-}11')$$

$$\alpha_2 \cdot R_{1,t+1} = \alpha_4 \cdot (W_{1L} \| W_{2H}) \qquad (9\text{-}1\text{-}13')$$

$$\beta_2 \cdot R_{2,t+1} = \alpha_5 \cdot (W_{2L} \| W_{1H}) \qquad (9\text{-}1\text{-}14')$$

为了消去非线性函数 F 的记忆单元变量 $R_{1,t}, R_{2,t} R_{1,t+1}, R_{2,t+1}$ 和中间变量 W_1 和 W_2，需要线性掩码满足 $\beta_1 = \alpha_{4L} \| \alpha_{5H}$ 和 $\gamma_3 = \alpha_{5L} \| \alpha_{4H}$。此时可得到非线性函数 F 输出 W_t, W_{t+1}，输入 $X_{0,t}, X_{0,t+1}, X_{1,t}$ 和 $X_{2,t}$ 之间的线性逼近关系：

$$\alpha_1 \cdot X_{0,t} \oplus \alpha_2 \cdot X_{0,t+1} \oplus \beta_3 \cdot X_{1,t} \oplus \beta_1 \cdot X_{2,t} = \gamma_1 \cdot W_t \oplus \gamma_2 \cdot W_{t+1} \qquad (9\text{-}1\text{-}15)$$

表 9-1-3 所示为对一个活动 S 盒情况进行搜索时得到最好线性逼近的偏差和相应掩码的取值。

表 9-1-3 最好的偏差为 2^{-226} 的线性逼近的掩码系数 $\alpha_1, \alpha_2, \beta_1, \beta_2, \gamma_1, \gamma_2$ 的取值

掩码系数	值
α_1	01040405
α_2	00300000
β_1	01010405
β_2	01860607
γ_1	01040607
γ_2	00200000

3. 代数攻击

代数攻击是由 Courtois 和 Meier 提出的一种通用密码分析方法，几乎可用于所有密码体制的安全性分析。其基本思想是：把整个密码算法看成是一个超定的代数方程系统，然后利用求解多元多变量方程系统的方法，譬如线性化、重线性化、Grobner 基、XL、F4 以及 F5 等，来求解该代数方程系统，从而恢复出初始密钥或者某个时刻对应的所有内部状态。

对于祖冲之算法，可以考虑通过引入一系列中间变量来建立其相应的二次方程系统。

首先，针对 LFSR 的模 $2^{31}-1$ 加法，可按照如下方法建立其等价的二次方程系统：设 $x, y, z \in J$，$z = x + y \bmod p$，$x = x_{30}x_{29}\cdots x_1 x_0$，$y = y_{30}y_{29}\cdots y_1 y_0$，$z = z_{30}z_{29}\cdots z_1 z_0$，用 c_{i+1} 表示第 i 比特相加的进位，并令 $c_0 = c_{31}$，则有

$$z_i = x_i \oplus y_i \oplus c_i$$

$$c_{i+1} = x_i y_i (x_i \oplus y_i) c_i$$

进一步可得

$$x_{i+1} \oplus y_{i+1} \oplus z_{i+1} = x_i y_i (x_i \oplus y_i)(x_i \oplus y_i \oplus z_i)$$

上述方程实际是在 x, y, z 相邻比特间建立了一个二次代数方程。由该方程，在其左右两边同时乘以 x_i 和 y_i，还可以得到另外两个二次代数方程，容易验证这 3 个二次代数方程线性独立。于是对 $z = x + y \bmod p$ 可以建立 93 个线性独立的二次代数方程。对 LFSR 的反馈更新而言，其由 5 个模 p 加法组成，只需引入 4 个中间变量 y_1, y_2, y_3, y_4 将其表示为两两模加法，例如：

$$y_1 = (1+2^8)s_0 \bmod p$$
$$y_2 = 2^{20}s_4 + y_1 \bmod p$$
$$y_3 = 2^{21}s_{10} + y_2 \bmod p$$
$$y_4 = 2^{17}s_{13} + y_3 \bmod p$$
$$s_{16} = 2^{15}s_{15} + y_4 \bmod p$$

便可将整个反馈计算表示成 465 个线性独立的二次代数方程。

然后，对模 2^{32} 加法田，采用类似的方法，可以建立 1 个线性方程和 93 个线性独立的二次方程。

最后，关于 S 盒 S_0 和 S_1，在它们的输入和输出变元之间可以分别建立 11 个和 39 个线性独立的二次方程。

此外，注意到在非线性函数 F 中模 2^{32} 加法和 S 盒串联在一起，为了对整个非线性函数 F 建立二次代数方程系统，还需要引入中间变量 W_1，考虑攻击者截获 18 个子密钥，此时该方程系统总共涉及 16×31+2×32-1+17(5×31+3×32-2)=4792 个变元和 93+17(93×5+2×93+39+11)=12010 个线性独立的二次代数方程。上述方程系统具体求解的复杂度并不知道，但是利用现有的方法求解似乎是不可能的。

4．猜测确定分析

猜测确定攻击是一种密码分析方法，其基本思想是：通过猜测算法的一部分内部状态，然后结合算法引入的数学关系来导出其他的未确定的内部状态。由于祖冲之算法有 16×31+2×32=560bit 的内部状态，假设在某段时间内，攻击者观察这些内部状态，他能够通过猜测其中 r 位的值来确定其他 560-r 位的取值。则在假设这 560bit 的内部状态在某个时刻的取值是独立均匀分布的条件下，攻击者至少需要(566-r)/32 个密钥字来建立代数方程，才有可能获得剩下的全部未确定比特。对一个成功的猜测确定攻击来说，需要 r<128。此时攻击者至少需要 14 个密钥字，而通过这些密钥字建立的方程将涉及非线性函数的至少 14 个时刻记忆单元 R_1 和 R_2 的取值。由于在祖冲之算法中，非线性函数 F 的记忆单元 R_1 和 R_2 之间的更新机制具有复杂的非线性关系，要想从当前记忆单元的值推导出下一个时刻的记忆单元值，则必须知道当前时刻 R_1 和 R_2 以及输入 X_1 和 X_2 的值。如果攻击者借助复杂的更新机制来从当前时刻记忆单元的值推导出下一个时刻计算单元的取值，则他必须猜测 R_1 和 R_2 以及输入 R_1 和 R_2 的值，共 128bit；如果他直接猜测多个时刻记忆单元 R_1 和 R_2 对应的取值，此时他猜测的比特数目 r 也不小于 128。因此，无论攻击者采取哪种策略，其猜测的比特数目 r 都不小于 128。上述讨论仅是考虑两个时刻对应的非线性函数 F 的记忆单元 R_1 和 R_2 的取值，实际上，攻击中涉及的密钥字个数会远大于 128。相关文献表明，祖冲之算法具有较强的抵抗猜测确定攻击的能力。

5．时间存储数据折中分析

时间存储折中攻击是计算机科学中的一种基本方法，其基本思想是用增加时间的代价换取空间的减少，或者反之，用增加空间的代价换取时间的减少。

设攻击者预计算制作存储表的时间复杂度为 P，存储表需要的空间大小为 M。在线攻击时，攻击者能够获得的数据量为 D，利用这些数据进行时间存储折中攻击时所需要的时间为 T。下面考虑两种常见的时间存储折中攻击方法。

（1）BG-方法。折中曲线为 $MD \geq N$，且 $P=M$，$T=D$，对祖冲之算法而言，$N=2^{560}$，此时 M 和 D 中至少有一个不低于 2^{280}，预计算的复杂度和存储度均太高，攻击不可行。

（2）BS-方法。折中曲线为 $TM^2D^2 \geq N^2$，且 $T^2 \geq D^2$，$N=PD$，对祖冲之算法而言，$N=2^{560}$，取 $M=D=N^{1/3}=2^{187}$，$T=D^2=2^{374}$。上述攻击预计算的复杂度和存储度均太高，攻击同样不可行。

五、小结

本节介绍了祖冲之算法，并总结了祖冲之算法的设计思想和安全性分析进展。祖冲之算法得益于素域 GF（$2^{31}-1$）上的本原序列设计，具有非常高的安全特性，当前国内外针对其安全性分析结果表明祖冲之算法能够抵抗现有已知的序列密码分析方法。

第二节 SM2 椭圆曲线公钥密码算法

SM2 椭圆曲线公钥密码算法分为 4 个部分：总则、数字签名算法、密钥交换协议、公钥密码算法。

SM2 椭圆曲线公钥密码算法推荐使用素数域 256 位椭圆曲线。

椭圆曲线方程：$y_2=x_3+ax+b$。

曲线参数如下：

p=FFFFFFFE FFFFFFFF FFFFFFFF FFFFFFFF FFFFFFFF 00000000 FFFFFFFF FFFFFFFF
a=FFFFFFFE FFFFFFFF FFFFFFFF FFFFFFFF FFFFFFFF 00000000 FFFFFFFF FFFFFFFC
b=28E9FA9E 9D9F5E34 4D5A9E4B CF6509A7 E39789F5 15AB8F92 DDBCBD41 4D940E93
n=FFFFFFFE FFFFFFFF FFFFFFFF FFFFFFFF 7203DF6B 21C6052B 53BBF409 39D54123
G_x=32C4AE2C 1F198119 5F990446 6A39C994 8FE30BBF F2660BE1 715A4589 334C74C7
G_y=BC3736A2 F4F6779C 59BDCEE3 6B692153 D0A9877C C62A4740 02DF32E5 2139F0A0

一、密钥派生函数

密钥对生成函数需要调用密码杂凑函数。设密码杂凑函数为 $H_v()$，其输出是长度恰为 v 比特的杂凑值。密钥派生函数 KDF(Z, klen)。

输入：比特串 Z，整数 klen（表示要获得的密钥数据的比特长度，要求该值小于 $(2^{32}-1)v$）。

输出：长度为 klen 的密钥数据比特串 K。

初始化一个 32bit 构成的计数器 ct=0x00000001；

对 i 从 1 到 $\lceil klen/v \rceil$ 计算 $Ha_i = H_v(Z \| ct)$；

若 klen/v 是整数，令 $Ha!_{\lceil klen/v \rceil} = Ha_{\lceil klen/v \rceil}$，否则令 $Ha!_{\lceil klen/v \rceil}$ 为 $Ha_{\lceil klen/v \rceil}$ 最左边的

$(klen - (v \times \lfloor klen/v \rfloor))$ bit;

令 $K = H_{a_1} \| H_{a_2} \| \cdots \| H_{a_{\lceil klen/v \rceil -1}} \| Ha!_{\lceil klen/v \rceil}$

二、加密算法

（1）产生随机数 $k \in [1, n-1]$。
（2）计算椭圆曲线点 $C_1=[k]G=(x_1, y_1)$。
（3）计算椭圆曲线点 $S=[h]PB$。
（4）若 $S=0$，则报错；若 $S \neq 0$，计算 $[k]PB=(x_2, y_2)$。
（5）计算 $t=KDF(x_2 \| y_2, klen)$。
（6）若 t 为零，则重复步骤（1）～（5）；否则，计算 $C_2=M \oplus t$。
（7）计算 $C_3=Hash(x_2 \| M \| y_2)$。
（8）输出密文 $C=C_1 \| C_2 \| C_3$。

三、解密算法

（1）从密文中取出 C_1。
（2）若 C_1 不满足曲线方程，则报错并退出；否则，计算椭圆曲线点 $S=[h]C_1$。
（3）若 $S=0$，则报错并退出；否则，计算 $[dB]C_1=(x_2, y_2)$。
（4）计算 $t=KDF(x_2 \| y_2, klen)$。
（5）若 t 为全 0，则报错并退出；否则，计算 $M'=C_2 \oplus t$。
（6）计算 $u=Hash(x_2 \| M' \| y_2)$。
（7）若 $u=C_3$，则输出明文 M'；否则，报错并退出。

第三节 SM3 杂凑算法

一、参数定义

对长度为 $l(l<2^{64})$bit 的消息 m，SM3 杂凑算法经过填充和迭代压缩，生成杂凑长度为 256bit。下面首先给出 SM3 的术语及参数定义。

（1）大端（big-endian）：数据在内存中的一种表示格式，规定左边为高有效位，右边为低有效位。数的高阶字节放在存储器的低地址，数的低阶字节放在存储器的高地址。
（2）字：长度为 32bit 的串。
（3）初始值 IV=7380166f4914b2b9172442d7da8a0600a96f30bc163138aae38dee4db0fb0e4e
（4）常量。

$$T_j = \begin{cases} 79cc4519, 0 \leqslant j \leqslant 15 \\ 7a879d8a, 16 \leqslant j \leqslant 63 \end{cases}$$

（5）布尔函数

$$FF_j(X,Y,Z) = \begin{cases} X \oplus Y \oplus Z, & 0 \leqslant j \leqslant 15 \\ (X \wedge Y) \vee (X \wedge Z) \vee (Y \wedge Z), & 16 \leqslant j \leqslant 63 \end{cases}$$

$$GG_j(X,Y,Z) = \begin{cases} X \oplus Y \oplus Z, & 0 \leqslant j \leqslant 15 \\ (X \wedge Y) \vee (\neg X \wedge Z), & 16 \leqslant j \leqslant 63 \end{cases}$$

式中：X, Y, Z 为字。

（6）置换函数。

$$P_0(X) = X \oplus (X \lll 9) \oplus (X \lll 17)$$

$$P_1(X) = X \oplus (X \lll 15) \oplus (X \lll 23)$$

二、杂凑运算步骤

1. 填充

假设消息 m 的长度为 l 比特，首先将比特"1"添加到消息的末尾，再添加 k 个"0"，k 是满足 $l+1+k=448 \bmod 512$ 的最小的非负整数。然后再添加一个 64 位比特串，该比特是长度 l 的二进制表示。填充后的消息 m' 的比特长度为 512 的倍数。

例如：对消息 01100001 01100010 01100011，其长度为 $l=24$，经填充得到比特串：

$$01100001\,01100010\,01100011\,1\underbrace{00\cdots00}_{423\text{bit}}\underbrace{00\cdots011000}_{64\text{bit }l\text{的二进制表示}}$$

2. 迭代压缩

将填充后的消息 m' 按 512bit 进行分组：$m' = B^{(0)}B^{(1)}\cdots B^{(n-1)}$，其中 $n=(l+k+65)/512$，对 m' 按下列方式迭代：

FOR $i=0$ TO $n-1$

    $V^{(i+1)}=\mathrm{CF}(V^{(i)},B^{(i)})$

ENDFOR

其中 CF 是压缩函数，$V^{(0)}$ 为 256bit 初始值 IV，$B^{(i)}$ 为填充后的消息分组，迭代压缩的结果为 $V^{(n)}$。

令 A,B,C,D,E,F,G,H 为字寄存器，SS1,SS2,TT1,TT2 为中间变量，压缩函数 $V^{(i+1)} = \mathrm{CF}(V^{(i)}, B^{(i)}), 0 \leqslant i \leqslant n-1$。计算过程描述如下：

ABCDEFGH $\leftarrow V^{(i)}$

FOR $j=0$ TO 63

    SS1 $\leftarrow ((A \lll 12) + E + (T_j \lll j)) \lll 7$

    SS2 $\leftarrow$ SS1 $\oplus (A \lll 12)$

    TT1 $\leftarrow FF_j(A,B,C)+D+$SS2$+W'_j$

    TT2 $\leftarrow GG_j(E,F,G)+H+$SS1$+W_j$

    D $\leftarrow$ C

$C \leftarrow B <\!\!< 9$
$B \leftarrow A$
$A \leftarrow TT1$
$G \leftarrow F <\!\!< 19$
$F \leftarrow E$
$E \leftarrow P_0(TT2)$
ENDFOR
$V^{(i+1)} \leftarrow ABCDEFGH \oplus V^{(i)}$

其中，字的存储为大端（big-endian）格式。

3．消息扩展

将消息分组 $B^{(i)}$ 按以下方法扩展生成 132 个字 $W_0, W_1, \cdots, W_{67}, W'_0, W'_1, \cdots, W'_{63}$，用于压缩函数 CF：将消息分组 $B^{(i)}$ 划分为 16 个字 $W_0, W_1, \cdots, W_{15}$。

FOR j=16 TO 67
$W_j \leftarrow P_1(W_{j-16} \oplus (W_{j-3} <\!\!< 15)) \oplus (W_{j-13} <\!\!< 7) \oplus W_{j-6}$

ENDFOR
FOR j=0 TO 63
$W'_j = W_j \oplus W_{j+4}$

ENDFOR

输出 256bit 的杂凑值 ABCDEFGH $\leftarrow V^{(n)}$。

第四节　SM4 分组密码算法

SM4 是我国官方公布的第一个商用密码算法，用户 WAPI（WLAN authentication and privacy infrastructure）的分组密码算法。其分组长为 128bit，密钥长度为 128bit。加密算法与密钥扩展算法都采用 32 轮非线性迭代结构。解密算法与加密算法的结构相同，只是圈子密钥的使用顺序相反，解密圈子密钥是加密圈子密钥的逆序。

一、SM4 加、解密算法

SM4 算法以字为单位进行加密处理，一次迭代运算称为一轮变换，假设明文的输入为(X_0, X_1, X_2, X_3)，密文输出为(Y_0, Y_1, Y_2, Y_3)，SM4 一轮迭代当前的输入为$(X_i, X_{i+1}, X_{i+2}, X_{i+3})$，本轮的轮密钥为 rK_i，则一轮的加密变换为

$$X_{i+1} = F(X_i, X_{i+1}, X_{i+2}, X_{i+3}, rK_i)$$
$$= X_i \oplus T(X_{i+1} \oplus X_{i+2} \oplus X_{i+3} \oplus rK_i), \quad i=0,1,\cdots,31$$

$\oplus$ 表示 32bit 的字相异或，T 变化包括 S 变换和 L 线性变换。具体如图 9-4-1 所示。

SM4 算法共需 32 轮迭代，第 29、30、31 和 32 轮迭代输出 X_{32}、X_{33}、X_{34} 和 X_{35} 经过一个 R 变换 $R(X_{32}, X_{33}, X_{34}, X_{35})=(X_{35}, X_{34}, X_{33}, X_{32})$，其中 X_i 为 32 位的字。

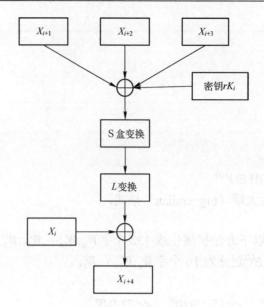

图 9-4-1　SM4 单轮加密

S 盒变换：SM4 采用 4 个并置的 S 盒，每个 S 盒都相同，都为 8 进 8 出 S 盒，SM4 将 32 位的输入分成 4 个字节，分别经过 4 个 S 盒，例如 S 盒的输入为 f_0，通过查表输出为 18，S 盒的构造如表 9-4-1 所列。

表 9-4-1　SM4 的 S 盒

	0	1	2	3	4	5	6	7	8	9	a	b	c	d	e	f
0	d6	90	e9	fe	cc	e1	3d	b7	16	B6	14	c2	28	fb	2c	05
1	2b	67	9a	76	2a	be	04	c3	aa	44	13	26	49	86	06	99
2	9c	42	50	f4	91	ef	98	7a	33	54	0b	42	ed	cf	ac	62
3	e4	b3	1c	a9	c9	08	e8	95	80	df	94	fa	75	8f	3f	a6
4	47	07	a7	fc	f3	73	17	ba	83	59	3c	19	e6	85	4f	a8
5	68	6b	81	b2	71	64	da	8b	f8	eb	0f	4b	70	56	9d	35
6	1e	24	0e	5e	63	58	d1	a2	25	22	7c	3b	01	21	78	87
7	d4	00	46	57	9f	d3	27	52	4c	36	02	e7	a0	c4	c8	9e
8	ea	bf	8a	d2	40	c7	38	b5	a3	f7	f2	ce	f9	61	15	a1
9	e0	ae	5d	a4	9b	34	1a	55	ad	93	32	30	f5	8c	b1	e3
a	1d	f6	e2	2e	82	66	ca	60	c0	29	23	ab	0d	53	4e	6f
b	d5	db	37	45	de	fd	8e	2f	03	ff	6a	72	6d	6c	5b	51
c	8d	1b	af	92	bb	dd	bc	7f	11	d9	5c	41	1f	10	5a	d8
d	0a	c1	31	88	a5	cd	7b	bd	2d	74	d0	12	b8	e5	b4	b0
e	89	69	97	4a	0c	96	77	7e	65	b9	f1	09	c5	6e	c6	84
f	18	f0	7d	ec	3a	dc	4d	20	79	ee	5f	3e	d7	cb	39	48

L 线性变换：设输入为 B，B 为一个 32 位的字，输出为 C，则 L 变换为 $C=L(B)=B \oplus (B<<<2) \oplus (B<<<10) \oplus (B<<<18) \oplus (B<<<24)$，$<<<$ 表示 32bit 字循环左移，L 变换具体如图 9-4-2 所示，CLS 表示 32bit 字的循环左移。

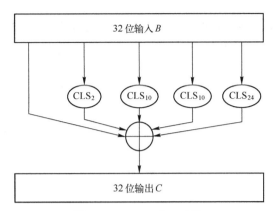

图 9-4-2 SM4 的 L 变换

二、SM4 密钥扩展算法

SM4 算法的解密与加密变换结构相同,只是使用圈子密钥的顺序不同。SM4 加密密钥为 128bit,但每轮迭代的密钥为 32bit,共需要 32 个子密钥,其密钥扩展算法如下。

设加密密钥为 MK=(MK_0, MK_1, MK_2, MK_3),MK_i 为 32bit 的字,i=0,1,2,3,则圈子密钥生成算法如图 9-4-3 所示。其中,(K_0, K_1, K_2, K_3)=($MK_0 \oplus FK_0$, $MK_1 \oplus FK_1$, $MK_2 \oplus FK_2$, $MK_3 \oplus FK_3$),FK_i 为系统参数。具体如表 9-4-2 所列。

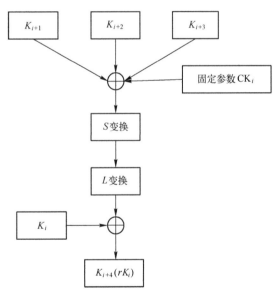

图 9-4-3 SM4 算法圈子密钥生成图

表 9-4-2 SM4 系统参数

FK0	A3B1BAC6
FK1	56AA3350
FK2	677D9197
FK3	B27022DC

SM4 算法圈子密钥生成过程如图 9-4-3 所示。对于 $i=0,1,2,\cdots,31$，$rK_i=K_{i+4}=K_i \oplus T'(K_{i+1} \oplus K_{i+2} \oplus K_{i+3} \oplus CK_i)$，其中变换与加密算法中的迭代变换基本相同，只是线性变换 L 变为 $L(B)=B \oplus (B<<<13) \oplus (B<<<23)$。

CK_i 为固定参数($i=0, 1, 2, \cdots, 31$)，具体如表 9-4-3 所列。

表 9-4-3　固定参数 CK_i

00070e15	1c232a31	383f464d	545b6269
70777e85	8c939aa1	a8afb6bd	c4cbd2d9
e0e7eef5	fc030a11	181f262d	343b4249
50575e65	6c737a81	888f969d	a4abb2b9
c0c7ced5	dce3eaf1	f8ff060d	141b2229
30373e45	4c535a61	686f767d	848b9299
a0a7aeb5	bcc3cad1	d8dfe6ed	f4fb0209
10171e25	2c333a41	484f565d	646b7279

本 章 小 结

本章主要介绍中国商用密码算法标准，包括祖冲之序列密码算法、SM2 椭圆曲线公钥密码算法、SM3 杂凑算法和 SM4 分组密码算法。

第十章 密码技术最新进展

本章重点介绍密码技术的现状和最新的进展情况,包括量子密码、全同态密码、混沌密码、DNA 密码和区块链与密码技术。

第一节 量子密码及后量子密码体制

量子密码是以现代密码学和量子力学为基础、量子物理学方法实现密码思想和操作的一种新型密码体制。这种加密方法是用量子状态来作为信息加密和解密的密钥。量子的一些神奇性质是量子密码安全性的根本保证。

与当前普遍使用的以数学为基础的密码体制不同,量子密码以量子物理原理为基础,利用量子信号实现。与数字密码相比,量子密码方案具有可证明安全性(甚至无条件安全性)和对扰动的可检测性两大主要优势,这些特点决定了量子密码具有良好的应用前景。随着量子通信以及量子计算术的逐渐丰富与成熟,量子密码在未来信息保护技术领域将发挥重要作用。

一、量子密码的起源

最早想到将量子物理用于密码术的是美国科学家威斯纳(Stephen Wiesner)。他于 1970 年提出,可利用单量子态制造不可伪造的"电子钞票"。但这个设想的实现需要长时间保存单量子态,不太现实,并没有被人们接受,但他的研究成果开创了量子密码的先河,在密码学历史上具有划时代的意义。直到 1984 年贝内特(Charles H. Bennett)和布拉萨德(Gilles Brassard)提出著名的量子密钥分配协议,也称为 BB84 方案,由此迎来了量子密码术的新时期。5 年后,他们在实验室里进行了第一次实验,成功地把一系列光子从一台计算机传送到相距 32cm 的另一台计算机,实现了世界上最安全的密钥传送。1992 年,贝内特又提出一种更简单但效率减半的方案,即 B92 方案。经过 30 多年的研究,量子密码已经发展成为密码学的一个重要分支。

量子密码的概念主要建立在"海森堡不确定性原理"及"单量子不可复制定理"之上,"海森堡不确定性原理"是量子力学的基本原理,指在同一时刻以相同精度测定量子的位置与动量是不可能的,只能精确测定两者之一。"单量子不可复制定理"是"海森堡不确定性原理"的推论,它指出在不知道量子状态的情况下复制单个量子是不可能的,因为要复制单个量子就只能先作测量,而测量必然改变量子的状态。

量子密码突破了传统加密方法的束缚,提出了以量子状态作为密钥。因为任何截获或测量量子状态的操作都会改变量子状态,所以量子状态具有不可复制性,因而用其作为密钥是"绝对安全"的。这样,截获者得到的量子状态无任何意义,而信息的合法接收者则可以通过检测量子状态是否改变而知道密钥是否曾被窃听或截获过。也就是讲,量子密码的基本原理是以量子状态作为密钥来传输的,量子在传输过程中若受到窃听就会发生状态的改变,容易被通信的双方检测出来,从而克服了传统密码体制中密钥在传输过程中即使被泄露而通信双方也无法知晓的弊端。所以,量子密码能安全地分发密钥,从而可以使通信双方进行安全的通信。

二、量子密码理论体系

经过 30 多年的研究与发展,逐渐形成了比较系统的量子密码理论体系。其主要涉及量子密钥分配、量子密码算法、量子密钥共享、量子密钥存储、量子密码安全协议、量子身份认证等方面。

1. 量子密钥分配

量子密钥分配(quantum key distribution)是目前量子密码研究的重点。量子密钥分配是指 2 个或者多个通信者在公开的量子信道上利用量子效应或原理来获得密钥信息的过程。人们从量子密钥分配的设计、安全性以及实现等多个方面开展了研究,先后产生了很多种量子密钥分配方案,其中具有代表性的有 BB84 协议和 EPR 协议,还提出了许多改进的方案,如 B92 协议和六态协议。

量子密钥分配需要通过量子比特的传输特性来实现,是一个动态的过程,这个特性使量子密钥的获取需要以下过程:首先产生量子比特,然后经过量子信道发送到需要建立共享密钥信息的其他用户,为了获得最终的密钥,这些用户需要接收并测量他们收到的量子比特串。在不同的方案中量子比特串产生和分配的实现过程和原理不同,BB84 协议中传输的量子比特具有共轭特性,而 EPR 协议中传输的是纠缠量子比特。通信双方在获取了随机的量子比特后,就来检测系统中的噪声和窃听者的干扰等情况。为了获得无条件安全性的量子密钥,还需要数据后处理的过程,如数据纠错和保密加强等,才能获得最终的密钥。

BB84 协议是量子密码中提出的第一个密钥分配协议,该协议于 1984 年由 Bennett 和 Brassard 共同提出。BB84 协议以量子互补性为基础,协议实现简单,却具有无条件的安全性。海森堡不确定性原理和量子不可复制定理保证了 BB84 协议的无条件安全性,协议描述如下:

(1) Alice 以线偏振和圆偏振光子的 4 个偏振方向为基础产生一个随机量子比特串 $S = \{s_1, s_2, s_3, \cdots, s_n\}$。

(2) Alice 通过量子传输信道将量子比特串 S 发送给 Bob。

(3) Bob 随机选择线偏振光子和圆偏振光子作为基序列测量他所接收到的光子。

(4) Bob 通过经典信道通知 Alice 他所选定的测量基序列。

(5) Alice 通知 Bob 所采用的测量基中哪些选择是正确的,哪些是错误的。

(6) Alice 和 Bob 分别保存测量基相同的测量结果,放弃测量基不一致的测量结果。

(7) 根据所选用的测量基序列的出错率来判断是否有窃听者的存在,如果在错误率限制允许的范围内，继续执行下面的步骤，否则中止协议，开始新一轮的传输。

（8）Alice 和 Bob 将量子态编码成二进制比特，由此获得原密钥。

（9）采用数据协调方式（reconciliation）对原始密钥进行纠错处理，然后采用密性放大（privacy amplification）技术对经过数据协调后的密钥作进一步的处理，以提高密钥的保密性，并最终获得安全密钥。

EPR 协议是 1991 年英国牛津大学学者 A. Ekert 采用 EPR 纠缠比特的性质提出的，该协议描述如下。

（1）Alice 通过物理方法产生 EPR 粒子对，将每一个 EPR 粒子对中的 2 个粒子分发给 Alice 和 Bob，使 Alice 和 Bob 各自拥有一个粒子。

（2）Alice 随机地测量她的粒子串，并记录结果。根据 EPR 光子纠缠态的性质，Alice 测量后，粒子对解纠缠，同时确定了 Bob 粒子的量子态。

（3）Bob 测量收到的量子比特串。

（4）Bob 随机地从所检测的结果中选取部分结果，将这些结果通过公共信道告诉 Alice，根据 Bell 理论检测窃听行为是否存在；检测 Alice 和 Bob 的光子是否关联，以此判断是否放弃本次通信。

（5）根据获得的原始密钥，采用数据协调方式对原始密钥进行纠错处理，然后采用密性放大技术对经过数据协调后的密钥作进一步的处理，以提高密钥的保密性，并最终获得安全密钥。

EPR 协议具有极好的安全性，因为量子比特在传输的过程中状态不确定，只有当合法的通信者对纠缠态中的粒子测量后，粒子的状态才确定。

从量子密钥分配的实现过程来看量子密钥的产生、传输与分配实际上是一个通信过程，可以用图 10-1-1 所示的通信模型来描述。该量子密钥分配模型包括量子信源、信道和量子信宿 3 个主要部分。

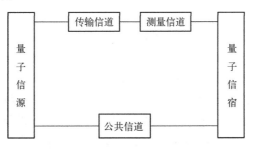

图 10-1-1　量子密钥分配模型

量子信源可定义为输出特定量子符号集的量子系统。在目前所提出的量子密钥分配方案中，量子信源的不同是这些方案的主要不同之处。要产生和分配量子密钥，需要将随机的量子比特串从一方传送到另一方，这个过程需要建立信道。信道是量子密钥分配的重要组成部分，包括量子传输信道、量子测量信道和公共信道。量子传输信道的特性受量子物理学的约束，因此不同于经典传输信道。量子信息本身是不可访问的，要获得可访问的信息必须测量量子比特，也就是说让用户获取量子比特携带的信息。因此，要获取密钥信道，用户必须测量他们的量子比特串，才能获得可访问的信息。实际上，量子信源的不同意味着输出的量子符号集的不同，测量信道的不同意味着测量算符不同，因此，不同的量子信源和测量信道形成了不同的量子密钥分配协议。因为通信双方中一方对另一方的秘密信息的了解程度与旁观者一样，没有什么优势，所以必须借助公共信道来获得最终的密钥，也就是说在量子密钥分配中的公共信道是为了帮助通信双方从已经获得的量子信息中获取可访问的信息。

量子密钥分配理论上具有无条件安全性，但是，在实际应用中还需要考虑由于量子密钥分配系统本身的技术不足所带来的安全性问题。

2. 量子密码算法

与经典密码算法一样，量子密码对数据的保护也是通过变换来实现的。但是，根据量子力学的特征，这种变换必须是幺正变换，因为量子力学中只有幺正变换才可在物理上实现。由于幺正变换一般都是线性变换，这给量子密码算法（quantum cryptographic algorithm）的设计带来了很大的难度。

根据数据加密处理方式，量子加密算法可以分为对称密码算法和非对称密码算法。在对称密码算法中，人们主要研究了量子 Vernam 算法和分组密码算法。在非对称密码算法中，主要是基于量子计算复杂性提出了一些方案。

量子 Vernam 算法与经典 Vernam 算法相比具有明显的优越性。首先，在量子 Vernam 算法中没有密钥管理方面的困难，因为在量子 Vernam 算法中可以方便地使用量子密钥分配协议来获取共享密钥。此外，量子 Vernam 算法中密钥可以无限次地使用。量子 Vernam 算法利用量子密钥分配很容易产生和分配密钥，因此量子 Vernam 算法具有更好的应用价值。

目前，量子密码算法正在研究中，人们试图将经典的密码算法应用在量子密码中，这是一个很值得研究的方向。

3. 量子秘密共享

量子秘密共享（quantum secret sharing）已经成为量子密码的一个重要研究方向，不但在理论上取得了一些成果，在实验上也取得了初步的进展。

1998 年，Hillery 等参照经典秘密共享理论提出了量子秘密共享的概念，并利用 GHZ 三重态的量子关联性设计了一个量子秘密共享方案。此后量子秘密共享引起了人们的广泛关注和兴趣，利用 Bell 纠缠态性质、量子纠错码的特征，以及连续变量量子比特的性质等量子属性，人们设计了一些量子秘密共享方案。其中具有代表性的有日本东京大学提出的两态量子秘密共享算法，澳大利亚学者提出的基于连续变量的量子(m,n)门限方案等。2001 年，瑞士日内瓦大学首次在实验上验证了基于 GHZ 三重态的量子秘密共享方案。但是，已经提出的量子秘密共享体制还存在很多问题需要解决，其方案仍然不是很完善。

4. 量子密钥存储

量子密钥存储（quantum key memory）影响到量子密码的安全性，因此，量子密钥存储对量子密码也是很重要的。研究表明，量子密钥存储可以采用两种方式：一种是将量子比特编码成经典比特，然后按照经典密钥的存储方式保存密钥；还有一种是直接保存量子比特串，这种方法需要使用量子内存或量子寄存器。但是，目前量子密钥存储仅仅是在理论上的证明，在实际中还难以实现长时间的量子密钥存储。因为从目前的技术上来讲，量子密钥存储的时间还很短，而且不稳定。量子存储不仅在量子密码中很重要，而且也是未来实现量子计算机的重要基础。尚有很多问题有待进一步的探讨和研究。

5．量子密码安全协议

量子密码安全协议（security of quantum cryptographic protocol）是量子密码学的重要组成部分。到目前为止，人们在量子比特承诺（quantum bit commitment）、量子掷币协议（quantum coin tossing protocol）、量子不经意传输（quantum obvious transfer）、量子指纹（quantum fingerprinting）、量子数据隐藏等多个方面的研究取得了一定的研究成果。

1984年，Bennett和Brassard在Wiesner思想的基础上提出了著名的BB84协议和量子掷币协议。由于技术上的进步，1997年以前提出的量子掷币协议、量子比特承诺、量子不经意传输都被证明不能抵抗量子纠缠的攻击，也就是说这些方案不具有无条件安全性。因此，研究人员转而研究有条件下的量子安全协议，其主要思路为：在一定的物理条件下实现量子安全协议和在量子计算复杂性条件下的量子安全协议。最近人们还提出了一些具有无条件安全的量子安全协议，如量子指纹等。

6．量子身份认证

在量子密钥分配中，非正交量子比特具有不可同时精确测量的量子属性，虽然这种属性具有主动的检测窃听者和干扰的能力，但是不能检测通信双方的假冒行为。因此，有可能通信信息全部被攻击者截获，从而导致通信的不安全，所以，为了获得安全的密钥，需要对通信双方进行身份认证。因此，量子身份认证（quantum authentication）是很有必要的。

同时还提出了量子签名（quantum signature）这种签名体制，可以分为真实签名和仲裁签名，可用于身份验证和消息确认两个方面。量子签名算法必须遵循以下的安全性准则：不可修改和伪造，即签名完成后，验证者和攻击者不能作任何改动和伪造；不可抵赖，即签字者的抵赖不能成功，同时验证者能够识别签字者；量子属性，即量子签名算法中包含量子力学属性。量子签名算法可通过单钥体制、公钥体制和单向函数等方式实现。但是，国际上量子签名方面的研究论文还很少，很多这方面的问题有待进一步的研究。

三、量子密码攻击形式

攻击一个量子密码系统主要有两类方法，即经典方法和量子方法。量子攻击方法可分为非相干攻击方法和相干攻击方法。非相干攻击就是攻击者独立地给每一个截获到的量子态设置一个探测器，然后测量每一个探测器中的粒子，从而获取信息。相干攻击是指攻击者可通过某种方法使多个粒子比特关联，从而可相干地测量或处理这些粒子比特，进而获取信息。有些经典密码分析方法和策略不但可以在经典密码分析中发挥作用，在量子密码分析中也将起到重要的作用。在某些情况下，经典攻击甚至是一种重要的攻击方式。

下面简单介绍几种经典型的量子攻击方法，它们对量子攻击的分析具有较高的参考价值。

1．截获—测量—重发攻击

截获—测量—重发攻击,即窃听者截获信道中传输的量子比特并进行测量,然后发送适当的量子态给合法接收者,这是最简单的攻击方法之一。

2. 假信号攻击

假信号攻击泛指用自己的量子比特替换合法粒子(或光子),以期利用自己与接收者之间的纠缠来协助达到窃听者的攻击方法。同时,替换以后往往需要辅以其他手段来达到目的。因此,假信号攻击具有多样性,分析起来也相对复杂。

3. 纠缠附加粒子攻击

窃听者在截获信道中的量子比特后,通过幺正操作将自己的附加粒子与合法粒子纠缠起来,然后将合法粒子重新发给接收者,以期利用这种纠缠获取信息,这就是纠缠附加粒子攻击,通常包括截获—纠缠—重发—测量(附加粒子)4 个步骤。这种分析方法在证明协议的安全性时也经常用到。

4. 特洛伊木马攻击

特洛伊木马攻击是另外一种由于实现设备的不完美而存在的攻击方法。在这种攻击中,窃听者可以向通信信道中发送光脉冲,并分析它们用户设备反射回来的光信号以试图得到设备信息。一般来说,这种针对实验设备的不完美性来实施攻击的问题通常可以用某些技术手段来解决。

四、量子密码的研究进展

从量子密码概念的最初提出到今天百千米远的量子密钥分发,以及接近实用化的量子密码传输系统,这一切都是最近几年新的研究成果。在如此短的时间内取得如此重大的进展,反映了量子密码良好的发展前景以及社会对量子密码技术需要的迫切性。不过,由于量子密码技术还处在发展阶段,有许多技术问题需要进一步完善。目前,较为普遍的观点认为,未来量子密码的研究方向如下:

(1)增加传输距离。利用量子中继技术可以增加量子传输距离,量子密码系统要想实现跨洋通信,这一技术是非常重要的。

(2)提高传输率。量子密码要想真正成为一个实用的密码体制,用来加密通信的海量数据,必须提高传输率,同时要减少误码率。

(3)小型化与集成化。要想使量子密码在各个领域得到广泛应用,缩小设备体积以及与其他设备集成是必然的趋势,如果能将量子密码系统集成在一个微小的芯片上是最理想的。

(4)扩展应用领域。随着量子密码理论的不断完善和技术的不断成熟,量子密码的应用领域会不断扩展,如用于数字签名、身份认证协议、量子投票等。

量子密码是近年来国际学术界的一个前沿研究热点。面对未来具有超级计算能力的量子计算机,现行基于解离散对数及因子分解困难度的加密系统、数字签章及密码协议都将变得不安全,而量子密码术则可达到经典密码学所无法达到的两个最终目的:一是合法的通信双方可察觉潜在的窃听者并采取相应的措施;二是使窃听者无法破解量子密码,无论企图破解者有多么强大的计算能力。可以说,量子密码是保障未来网络通信安全的一种重要的技术。随着对量子密码体制研究的进一步深入,越来越多的方案被提出来,近年来无论在理论上还是在实验上都在不断取得重要突破,相信不久的将来量子密码将会在网络通信上得到广泛的应用,我们即将进入一个量子信息时代。

五、后量子密码体制

依赖于量子计算机的高度并行计算能力,将相应的 NP 问题化解为 P 问题是量子计算攻击现代密码学的实质,这一点对基于 NP 困难数学问题而设计的现代公钥密码所潜在的威胁是致命的。而目前尚未发现量子计算对不依赖任何困难问题的对称密码和 Hash 函数等密码算法的量子多项式时间的攻击算法,所以目前量子计算的威胁主要是在公钥密码方面,把具有量子计算安全的公钥密码体制称为"后量子公钥密码体制"。

目前,国际密码学界公认的后量子计算公钥密码体制主要包括基于 Hash 函数的 Merkle 树签名方案、基于纠错码的公钥密码体制、基于格问题的公钥密码体制,以及基于有限域上非线性方程组难解性问题的公钥密码体制等。

1. 基于 Hash 函数的数字签名

基于 Hash 函数的数字签名(主要是指 Merkle 签名方案)来源于一次签名方案。Rabin 于 1978 年首次提出一次签名方案,该方案验证签名时需与签名者交互。Lamport 于次年提出了一个更有效的一次签名方案,该方案并不要求与签名者进行交互;随后 Diffie 将其推广,并建议用 Hash 函数替代基于数学难题的单向函数来提高该机制的效率,所以常将其称为 Lamport-Diffie 一次签名方案。在 Merkle 数字签名方案中,没有过多的理论假设,其安全性仅依赖于 Hash 函数的安全性。

2. 基于纠错码的公钥密码体制

纠错编码公钥密码可理解为加密是对明文进行纠错编码并且加入一定量的错误,解密是运用私钥纠正错误恢复明文。目前尚不存在量子攻击算法,并且经过 30 多年的分析,目前 McEliece 密码方案被认为是最安全的公钥密码体制之一。

3. 基于格的公钥密码体制

格上的一些困难问题已被证明是 NP 困难的,比如最近向量问题、最短向量问题和最小基问题等,与大整数分解等古老问题相比,这些问题出现的历史较短,因此对其还没有深刻的认识与研究,所以 NTRU 的安全性还有待进一步研究。

4. MQ 公钥密码体制

MQ 公钥密码体制也就是多变量二次多项式公钥密码体制,MQ 密码的研究是密码学界的研究热点之一。MQ 公钥密码学孕育了代数攻击的出现,并且许多密码体制,如 AES 都可以转化为 MQ 问题。MQ 公钥密码算法比基于数论的一些公钥密码算法实现效率高。在目前已经构造的 MQ 公钥密码算法中,有一些在蜂窝电话、智能卡 RFID 标签、无线传感器网络等计算能力有限的设备特别适用,这个优势是 RSA 等经典公钥密码算法所不具备的。

在如今量子算法尚未成熟的情况下,虽不能对这些后量子密码体制进行有效破解,但是量子计算机拥有经典计算机无法比拟的优势,并且量子计算机目前正处于发展阶段,即使无法完全破解这些密码体制,也已经有了对这些密码体制方面的探索。

第二节 全同态密码

随着互联网的迅速普及，云计算、语义网、物联网、智慧地球等概念或服务的推出，对网络信息安全提出了更高的要求。对于这些应用，我们可以看到，它都有一个特点，就是信息在网络中传送，在远程处理，或与远程协作处理中，信息系统所处的环境不再是本地的、封闭的、个人的，而是远程的、开放的、共享的。然而，对于我们来说，很多时候是既想要利用网络资源，与别人共享信息，又不想透露涉及个人隐私的信息，那么这时候，同态加密算法的同态性便显示出了其巨大的作用。

在云计算中，数据注定是要以密文的形式存放在云中，这样是最基本也是最重要的一个安全手段。当然，也是让广大用户最放心安全手段。但是，如果数据完全是以密文形式存储在云端的话，那么云也就相当于一个巨大的硬盘，其他服务由于密文的限制很难得到使用。而我们知道，云存储只是云计算的其中一个服务，它主要提供的服务 SaaS、PaaS 就会受到影响。举个例子，如果你写了一个程序，要在云端进行编译，而你上传上去的是密文，那么编译器就无法处理了。如果你要在云端进行图片或视频的格式转换，你上传上去的还是密文，那么云端的软件也无法处理。

在文中，我们的策略是设置一个隐私管理者（privacy manager），它的一个功能就是 obfuscation——以密文形式发送到云端，云端就以密文形式对数据进行处理，返回结果首先要传给隐私管理者，再通过隐私管理者以明文的形式返回处理结果给用户。在这里，用户要有一个密钥，这个密钥隐私管理者是知道的，但是云计算服务提供商无法知道。隐私管理者的实现形式有多种，最简单的就是一个安装在本地的软件。

很显然，同态加密技术就派上用场了。而为了让云端可以对数据进行各种操作，必须使用全同态加密技术，如图 10-2-1 所示，给出了同态加密在云计算的简单实现框图。

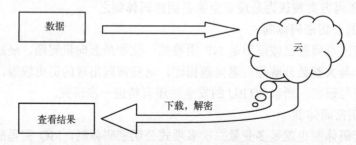

图 10-2-1 同态加密在云计算的简单实现

加密，提交到云上全同态加密原理：

记加密操作为 E，明文为 m，加密得 e，即 $e = E(m)$，$m = E'(e)$。已知针对明文有操作 f，针对 E 可构造 F，使得 $F(e) = E(f(m))$，这样 E 就是一个针对 f 的同态加密算法。

假设 f 是个很复杂的操作，有了同态加密，我们就可以把加密得到的 e 交给第三方，第三方进行操作 F 我们拿回 $F(e)$ 后，一解密，就得到了 $f(m)$。

让我们看看同态加密是如何处理 2+3 这样的问题的：假设数据已经在本地被加密了，2 加密后变为 22，3 加密后变为 33。加密后的数据被发送到服务器，再进行相加运算。

然后服务器将加密后的结果 55 发送回来，本地解密为 5。

若一个加密方案 E 对加法和乘法都具有同态性质，则称方案 E 是一个全同态加密方案。如图 10-2-2 所示。

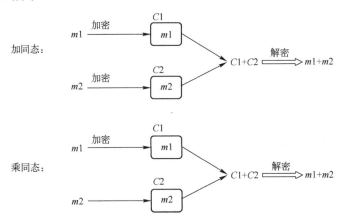

图 10-2-2　加同态与乘同态示意

以下是一个全同态加密方案：

加密参数的选择：q 和 r，密钥：奇数 p。

加密：对明文（bit）m，计算 $c=pq+2r+m$，即为相应的密文。

解密：$m=(c \bmod p) \bmod 2$

公式中的 p 是一个正的奇数，q 是一个大的正整数（没有要求是奇数，它比 p 要大得多），p 和 q 在密钥生成阶段确定，p 看成是密钥。而 r 是加密时随机选择的一个小的整数（可以为负数）。明文 $m \in \{0, 1\}$，是对"位"进行加密的，所得密文是整数。

正确性验证：由于 pq 远大于 $2r+m$，则 $(c \bmod p) = 2r+m$，故 $(c \bmod p) \bmod 2 = (2r+m) \bmod 2 = m$。

下面验证同态性，以加法和乘法为例：两个密文 $c_1=q_1p+2r_1+m_1$，$c_2=q_2p+2r_2+m_2$，则有 $c_1+c_2=(q_1+q_2)p+2(r_1+r_2)+m_1+m_2$，这样，只需要满足条件 $2(r_1+r_2)+m_1+m_2$ 远小于 p，则有 $(c_1+c_2) \bmod p = 2(r_1+r_2)+m_1+m_2$，即该加密满足加同态条件。

$c_1*c_2=p[q_1q_2p+(2r_2+m_2)q_1+(2r_1+m_1)q_2]+2(2r_1r_2+r_1m_2+r_2m_1)+m_1m_2$，因此，只需满足 $2(2r_1r_2+r_1m_2+r_2m_1)+m_1m_2$ 远小于 p，就有 $(c_1*c_2) \bmod p=2(2r_1r_2+r_1m_2+r_2m_1)+m_1m_2$，而 $[(c_1*c_2) \bmod p] \bmod 2 = m_1m_2$，即该加密满足乘同态条件。

有了同态加密，有预谋地盗取敏感数据的情况将成为历史。因为在同态加密环境下，敏感数据总是处于加密状态，而这些加密数据对盗贼来说是没用的。

同态加密是一种加密形式，它允许人们对密文进行特定的代数运算得到仍然是加密的结果，与对明文进行同样的运算再将结果加密一样。换言之，这项技术令人们可以在加密的数据中进行诸如检索、比较等操作，得出正确的结果，而在整个处理过程中无须对数据进行解密。其意义在于，真正从根本上解决将数据及其操作委托给第三方时的保密问题，例如对于各种云计算的应用。利用一项全新的技术，未来的网络服务器无须读取敏感数据即可处理这些数据。

同态加密技术所拥有的无须解密即可对其进行各种操作的性质，使得它有广泛的应用前景。然而由于它的特殊性，使得自 Rivest 等提出之后，长期得不到突破性的进展，同时也影响了它在信息系统中的使用。2009 年，Craig Gentry 提出的全同态加密方案，以及随后对该方案的一些改进，使得它更加具有应用价值。而面对云计算、物联网等新兴网络应用的发展，对信息安全有着更高的要求，又推动了人们对这项技术更深入地研究。

第三节 混沌密码

一、混沌密码概述

自 1989 年 R.Mathews，D.Wheeler，L.M.Pecora 和 Carroll 等首次把混沌理论使用到序列密码及保密通信理论以来，数字化混沌密码系统和基于混沌同步的保密通信系统的研究已引起了相关学者的高度关注。美国海军实验室研究人员首次利用驱动-响应法实现了两个混沌系统的同步，这一突破性的研究成果为混沌理论在通信领域中的应用开辟了道路。随着混沌理论研究的不断发展，国内外许多学者对于基于混沌理论的加密方法设计及其安全性进行了广泛而深入的探讨，并逐步形成了混沌密码学这一新的研究分支。

现代密码按加密方式进行分类，可以分为分组密码和序列密码（流密码）；按密钥管理的方式来划分，可分为公开密钥密码体制和传统密钥密码体制。因为混沌系统具有的宽频谱、类随机特性、对结构参数及初始状态的极端敏感性等一系列性质恰好能够满足保密通信及密码学的基本要求，从目前对混沌密码的研究状况来看，它有可能成为一类具有广阔应用前景的加密方式。

二、混沌密码原理

混沌作为一种非线性现象，有许多独特的性质，正是因为混沌系统所具有的这些基本特性恰好能够满足保密通信及密码学的基本要求，混沌动力学方程的确定性保证了通信双方在收发过程或加解密过程中的可靠性；混沌轨道的发散特性及对初始条件的敏感性正好满足香农提出的密码系统设计的第一个基本原则——扩散原则；混沌吸引子的拓扑传递性与混合性，以及对系统参数的敏感性正好满足香农提出的密码系统设计的第二个基本原则——混淆原则；混沌输出信号的宽带功率谱和快速衰减的自相关特性是对抗频谱分析和相关分析的有力保障，而混沌行为的长期不可预测性是混沌保密通信安全性的根本保障。因此，研究混沌保密通信，不仅对构造新的更安全的加密方法和加密体系有帮助，对进一步深入地理解现有的密码与密码体制也有帮助。

一个密码系统其实也是一个映射，只是它是定义在有限域上的映射。密码系统是一个确定性的系统，它所使用的变换由密钥控制。加解密算法是可以公开的，但密钥却需要严格保密，没有密钥的参与，就不能进行正常的加解密变换。实际上，一个好的密码系统也可以看作一个混沌系统或者是伪随机的混沌系统，如表 10-3-1 所列。

表 10-3-1　混沌与密码学的关系

	混沌理论	密码学
相同点	对初始条件和控制参数的极端敏感性	扩散，通过混合打乱明文统计关系
	类似随机的行为和长周期的不稳定轨道	伪随机序列
	混沌映射通过迭代，将初始域扩展到整个相空间	密码算法通过迭代产生预期的扩散和混乱
	混沌映射的参数	加密算法的密钥
不同点	相空间：实数集	相空间：有限的整数集

下面探讨如何利用混沌设计序列密码的问题。

混沌序列密码实际上是利用混沌映射产生一个混沌序列，然后使用该混沌序列和明文作某种可逆运算，如异或运算，从而完成加密。如果按照香农所提出的一次一密乱码本的思想，序列密码的密钥长度需长于被加密消息的长度，而实际上这是无法实现的。因此，问题就转化为寻找一个短的种子密钥，产生一个周期足够长的伪随机序列。这样构成的混沌序列密码系统，其安全性在很大程度上取决于伪随机序列的随机性。但是，要产生足够复杂、难以寻求规律的伪随机序列其实是非常困难的。因为所有的伪随机序列总存在某种内在的隐性结构。从这个角度来讲，一个好的伪随机序列发生器就是要具有更好的隐性结构，也即具有更难以用统计方法检测出的结构，使得对特定的应用来说，这个伪随机数发生器的内部结构更难以被发现。混沌映射由于其所固有的伪随机特性和遍历特性，很自然地成为了伪随机数发生器的候选者。目前，已经提出了许多基于混沌的伪随机数发生器和混沌伪随机二值序列发生器的构造方法，以及基于混沌的流密码。但这些伪随机序列发生器大都是利用离散的混沌映射在连续域上实现的，很少考虑数字实现的问题。而一般所采用的流加密基本上都是在有限域上实现的，当连续域上的混沌映射数字化后，其性能将下降。例如用计算机生成混沌伪随机数，则原理上没有周期的混沌序列将出现周期性的重复，且周期长度是随机的。目前，对该周期长度的分析尚没有理论结果，数值模拟表明周期长度和计算精度与初值选取有关。其实，混沌映射从理论上说，是在连续域上的一种映射，它没有固定的周期点（或者说它有从周期为 1 一直到周期为无穷的所有周期点），且在各个点都呈现不稳定的状态。但是，当这样的映射数字化以后，运动轨迹会在离散的相空间里呈现稳定状态，映射重新出现周期。很多研究者试图解决这个问题，但至今还没有一个好的理论结果。也有一些方法被提出，如提高计算精度，将多个混沌系统串联起来，以及基于扰动的算法等。

在传统密码学中，出于硬件可实现性的考虑，以及便于安全性分析，采用的是利用线性反馈移位寄存器产生 m 序列的方法。该方法简单易行，但不够安全。而实际上，要想产生足够复杂的伪随机序列，使得一般的统计分析方法不能够找到蕴藏其中的规律，同时，该序列的产生又不太复杂，则只有求助于某种非线性系统，尤其是具有混沌特性的非线性系统。因为只有非线性系统才能在看似简单的系统中产生复杂的行为（如 Logistic 映射），而要满足伪随机序列的遍历性，则又需该系统具有混沌特性。

具体地，利用混沌系统设计流密码主要包括以下几个方面。

（1）混沌序列的生成。

序列密码的目的就是要产生一系列随机的密钥值，并且密钥流必须具有随机性，同时它还应在接收端能够同步生成，否则不能实现解密。多数实际的序列密码都围绕 LFSR 进行设计。由线性反馈移位寄存器所产生的序列中，有些类似 m 序列，具有良好的伪随机性，人们开始曾认为它可以直接作为密钥流，但很快又发现它是可预测的，其密码强度低。

混沌系统具有产生密钥流的天然的优良品质：能产生对参数、初始值敏感的混沌值。所以，用混沌系统产生密钥流是很好的方案。可以用混沌系统产生随机实数值序列、伪随机二值序列、位序列、四值序列。同时，可以由上述各种二进制序列构成随机数序列。所以，既可以用混沌系统设计伪随机二进制序列发生器，也可以用混沌系统设计随机数发生器。

（2）混沌实数值序列。

任何一个混沌系统在一定的条件下都可以产生混沌实数值序列。可以把直接产生的实数值序列作为密钥流用于加密明文信息，但是对于一般混沌系统而言，其实数值序列分布是不均匀的。例如，Logistic 映射的分布就是很不均匀的。所以，直接将数值序列用作密钥流是不可取的。而且，Logistic 映射的相邻点也有非常强的相关性。

（3）混沌伪随机序列的设计。

在实际应用中经常利用混沌系统来产生伪随机二值序列。一般混沌系统产生的实数值序列是不均匀的，不适合直接作为密钥流。但是可以通过一些构造方法对实数值序列进行必要的处理，从而产生伪随机二值序列，经常采用的方法是相空间分割法。

（4）位序列设计。

这种方法的思想就是把混沌实数值序列转化为一定长度的浮点数形式而得到：

$$|x_k| = b_1(x_k)b_2(x_k)\cdots b_i(x_k)\cdots b_L(x_k)$$

其中，$b_i(x_k) \in [0,1]$ 是 x_k 的第 i 位，所需的序列即为 $\{b_i(x_k)\}$，$i = 0,1,2,\cdots,L, k \in Z_q^*$。这样混沌系统每迭代一次就可以获得 L 比特长度的二值序列，在获得同等二值序列的情况下，混沌系统的迭代次数仅是移位寄存器生成方式的 $1/L$，大大减少了获得混沌位序列所需的计算量。

对于每个混沌实数值转化成二值序列还可以作部分改动。对每个实数值不取全部的二进制位，而是引进抽取函数，对每个实数值只抽取部分二进制位，如只取偶数位或奇数位等，这样可以增大密钥强度。

上述针对混沌实数值在(0，1)区间的序列设计可以推广到普遍情况。

假设由一维混沌映射 $x_n = f(x_{n-1}), x_n \in [d,e]$ 获得的序列为 $\{x_n | x_n = f^n(x_0) \in [d,e]\}$，对任意 x_n 有 $(x_n - d)/(e-d) \in [0,1]$，表示成二进制为

$$\frac{x_n - d}{e - d} = b_1(x_n)b_2(x_n)\cdots b_i(x_n)\cdots$$

其中，$b_i(x_n) \in [0,1]$。这样得到一个二进制序列 $\{b_0, b_1, \cdots, b_n\}$：

$$b_1(x_n) = \sum_{r=1}^{2^{l-1}} (-1)^{r-1} \Theta_{(e-d)(r/2^l)+d}(x_n)$$

其中，$\Theta_t(x_n) = \begin{cases} 0, x_n < t \\ 1, x_n > t \end{cases}$

（5）混沌随机数发生器的设计。

随机数发生器是生成序列密码的重要部件，它的好坏直接影响到密钥强度。对一个伪随机序列一般有如下的性能要求。

① 对种子数敏感，即任意两个不同的种子数，产生的序列具有很大的差异。

② 概率分布均匀。

③ 数据点之间统计独立，即在已知点 $\{X_i, X_{i+1}, \cdots, X_{i+k-1}\}$ 的条件下预测 X_k 是困难的。

④ 序列没有周期。

传统的伪随机发生器使用线性同余随机数产生器，它可用公式表示为

$$x_{n+1} = (ax_n + b) \bmod N$$

此处，N 是一个自然数，$x_{n+1} = (ax_n + b) \bmod N$。

此处 N 是一个自然数，$x_n, a, b \in \{0, 1, \cdots, N-1\}$。可以证明，线性同余随机数发生器是有周期的，其周期最大为 N，并且，当下面条件之一满足时，可达到最大周期：

① b 和 N 互素。

② 如果 $N|p$，则 $a-1$ 须为 4 的倍数。

③ 若 N 为 4 的倍数，则 $a-1$ 须为 4 的倍数。

上述 $x_{n+1} = (ax_n + b) \bmod N$ 可以看成是对映射 $x_{n-1} = (ax_n + b) \bmod 1$，$x_n \in \{0,1\}$ 的数字化，而原始映射在 $a>1$ 的时候是混沌的。一些传统的伪随机数发生器本身就具有混沌的特性。因此，很自然也可以考虑采用混沌映射来产生伪随机数。尽管混沌映射具有内在的伪随机性，但是，直接利用它作为伪随机数发生器仍然存在一些问题。如它产生的数据序列不一定均匀分布，相邻的数据点之间具有高度的相关性。

当前混沌序列密码的研究中还存在如下困难和问题：

（1）用于获得序列流加密的混沌系统大都不能给出其分布函数的表达式，对它们的统计特性及线性复杂度等安全性指标的分析还较为困难，对它们的密码学验证基本上停留在数值模拟上，缺乏严密的理论证明。

（2）对某些特定的映射及其变换组合，若配合不当，则二进制输出信号中仍保留原序列的部分信息，如果这些信息又能以较为简单的某种逆运算逐步予以恢复，那么这样构成的输出序列将不能经受住已知明文，尤其是选择明文攻击，从而对保密通信来说是不安全的。

（3）由于计算机实际运算精度有限，因此"混沌序列"的周期性不可避免，这通常会造成输出序列的短周期现象。解决办法有用 m 序列加扰法来克服有限精度，或对混沌映射的系统变量或参数随机扰动来增大周期等。

（4）由于混沌所用的系统是界定在实数上的，而密码学一般处理具有有限整数的系统，如何将实数集上的实数映射成一个有限集上的整数，也是一个值得深入探讨的问题。另外，对混沌密码算法以及相应的攻击方法也有待进一步研究。

第四节 DNA 密码

一、DNA 密码研究现状

DNA 密码是新生的密码，其特点是以 DNA 为信息载体，以现代生物学技术为实现工具，挖掘 DNA 固有的高存储密度和高并行性等优点，实现加密、认证及签名等密码学功能。虽然 DNA 计算的研究对 DNA 密码的发展有一定的贡献，但这种贡献是间接的，Adleman 等提出的 DNA 计算并不能直接成为 DNA 密码。DNA 计算是用 DNA 技术解决计算难题，而在 DNA 密码中，各种生物学难题被研究并用作 DNA 密码系统的安全依据。DNA 密码的加密和解密过程可以看作计算的过程，而并不是所有的 DNA 计算都与保密有关。此外，DNA 密码也不同于遗传密码。遗传密码属于基因工程领域，涉及 DNA 在生物遗传方面的作用。目前，DNA 密码在国际上刚刚起步，有效的 DNA 密码方法较少。下面主要介绍介绍两类提出较早并且具有代表性的 DNA 密码方案：第一类方案是 DNA 加密技术，体现了 DNA 的超高存储密度，但实现困难；第二类方案被称为隐写术，实现相对容易，其用 PCR 技术解密的方法既与 DNA 计算相关联，又在后续的 DNA 密码研究中得到了广泛应用。

1. DNA 加密技术

（1）在 DNA 加密方面，Reif 等利用 DNA 实现了一次一密的加密方式。他认为，一次一密的使用之所以受限制，是因为保存一个巨大的一次一密乱码本非常困难。DNA 具有体积小、存储量大的优点，每克 DNA 就包含有 10^{21} 个碱基，或者说 10^8 TB，几克 DNA 就能够储存世界上现有的所有数据。所以，DNA 非常适合用作存储一次一密乱码本。Reif 的方法考虑到了 DNA 的高容量存储特性，具有潜在的使用价值，也许会成为解决一次一密乱码本存储的有效方法。不过，制备一个能够方便地分离并读取出数据的大规模 DNA 一次一密乱码本非常困难。对于发送者和接收者来说，都要进行目前看来还有些复杂的生物学实验，需要在一个装备精良的实验室里才能实现，因此加密和解密的成本也很高。今后很多年内，上述问题都会严重限制 Reif 方案的可行性。

（2）使用替换的 DNA 加密系统。替换的 DNA 加密系统也就是一次性密码本的替代加密系统。其输入是长为 n 的被分割成固定长度的二进制明文消息。替代的一次性密码本由一张表组成，该表将所有可能的明文字符串映射为固定长度的密文字符，因此存在唯一对应的逆映射。在加密过程中，明文中的每个块被替代表中的密文字符取代，而解密则是反替代过程。在使用替代加密的情况下，希望以随机而可逆的方式，将试管中的 DNA 链（明文消息）转换成另一组完全不同的链（密文消息）。将明文加密为 DNA 密文链，同时将明文链移出。替代算法需要一次性密码本 DNA 序列来完成这种转换。该方法需要有许多小段构成的长的 DNA 密码本，每个小段又包括密文字符及附加在后面的与其相对应的明文。在明文转换成密文的第一步中，可以将字符对 DNA 链看作一张查询表。理想的一次性密码本库是由大量的密码本组成的，每个密码本能提供完全唯一的从随机的明文到密文字符对的映射。关于密码本库的建立，可以借鉴用于基因构造过程中的分割组合以及 DNA 计算中的 DNA 字符加密做法。明文和密文词典的序列字符的设计是面临的第一个技术挑战。就数字意义上来说，人们希望词典是不相交的。在实际应用中，还需要词典对于每一个密码本能够完整地覆盖，并且字符映射必须是唯一的（尽管完全不相关的词典是理想情况，但如果有少许重叠的词典，系统还是可以正常运行的）。

建立用于密码本的明文和密文对的方法有多种。方法之一就是利用溶液中随机组合的一次性密码本。因为很难达到完全覆盖并且还要避免明文或密文字符重复所可能产生的冲突，所以这种方法有一定缺陷（c_1 和 c_2 设置得足够大，就可以使在长度为 n 的密码本中出现重复字符的概率变得非常小，但这样覆盖率就降低了）。这些方法需要：设计两个独特的序列字符词典，其中一个词典用于密文字符，另一个词典用于明文字符。可以用正常的化学合成 DNA 的方法来产生这些词典，这一个合成方法利用了在序列字符特定位置的序列随机性。在耦合反应中加入核苷酸磷就可以达到随机性的目的。因此，能确定所有有着某种复杂结构的可能序列库的合成。例如，RXXYRXRRYX(其中 R=A+G，X=A+C+G+Y，Y=C+T)会产生 16384 个可能的序列。这是一个以有偏随机合成形式生成的字符词典，此词典可用于序列空间受限的区域。为了建立两个词典，可以用两个有偏合成形式使词典重叠的程度最小化。为此，必须注意到这么一个事实：一个核苷酸基将会从明文字符编码里消失，尽管聚合会继续进行，但会在遇到下面的停止序列时停止。如果增加密文字典中相同碱基的比例，那么自然就会减少公用的字符序列。虽然完全不相交的词典是理想的，但系统在有少许可能的词典重叠时仍可运行。合成寡核苷酸包括 3 个部分：第一部分是按照密文字符的有偏形式；第二部分是决定明文字符的形式；第三部分是恒定的停止序列。合成之后，寡核苷酸将会连接在一起，并克隆成适当的矢量。在克隆和传输细胞后，每一个单独的克隆将产生一个独一无二的随机的替代密码本，所以需要的密码本的数目仅取决于细菌副本的个数。

建议采用的方法是使用 DNA 芯片。Affymatrix 使用了包含被 MeNPOC 修改后的磷化学性质，而不是用 DMTr。芯片阵列中，每个像素占 $10\mu m^2$，因此，完整的 12 个碱基序列的阵列约占 $4cm^2$。当使用芯片来显示 CGNNNNCG 序列可能的全部词库时，首先通过屏蔽闪光取消对所选区域的保护，然后连接承载 MeNPOC 保护组的单体基，循环即可在新的位置重复进行。目前，这样的 DNA 芯片是可以买到的，并且单一序列的多个副本可以组合在一个微小的像素内。DNA 芯片的这一微探针阵列在光学上是可寻址的，并且已知的技术可以在阵列的每个点产生独特的 DNA 序列。光引导聚合可以使成千上万的位置并行进行 DNA 合成的化学反应。因此，所得序列的总数远远超过所需要的化学反应的总数。为了准备长度为 L 的寡核苷酸，需要在 $4n$ 个化学反应中合成 $4L$ 个序列。例如，要构造明文/密文对，65000 个长度为 8 的序列需要 32 次合成循环，1.67×10^7 个长度为 10 的序列仅需要 48 次循环。由此生成的每个密码本的词典接近完全覆盖，而且明文和密文对之间也会有接近唯一的字符映射。借助很多已知的技术，这些密文字符和明文字符能随机地组合在一起，通过克隆或 PCR 技术可扩大合成的一次性密码本。

（3）DNA 异或一次性密码本密码系统。传统的密码学中的 Vernam 密码是这样实现的：首先有一个独立随机分布的比特序列 R，然后由此生成一个序列 S 作为一次性密码本。复制一次性密码本,并给发送方和接收方分别发送一份。令 L 等于 S 中还未使用的比特数,即初始时 $L=R$。XOR 是一种运算操作,对于给定的两个逻辑输入,如果输入是相同的,则输出 0;如果输入是不同的,则输出 1。当需要发送的二进制明文消息的长度为 $n<L$ 时,每一比特 M_i 与比特 $K_i=SR-L+i$ 进行异或,可产生加密的比特 $C_i=M_i$ XOR K_i,这里 $i=1, 2, \cdots, n$。S 中已使用的 n 个比特在发送端和接收端就被丢弃,而加密后的序列 $C=(C_1, C_2, \cdots, C_n)$ 被发送到接收端。在接收端,重复同样的过程,即序列 C 与 S 进行逐位比特异或的运算,用完之后丢弃 S 的比特。因为 C_i XOR $K_i=M_i$,$C_i=M_i$ XOR K_i,并且 M_i XOR K_i XOR $K_i=M_i$,异或可交换的性质导致初始消息的复制(对于有效的 DNA 编码,是以四进制的方式进行运算的。因为 DNA 有 4 个核苷酸碱基,所以 DNA 编码与二进制不同,它使用的是模 4 运算。在这种情况下,假设输入明文和一次性密码本是四进制的,则加密就需要使用模 4 运算而不是异或运算,对于解密,需要用密文减去一次性密码本的元素模 4 后的值。为简便起见,仍以二进制的形式讨论)。我们期望以随机而可逆的方式,将试管中的短 DNA 链(明文消息)转换为完全不同的链(密文消息)。假设每个明文消息附加有固定长度为 L_0 的前缀索引标志,每个一次一密的 DNA 序列也有附加的唯一的前缀索引标志,其长度同样为 L_0,这是对明文消息标志的补充。凭借已知的 DNA 重组技术(如退火和粘接),明文消息中每个相关的对和一次一密序列有着相同的标志,因此它们可以粘接成一个单独的 DNA 链。DNA 编码消息可以用逐位比特的异或运算来修改,所以使用一次一密 DNA 序列,明文消息的分段可以转换为密文链。解密的过程是类似的,利用的是逐位比特异或运算的可交换性质。显然,需要寻找一种使向量也可以进行异或的运算方法。一些已知的二进制操作算法和逐位比特异或运算是相似的,但却在需要处理进位比特时有额外的限制。如果有一种方法可以进行加法运算,那么就可以在忽略进位比特的情况下,用这种方法来稍微改变映射关系以反映逐位比特异或的规则,而不使用那些考虑进位比特的比特加法。要获得所需的逐位比特异或的计算方法,可对之前两种已知的生物分子计算技术中的整数加法修改后得到。

Guarnieri,Fliss 和 Bancroft 在重组 DNA 中首次建立了 BMC 加法操作的原型。虽然这一试验工作具有非常大的意义,但是它仍然有某些局限性:①只能对两个数字进行加法运算。所以它并没有用到 BMC 巨大的并行处理的能力。②输出很显然是从输入编码而来,因此它并不允许有重复的操作。他们随后提出了一些基本的运算方法,如加法和减法等。这些算法允许对粘接操作的输出和输入进行更大规模的并行操作,Rubin 等对 BMC 方法用于粘接整数算法进行了试验性的论证。这也是首次通过有限异或运算对 BMC 逻辑可逆计算的论证。这一方法可以直接用于向量异或运算。

另一个已知的可有效地进行一般的二进制加法,尤其是可有效地进行异或运算的方法是利用 DNA 分子瓦的结构。他们的思路是基于 Winfree 等关于在 DNA 自组方面的研究结果以及 Reif 压缩组合方法。为了有效地自我组合,需要首先建立有着特殊的无补体的密码本的分子瓦。分子瓦的原型是由 LaBean 在实验室中建立的。设计这样的分子瓦的目的是基于从代表输入的分子瓦组合创建的初始态,计算的输出可以实现自我重组。更为特别的是,考虑到二进制输入串,一个单独的分子瓦就代表了一个比特。这样设计的分子瓦是为了能够以线性组合代表二进制串。特殊的角分子瓦的使用可以让两个代表二进制输入串的线性分子瓦组合到一起，并且可以创造一个紧密的框架，在这一框架内，输出分子瓦能够很好地组合在一起。LaBean 在这一过程中考虑了无中介的二进制加法或异或。在流程的最后，生成了一个贯穿整个组合的包括两个输入和输出的单独的链。利用这个性质，就可以实现 DNA 的 Vernam 密码。

下面对如何进行逐位比特异或运算作简要介绍。对于消息的每个比特 M_i，构造了一个序列 a_i，它代表了一个长的输入序列的比特。通过利用适当的输入序列，将消息 M 的 n 比特组合为一个序列 $a_1a_2\cdots a_n$ 作为每个二进制输入的染色体支架链。另有一部分染色体支架链 $a'_1 a'_2\cdots a'_n$ 建立在随机输入的基础上，并作为一次性密码本。设想许多最初由 PCR 或适当的技术来创建和克隆的形式如 $a'_1a'_2\cdots a'_n$ 的染色体支架，在发送端和接收端进行分离和存储。当发送端需要加密时，通过引入消息染色体支架、一次性密码本染色体支架、角分子瓦和各种不同的用来完备分子瓦的序列，以及收发端都知道的前缀索引标志等来传递染色体支架。创建输入染色体支架和在支架上组合分子瓦的过程，已由 LaBean 在实验室中成功地实现。最终，加法粘接酶产生了连续的报告链 $R=a_1a_2\cdots a_n \parallel a'_1 a'_2\cdots a'_n \parallel b_1b_2\cdots b_n$（这里 $b_i=a_i$XOR a'_i，$i=1$，2，$\cdots$，n，符号"$\parallel$"表示两个链串联），它贯穿在整个组装过程中，可以通过溶解和净化分子瓦的小序列来提取这一包括了输入消息、密钥和明文的报告链。其步骤是：首先，利用标志序列，根据密文的长度将密文分离；然后存储到压缩表再传送到目的地。XOR 使得与密钥相关联的 Vernam 密码可逆。特别地，当 $b_1b_2\cdots b_n$ 用作输入染色体支架时，根据索引指示，另一个染色体支架来自于存储的 $a'_1a'_2\cdots a'_n$。除此之外，常用的分子瓦重建序列还需加入角分子瓦和粘接酶。在自我组合之后，报告链就被溶解、净化，在标志处断开，这样明文就被提取出来了。可以注意到，分子瓦的建立中引入了容错手段。

2. DNA 隐写术

在 DNA 信息隐藏方面，Celland 等成功地把 "June6 invasion:Normandy" 隐藏在 DNA 微点中，从而实现了基于 DNA 的信息隐藏。他们的方法如下：

（1）编码方式。他们没有采用传统的二进制编码方式，而是把核苷酸看作是四进制编码，用 3 位核苷酸表示 1 个字母。譬如字母 A 用核苷酸序列 CGA 表示，字母 B 用核苷酸序列 CCA 表示。

（2）合成消息序列。把需要传送的消息按上面的编码方式编成相应的 DNA 序列，如 AB 用 CCGCCA 表示。编码结束以后，人工合成相应的有 69 个核苷酸的 DNA 序列，并在 DNA 序列前后各链接上有 20 个核苷酸的 5′和 3′引物。这样，需要隐藏的 DNA 消息序列就准备好了。

（3）信息隐藏。用超声波把人类基因序列粉碎成长度为 50～100 的核苷酸双链，并变性成单链，作为冗余的 DNA 使用，再把含有信息的 DNA 序列混杂到冗余的 DNA 序列中，喷到信纸上形成无色的微点，就可以通过普通的非保密途径传送了。

（4）信息读取。接收方和发送方的共享秘密是编码方式和引物。接收方收到含有消息 DNA 微点的信纸后，提取出微点中的 DNA。由于接收方预先通过安全的途径得到了引物，所以他可以用已有的引物对 DNA 微点中的消息序列进行 PCR 扩增，通过测序得出消息 DNA 序列，然后根据预先约定的编码方式恢复出消息（明文）。

二、DNA 密码、传统密码和量子密码的比较

1. 发展状况

传统密码可以追溯到 2000 多年前的凯撒密码甚至更早，已经基本建立了比较完善的理论体系，目前实际使用的密码都可以算是传统的密码。量子密码诞生于 20 世纪 70 年代，已经有相当的理论基础，但在实现上困难较多，还基本没有投入实际应用。DNA 密码只有不到 10 年的历史，理论尚处于探索阶段，使用代价也比较高昂。

2. 安全性

传统的密码除了一次一密以外，都只具有计算安全性。也就是说，如果攻击者有无限的计算能力，理论上就可以破译这些密码系统。研究表明，量子计算机具有惊人的计算潜力。虽然目前还不能完全确定量子计算机的计算能力，但是存在这样的可能性，即在未来的量子计算机攻击下，传统的密码中将只有一次一密仍然是安全的。量子密码是在现有的理论上不可破译的密码，它的安全性建立在海森堡不确定性定理之上，物理法则保证了这个量子信道的安全性。即使窃听者能够做他想做的任何事情，并且有无限的计算资源，甚至 P=NP，他都不能破译量子密码。任何对量子密码的窃听都会造成密码的改变从而被发现；攻击者无法复制出一个和他所截获的量子完全一样的量子，所以要想不被发现的篡改也是不可能的。因此，通过量子密码进行密钥协商，具有无条件的安全性。DNA 密码主要是以生物学技术的局限性为安全依据，与计算能力无关，因此对量子计算机的攻击也是免疫的。但是这种安全性有多高，能够保持多久，还有待于研究。

3. 使用功能

传统的密码使用最为方便。计算过程可以使用电子计算机、DNA 计算机甚至量子计算机；在传输过程中可以使用电线、光纤、无线信道甚至信使；储存媒介可以使用光盘、磁介质及 DNA 等任何可以存储数据的媒介，并且可以实现公钥加密、私钥加密、身份认证和数字签名等诸多功能。量子密码是在量子信道上实现的，适用于实时通信，不适用于安全数据储存，难以做到像传统密码那样可以轻松实现公钥加密和数字签名等功能。以目前的技术，DNA 密码只能用物理的方法传送。但 DNA 所具有的超大规模并行计算能力、超低的能量消耗和超高密度的信息存储能力，使得 DNA 密码在对实时性要求不高的大规模并行数据加密、安全数据存储，以及身份认证、数字签名和信息隐藏等密码学应用中具有独特的优势。DNA 也可以用来制作难以伪造的商业合同、现金支票以及身份识别卡等。

由于传统密码、DNA 密码和量子密码都还在发展之中，尤其是后两者都还有很多问题没有研究清楚，目前很难准确预测未来密码界的发展。但从上述分析可以看出，在未来相当长的时间内，这 3 种密码很可能是互相补充共同发展而不是某一个被彻底淘汰。

三、DNA 密码的发展趋势

DNA 密码的研究还处于探索阶段，准确预测其未来的发展还不太现实。考虑到生物学技术的发展以及密码学的需求，有关专家对今后 DNA 密码的发展提出了如下建议。

（1）实现 DNA 密码要以现代生物学为工具，以生物学难题作为主要安全依据，充

分发掘 DNA 密码独特的优势。加密和解密的过程就是对数据进行变换的过程。在电子计算机和互联网络高速发展的今天，这些变换过程如果能够用数学来描述，常常比物理或者化学变换要容易实现。其他类型的密码系统能够存在，就应该具备比现有的密码系统更好的安全性或者更高的数据密度等特性，不能或者不易用数学方法和电子计算机来实现。DNA 密码要能够存在和发展，就必须充分挖掘 DNA 密码的优势，利用 DNA 所具有的体积小的特性，实现纳米级的存储；利用 DNA 的超大规模并行特性，实现加密和解密的快速化；利用人类还不能破译但是能够利用的生物学难题，作为 DNA 密码的安全依据，以实现能够抵抗量子攻击的新型密码系统。由于目前还无法完全确定量子计算机对各种数学难题的威胁，DNA 密码的安全依据也不应完全排斥数学难题。考虑到 DNA 计算的巨大并行能力，用电子计算机难以实现的加密和解密也许可以用 DNA 计算机轻松实现。如果这种算法能够抵御量子计算机的攻击，这种计算的安全性就可以用于 DNA 密码中。所以，DNA 密码与传统的密码并不是完全互相排斥的，有可能把二者结合起来形成混合的密码系统。

（2）安全性要求。不管 DNA 密码和传统的密码有多么不同，它同样要遵守密码的共同特性。DNA 密码的通信模型仍然是由发送者和接收者组成的，双方通过安全的或认证的途径获得密钥，然后可以通过不安全或非认证的途径传递密文进行通信。对于 DNA 密码的安全性要求也仍然应该以 Kerckhoff 提出的假设为依据：一个密码系统的安全性必须仅依赖其解密密钥，亦即在一个密码系统中除解密密钥外，其余的加/解密算法等均应为假设破译者完全知道。只有在这个假设下，破译者若仍然无法破解密码系统，此系统方有可能称为安全。具体地说，就是假定破译者知道密码的设计者所用的基本生物学方法，并且有足够的知识和精良的实验室设备能够重复设计者的操作。破译者所不知道的，只有密钥。在 DNA 密码中，密钥通常是某些生物学材料的实物或制备流程，或者实验条件等。

（3）DNA 密码现阶段的研究目标是以安全且容易实现为主，存储密度为次。一个好的密码系统，既要是安全的，还要是容易实现的。现代生物技术的发展，使得科学家可以用 DNA 来表达数据。但是，这方面的技术还是刚刚起步。目前，对只有纳米级的 DNA 直接操作很困难，只能通过 PCR 等生物学扩增技术，把 DNA 序列大量扩增后，在各种限制性酶的帮助下操控 DNA 序列。在当前的技术水平下，还远远不能用几克 DNA 存储世界上所有的数据。如果一味追求存储密度的提高，就难以在现有的技术水平下实现 DNA 密码。现阶段，把大量的 DNA 所表现出来的群体性质用于密码学更实际一些。比如，采用 DNA 芯片来储存数据并用杂交来读取数据，可以实现快速方便的数据输入和输出。虽然 DNA 芯片的数据存储密度要比直接用核苷酸编码的方法低，但是实现起来要容易得多。

（4）DNA 密码现阶段的主要任务是建立起 DNA 密码的基本理论依据，积累研制 DNA 密码的实际经验。可以肯定的是，DNA 具有用于高密度数据存储和超大规模并行计算的潜力，这是研究 DNA 计算和 DNA 密码的动力。现在的目标和难点是如何充分挖掘和利用这些潜力，这方面的研究在国际上也是刚刚起步。无论是 DNA 计算，还是 DNA 密码，都还没有建立起完善的理论。现代生物学仍然是偏重于实验而不是偏重于理论。一个

DNA 密码系统的安全性所依据的生物学难题有多么难，相应的密码系统有多么安全，这些都还没有有效的方法来衡量。如何建立起类似于计算复杂度理论的方法来评估生物学难题的难度，是一个迫切需要解决的问题。所以，现阶段最重要的工作是发掘 DNA 可用于计算和加密方面的优良特性，建立起 DNA 密码的理论依据并积累 DNA 密码的研制经验，为研制安全且方便实用的 DNA 密码系统打下基础。目前 DNA 密码处于研究的初期，还有很多问题有待解决。但是 DNA 分子所固有的超大规模并行性，超低的能量消耗和超高的存储密度，使得 DNA 密码能够具有传统的密码系统所不具有的独特优势。正如 Adleman 所说，生物分子可以用于分子计算等非生物学的应用。在这样的应用中，生物分子代表了自然界演化了 30 亿年的未经开发的遗产，有巨大的开发潜力。

第五节　区块链与密码技术

区块链不是一项新技术，而是一个新的技术组合。其关键技术包括 P2P 动态组网、基于密码学的共享账本、共识机制、智能合约等技术；科技史上大部分创新都是与生产力有关的，提升效率，让人做更少工作，让机器做更多工作；区块链带来的最主要的颠覆却是生产关系上的；互联网实现了信息的传播，区块链实现了价值的转移；区块链可以看作"价值互联网"的基础协议，类似于"信息互联网"的 HTTP 协议，二者都是建立在 TCP/IP 协议之上的应用层协议。

一、区块链的定义

狭义来讲，区块链是一种按照时间顺序将数据区块以顺序相连的方式组合成的一种链式数据结构，并以密码学方式保证的不可篡改和不可伪造的分布式账本（分布式数据库），如图 10-5-1 所示。

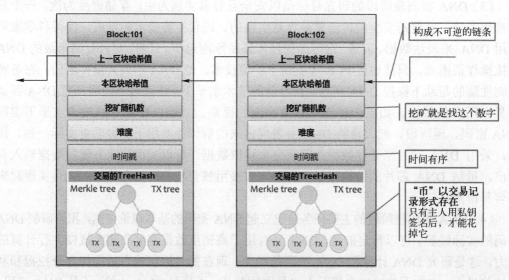

图 10-5-1　区块链结构示意图

广义来讲，区块链技术是利用块链式数据结构来验证与存储数据、利用分布式节点共识算法来生成和更新数据、利用密码学的方式保证数据传输和访问的安全、利用由自动化脚本代码组成的智能合约来编程和操作数据的一种全新的分布式基础架构与计算范式。

上述定义的进一步解释如下。

（1）一个分布式的链接账本，每个账本就是一个"区块"。

（2）基于分布式的共识算法来决定记账者。

（3）账本内交易由密码学签名和哈希算法保证不可篡改。

（4）账本按产生的时间顺序链接，当前账本含有上一个账本的哈希值，账本间的链接保证不可篡改。

（5）所有交易在账本中可追溯。

二、区块链的特征

区块链是一种共享的分布式数据库技术。尽管不同报告中对区块链的介绍措辞都不相同，但以下4个技术特点是共识性的。

（1）去中心化（decentralization）：区块链是由众多节点组成一个端到端的网络，不存在中心化的设备和管理机构，任一节点停止工作都不会影响系统整体的运作。

（2）去信任（trustless）：系统中所有节点之间通过数字签名技术进行验证，无需信任也可以进行交易，只要按照系统既定的规则进行，节点之间不能也无法欺骗其他节点。

（3）集体维护（collectively maintain）：系统是由其中所有具有维护功能的节点共同维护的，系统中所有人共同参与维护工作。

（4）可靠数据库（reliable database）：系统中每一个节点都拥有最新的完整数据库的复制，单个甚至多个节点对数据库的修改无法影响其他节点的数据库，除非能控制整个网络中超过51%的节点同时修改，这几乎不可能发生。区块链中的每一笔交易都通过密码学方法与相邻两个区块串联，因此可以追溯到任何一笔交易的前世今生。

三、区块链的分类

从参与方分类，区块链可以分为公有链、联盟链和私有链；从链与链的关系来分，可以分为主链和侧链。

1. 从参与方分类

（1）公有链（public blockchain）。

公有链通常也称为非许可链（permissionless blockchain），无官方组织及管理机构，无中心服务器，参与的节点按照系统规格自由接入网路、不受控制，节点间基于共识机制开展工作。

公有链是真正意义上的完全去中心化的区块链，它通过密码学保证交易不可篡改，同时也利用密码学验证以及经济上的激励，在互为陌生的网络环境中建立共识，从而形成去中心化的信用机制。在公有链中的共识机制一般是工作量证明（PoW）或权益证明（PoS），用户对共识形成的影响力直接取决于他们在网络中拥有资源的占比。

公有链一般适合于虚拟货币、面向大众的电子商务、互联网金融等 B2C、C2C 或 C2B 等应用场景，比特币和以太网等就是典型的公有链。

（2）联盟链（consortium blockchain）。

联盟链是一种需要注册许可的区块链，这种区块链也称为许可链（permissioned blockchain）。联盟链仅限于联盟成员参与，区块链上的读写权限、参与记账权限按联盟规则来制定。整个网络由成员机构共同维护，网络接入一般通过成员机构的网关节点接入，共识过程由预先选好的节点控制。由于参与共识的节点比较少，联盟链一般不采用工作量证明的挖矿机制，而是多采用权益证明（PoS）或 PBFT（practical byzantine fault tolerant）、RAFT 等共识算法。

一般来说，联盟链适合于机构间的交易、结算或清算等 B2B 场景。例如在银行间进行支付、结算、清算的系统就可以采用联盟链的形式，将各家银行的网关节点作为记账节点，当网络上有超过 2/3 的节点确认一个区块，该区块记录的交易将得到全网确认。联盟链对交易的确认时间、每秒交易数都与公有链有较大的区别，对安全和性能的要求也比公有链高。

（3）私有链（private blockchain）。

私有链建立在某个企业内部，系统的运作规则根据企业要求进行设定。私有链的应用场景一般是企业内部的应用，如数据库管理、审计等；在政府行业也会有一些应用，比如政府的预算和执行，或者政府的行业统计数据，这个一般来说由政府登记，但公众有权力监督。私有链的价值主要是提供安全、可追溯、不可篡改、自动执行的运算平台，可以同时防范来自内部和外部对数据的安全攻击，这个在传统的系统是很难做到的。

2. 从链与链的关系分类

（1）主链。

主链是一个完整的、自治的区块链网络，包含所有的节点和参与者。它是整个区块链系统的核心，负责验证和记录所有的交易和区块。主链通常拥有较高的安全性，因为它由全网的节点共同维护，通过一种共识机制来保证网络的安全性和一致性。比特币和以太坊的主链就是区块链系统的核心链。

（2）侧链（side chain）。

侧链是用于确认来自于其他区块链的数据的区块链，通过双向挂钩（twoway peg）机制使比特币、Ripple 币等多种资产在不同区块链上以一定的汇率实现转移。

"多种资产在不同区块链上转移"其实并不会实际发生。以比特币为例，侧链的运作机制是，将比特币暂时锁定在比特币区块链上，同时将辅助区块链上的等值数字货币解锁；当辅助区块链上的数字货币被锁定时，原先的比特币就被解锁。

侧链进一步扩展了区块链技术的应用范围和创新空间，使区块链支持包括股票、债券、金融衍生品等在内的多种资产类型，以及小微支付、智能合约、安全处理机制、真实世界财产注册等；侧链还可以增强区块链的隐私保护。

四、区块链的产业链

区块链产业链主要包括基础网络层、中间协议层及应用服务层。

1．基础网络层

基础网络层由数据层、网络层组成，其中数据层包括了底层数据区块以及相关的数据加密和时间戳等技术；网络层则包括分布式组网机制、数据传播机制和数据验证机制等。

2．中间协议层

中间协议层由共识层、激励层、合约层组成，其中，共识层主要包括网络节点的各类共识算法；激励层将经济因素集成到区块链技术体系中来，主要包括经济激励的发行机制和分配机制等；合约层主要包括各类脚本、算法和智能合约，是区块链可编程特性的基础。

3．应用服务层

应用服务层作为区块链产业链中最重要的环节，包括区块链的各种应用场景和案例，如可编程货币、可编程金融和可编程社会。

五、区块链核心技术

区块链核心技术是指多个参与方之间基于现代密码学、分布式一致性协议、点对点网络通信技术和智能合约编程语言等形成的数据交换、处理和存储的技术组合。

1．核心技术"区块+链"

从技术上来讲，区块是一种记录交易的数据结构，反映了一笔交易的资金流向。系统中已经达成的交易的区块连接在一起形成了一条主链，所有参与计算的节点都记录了主链或主链的一部分。

每个区块由区块头和区块体组成，区块体只负责记录前一段时间内的所有交易信息，主要包括交易数量和交易详情；区块头则封装了当前的版本号、前一区块地址、时间戳（记录该区块产生的时间，精确到秒）、随机数（记录解密该区块相关数学题的答案的值）、当前区块的目标哈希值、Merkle 数的根值等信息。从结构来看，区块链的大部分功能都由区块头实现。

概括来看，一个区块包含以下三部分：交易信息、前一个区块形成的哈希散列、随机数。交易信息是区块所承载的任务数据，具体包括交易双方的私钥、交易的数量、电子货币的数字签名等；前一个区块形成的哈希散列用来将区块连接起来，实现过往交易的顺序排列；随机数是交易达成的核心，所有矿工节点竞争计算随机数的答案，最快得到答案的节点生成一个新的区块，并广播到所有节点进行更新，如此完成一笔交易。

2．核心技术"哈希函数"

哈希函数可将任意长度的资料经由 Hash 算法转换为一组固定长度的代码，原理是基于一种密码学上的单向哈希函数，这种函数很容易被验证，但是却很难破解。通常业界使用 $y=hash(x)$ 的方式进行表示，该哈希函数实现对 x 进行运算而得出一个哈希值 y。

常使用的哈希算法包括 MD5、SHA-1、SHA-256、SHA-384 及 SHA-512 等。以 SHA256 算法为例，将任何一串数据输入到 SHA256 将得到一个 256 位的哈希值（散列值）。其特点是相同的数据输入将得到相同的结果。输入数据只要稍有变化（比如一个 1 变成了 0），则将得到一个完全不同的结果，且结果无法事先预知。正向计算（由数据计算其对应的哈希值）十分容易。逆向计算（破解）极其困难，在当前科技条件下被视作不可能。

3．核心技术"Merkle 树"

Merkle 树是一种哈希二叉树，使用它可以快速校验大规模数据的完整性。在区块链网络中，Merkle 树被用来归纳一个区块中的所有交易信息，最终生成这个区块所有交易信息的一个统一的 Hash 值，区块中任何一笔交易信息的改变都会使得 Merkle 树改变。

4．核心技术"非对称加密算法"

非对称加密算法是一种密钥的保密方法，需要两个密钥：公钥和私钥。

公钥与私钥是一对，如果用公钥对数据进行加密，只有用对应的私钥才能解密，从而获取对应的数据价值；如果用私钥对数据进行签名，那么只有用对应的公钥才能验证签名，验证信息的发出者是私钥持有者。

因为加密和解密使用的是两个不同的密钥，所以这种算法叫做非对称加密算法，而对称加密在加密与解密的过程中使用的是同一把密钥。

5．核心技术"P2P 网络"

P2P 网络（对等网络），又称点对点技术，是没有中心服务器、依靠用户群交换信息的互联网体系。与有中心服务器的中央网络系统不同，对等网络的每个用户端既是一个节点，也有服务器的功能。国内的迅雷软件采用的就是 P2P 技术。

P2P 网络具有去中心化与健壮性等特点。

（1）去中心化。网络中的资源和服务分散在所有节点上，信息的传输和服务的实现都直接在节点之间进行，可以无需中间环节和服务器的介入。

（2）健壮性。P2P 架构天生具有耐攻击、高容错的优点。由于服务是分散在各个节点之间进行的，部分节点或网络遭到破坏对其他部分的影响很小。

6．核心技术"共识机制"

共识机制，就是所有记账节点之间如何达成共识，去认定一个记录的有效性，这既是认定的手段，也是防止篡改的手段。目前主要有四大类共识机制，即 PoW、PoS、DPoS 和分布式一致性算法。

1）PoW

PoW（proof of work，工作量证明）机制，也就是像比特币的挖矿机制，矿工通过把网络尚未记录的现有交易打包到一个区块，然后不断遍历尝试来寻找一个随机数，使得新区块加上随机数的哈希值满足一定的难度条件。找到满足条件的随机数，就相当于确定了区块链最新的一个区块，也相当于获得了区块链的本轮记账权。矿工把满足挖矿难度条件的区块在网络中广播出去，全网其他节点在验证该区块满足挖矿难度条件，同时区块里的交易数据符合协议规范后，各自将该区块链接到自己版本的区块链上，从而在全网形成对当前网络状态的共识。

优点：完全去中心化，节点自由进出，避免了建立和维护中心化信用机构的成本。只要网络破坏者的算力不超过网络总算力的 50%，网络的交易状态就能达成一致。

缺点：目前比特币挖矿造成大量的资源浪费；另外，挖矿的激励机制也造成矿池算力的高度集中，背离了当初去中心化设计的初衷。更大的问题是 PoW 机制的共识达成的周期较长，每秒只能最多做 7 笔交易，不适合商业应用。

2）PoS

PoS（proof of stake，权益证明）机制，要求节点提供拥有一定数量的代币证明来获取竞争区块链记账权的一种分布式共识机制。如果单纯依靠代币余额来决定记账者必然使得富有者胜出，导致记账权的中心化，降低共识的公正性，因此不同的 PoS 机制在权益证明的基础上，采用不同方式来增加记账权的随机性来避免中心化。例如点点币（peer coin）PoS 机制中，拥有最多链龄长的比特币获得记账权的概率就大。NXT 和 Blackcoin 则采用一个公式来预测下一记账的节点。拥有多的代币被选为记账节点的概率就会大。未来以太坊也会从目前的 PoW 机制转换到 PoS 机制，从目前看到的资料，以太坊的 PoS 机制将采用节点下赌注来赌下一个区块，赌中者有额外以太币奖，赌不中者会被扣以太币的方式来达成下一区块的共识。

优点：在一定程度上缩短了共识达成的时间，降低了 PoW 机制的资源浪费。

缺点：破坏者对网络攻击的成本低，网络的安全性有待验证。另外，拥有代币数量大的节点获得记账权的概率更大，会使得网络的共识受少数富裕账户支配，从而失去公正性。

3）DPoS

DPoS（delegated proof-of-stake，股份授权证明）机制很容易理解，类似于现代企业董事会制度。比特股采用的 DPoS 机制是由持股者投票选出一定数量的见证人，每个见证人按序有 2s 的权限时间生成区块，若见证人在给定的时间片不能生成区块，区块生成权限交给下一个时间片对应的见证人。持股人可以随时通过投票更换这些见证人。DPoS 的这种设计使得区块的生成更为快速，也更加节能。从某种角度来说，DPoS 可以理解为多中心系统，兼具去中心化和中心化优势。

优点：大幅缩小参与验证和记账节点的数量，可以达到秒级的共识验证。

缺点：选举固定数量的见证人作记账候选人有可能不适合于完全去中心化的场景。另外在网络节点数少的场景，选举的见证人的代表性也不强。

4）分布式一致性算法

分布式一致性算法：是基于传统的分布式一致性技术。其中有分为解决拜占庭将军问题的拜占庭容错算法，如 PBFT（拜占庭容错算法）。另外，解决非拜占庭问题的分布式一致性算法（Pasox、Raft），详细算法这里不做说明。该类算法目前是联盟链和私有链场景中常用的共识机制。

优点：实现秒级的快速共识机制，保证一致性。

缺点：去中心化程度不如公有链上的共识机制；更适合多方参与的多中心商业模式。

综合来看，PoW 适合应用于公有链，如果搭建私有链，因为不存在验证节点的信任问题，采用 PoS 比较合适；而联盟链由于存在不可信局部节点，采用 DPoS 比较合适。

7．核心技术"发行机制和激励机制"

以比特币为例。比特币最开始由系统奖励给那些创建新区块的矿工。刚开始每记录一个新区块，奖励矿工 50 个比特币，该奖励大约每四年减半。依次类推，到 2140 年，新创建区块就没有系统所给予的奖励了。届时比特币全量约为 2100 万个，这就是比特币的总量，所以不会无限增加下去。

另外一个激励的来源则是交易费。新创建区块没有系统的奖励时，矿工的收益会由系统奖励变为收取交易手续费。例如，你在转账时可以指定其中 1%作为手续费支付给记录区块的矿工。如果某笔交易的输出值小于输入值,那么差额就是交易费,该交易费将被增加到该区块的激励中。只要既定数量的电子货币已经进入流通,那么激励机制就可以逐渐转换为完全依靠交易费,那么就不必再发行新的货币。

8. 核心技术"智能合约"

智能合约是一组情景应对型的程序化规则和逻辑,是通过部署在区块链上的去中心化、可信共享的脚本代码实现的。通常情况下,智能合约经各方签署后,以程序代码的形式附着在区块链数据上,经 P2P 网络传播和节点验证后记入区块链的特定区块中。智能合约封装了预定义的若干状态及转换规则、触发合约执行的情景、特定情景下的应对行动等。区块链可实时监控智能合约的状态,并通过核查外部数据源、确认满足特定触发条件后激活并执行合约。

六、区块链行业应用

区块链 1.0 支撑虚拟货币应用,也就是与转账、汇款和数字化支付相关的密码学货币应用,比特币是区块链 1.0 的典型应用。

区块链 2.0 支撑智能合约应用,合约是经济和金融领域区块链应用的基础,区块链 2.0 应用包括了股票、债券、期货、贷款、抵押、产权、智能财产和智能合约,以太坊、超级账本等是区块链 2.0 的典型应用。

区块链 3.0 应用是超越货币和金融范围的泛行业去中心化应用,特别是在政府、医疗、科学、文化和艺术等领域的应用。

工业和信息化部《中国区块链技术和应用发展白皮书》中指出了区块链的应用场景,如图 10-5-2 所示。在金融领域,除数字货币应用外,区块链也逐渐在跨境支付、供应链金融、保险、数字票据、资产证券化、银行征信等领域开始了应用。

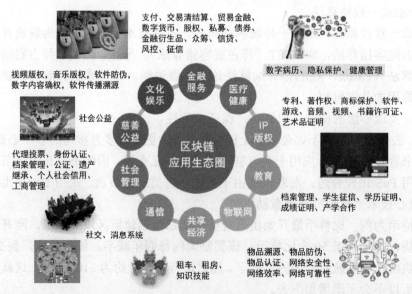

图 10-5-2 区块链应用场景

(1) 跨境支付。

该领域的痛点在于到账周期长、费用高、交易透明度低。以第三方支付公司为中心，完成支付流程中的记账、结算和清算，到账周期长，比如跨境支付到账周期在 3 天以上，费用较高。以 PayPal 为例，普通跨境支付交易手续费率为 4.4%+0.3 美元，提现到国内以美元进账，单笔一次 35 美元，以人民币进账为 1.2%的费用。

区块链去中介化、交易公开透明和不可篡改的特点，没有第三方支付机构加入，缩短了支付周期、降低了费用、增加了交易透明度。在这一领域，Ripple 支付体系已经开始了的实验性应用，主要为加入联盟内的成员商业银行和其他金融机构提供基于区块链协议的外汇转账方案。国内金融机构中，招商银行落地了国内首个区块链跨境支付应用，民生银行、中国银联等也在积极推进。

(2) 数字票据。

该领域痛点在于 3 个风险问题。操作风险：由于系统中心化，一旦中心服务器出现问题，整个市场瘫痪；市场风险：根据数据统计，在 2016 年，涉及金额达到数亿元以上的风险事件就有 7 件，涉及多家银行；道德风险：市场上存在"一票多卖"、虚假商业汇票等事件。

区块链去中介化、系统稳定性、共识机制、不可篡改的特点，减少传统中心化系统中的操作风险、市场风险和道德风险。

目前，国际区块链联盟 R3 联合以太坊、微软共同研发了一套基于区块链技术的商业票据交易系统，包括高盛、摩根大通、瑞士联合银行、巴克莱银行等著名国际金融机构加入了试用，并对票据交易、票据签发、票据赎回等功能进行了公开测试。与现有电子票据体系的技术支撑架构完全不同，该种类数字票据可在具备目前电子票据的所有功能和优点的基础上，进一步融合区块链技术的优势，成为了一种更安全、更智能、更便捷的票据形态。在国内，浙商银行上线了第一个基于区块链技术的移动数字汇票应用，央行和恒生电子等也在测试区块链数字票据平台。

(3) 征信管理。

该领域的痛点在于：数据缺乏共享，征信机构与用户信息不对称；正规市场化数据采集渠道有限，数据源争夺战耗费大量成本；数据隐私保护问题突出，传统技术架构难以满足新要求等。

在征信领域，区块链具有去中心化、去信任、时间戳、非对称加密和智能合约等特征，在技术层面保证了可以在有效保护数据隐私的基础上实现有限度、可管控的信用数据共享和验证。国内目前中国平安在开展区块链征信方向的探索，创业公司如 LinkEye、布比区块链等也在这一领域进行尝试。

(4) 资产证券化。

这一领域业务痛点在于底层资产真假无法保证；参与主体多、操作环节多、交易透明度低、出现信息不对称等问题，造成风险难以把控。数据痛点在于各参与方之间流转效率不高、各方交易系统间资金清算和对账往往需要大量人力物力、资产回款方式有线上线下多种渠道，无法监控资产的真实情况，还存在资产包形成后，交易链条里各方机构对底层资产数据真实性和准确性的信任问题。

区块链去中介化、共识机制、不可篡改的特点,增加数据流转效率,减少成本,实时监控资产的真实情况,保证交易链各方机构对底层资产的信任问题。

目前,欧美各大金融机构和交易所都在开展区块链技术在证券交易方面的应用研究,探索利用区块链技术提升交易和结算效率,以区块链为蓝本打造下一代金融资产交易平台。在所有交易所中,纳斯达克证券交易所表现最为激进。其目前已正式上线了 FLinq 区块链私募证券交易平台。此外,纽约交易所、澳洲交易所、韩国交易所也在积极推进区块链技术的探索与实践。国内多家金融机构、百度、京东、蚂蚁金服等也在积极推进基于区块链技术的资产证券化业务,其中百度金融先后与华能信托、长安新生等落地了国内首单区块链技术支持证券化项目和区块链技术支持交易所 ABS 项目。

(5)供应链金融。

这一领域的痛点在于融资周期长、费用高。以供应链核心企业系统为中心,第三方征信机构很难鉴定供应链上各种相关凭证的真伪,造成人工审核的时间长、融资费用高。

区块链去中介化、共识机制、不可篡改的特点,不需要第三方征信机构鉴定供应链上各种相关凭证的真实性,缩短融资成本、减少融资的周期。

国内上市公司易见股份与 IBM 合作发布了国内首个区块链供应链金融服务系统"易见区块";宜信、点融网与富金通、群星金融等机构也推出了相关应用。

(6)保险业务。

随着区块链技术的发展,未来关于个人的健康状况、事故记录等信息可能会上传至区块链中,使保险公司在客户投保时可以更加及时、准确地获得风险信息,从而降低核保成本、提升效率。区块链的共享透明特点降低了信息不对称性,还可降低逆向选择风险;而其历史可追踪的特点,有利于减少道德风险,进而降低保险的管理难度和管理成本。

目前,英国的区块链初创公司 Edgelogic 正与 Aviva 保险公司进行合作,共同探索对珍贵宝石提供基于区块链技术的保险服务。国内的阳光保险于 2016 年采用区块链技术作为底层技术架构,推出了"阳光贝"积分,成为国内第一家落地区块链应用的保险公司。中国平安、众安保险、中国人寿等多家保险公司也在推进区块链技术应用落地。

随着区块链技术在金融领域应用的不断验证,其技术优势在其他行业领域也逐渐体现出价值。目前,医疗健康、IP 版权、教育、文化娱乐、通信、慈善公益、社会管理、共享经济、物联网等领域都在逐渐落地区块链应用项目,"区块链+"正在成为现实。

(1)区块链+医疗。

医疗领域,区块链能利用自己的匿名性、去中心化等特征保护病人隐私。电子健康病例(EHR)、DNA 钱包、药品防伪等都是区块链技术可能的应用领域。

目前,国外如飞利浦医疗、Gem 等医疗巨头和 Google、IBM 等科技巨头都在积极探索区块链技术的医疗应用,也有 Factom、BitHealth、BlockVerify、DNA.Bits、Bitfury 等区块链技术公司参与其中。国内,阿里健康与常州市合作了医联体+区块链试点项目,众享比特、边界智能等区块链技术创业公司也在布局相关项目。

(2)区块链+物联网。

物联网是一个非常宽泛的概念,如果将通信、能源管理、供应链管理、共享经济等涵盖在内，区块链技术的物联网应用将成为一个非常重要的应用领域。

（3）区块链+IP 版权和文化娱乐。

互联网流行以来，数字音乐、数字图书、数字视频、数字游戏等逐渐成为了主流。知识经济的兴起使得知识产权成为市场竞争的核心要素。但当下的互联网生态里知识产权侵权现象严重，数字资产的版权保护成为了行业痛点。

由于区块链具有去中介化、共识机制、不可篡改的特点，利用区块链技术，能将文化娱乐价值链的各个环节进行有效整合、加速流通，缩短价值创造周期；同时，可实现数字内容的价值转移，并保证转移过程的可信、可审计和透明，有效预防盗版等行为。

目前，区块链行业致力于解决版权问题的项目已为数不少，国外如 Blockai 帮助艺术工作者在区块链上注册作品版权；Mediachain 针对图像作品进行认证和追溯；Ascribe 进行知识产权登记；Decent 发布了一个去中心化的数字版权管理解决方案，等等。

（4）区块链+公共服务和教育。

在公共服务、教育、慈善公益等领域，档案管理、身份（资质）认证、公众信任等问题都是客观存在的，传统方式是依靠具备公信力的第三方作信用背书，但造假、缺失等问题依然存在。区块链技术能够保证所有数据的完整性、永久性和不可更改性，因而可以有效解决这些行业在存证、追踪、关联、回溯等方面的难点和痛点。

应用层面，如普华永道与区块链技术公司 Blockstream、Eris 合作提供基于区块链技术的公共审计服务；BitFury 与格鲁吉亚政府合作落地区块链技术土地确权；蚂蚁金服区块链公益项目；索尼基于区块链的教育信息登记平台，和数软件针对教育行业的区块链项目，等等。

本 章 小 结

本章介绍了序列密码、分组密码和公钥密码的研究现状，重点讲述了量子密码、全同态密码、混沌密码、DNA 密码和区块链等密码技术的最新进展情况。

附录　数学基础知识

数论是研究密码学特别是公钥密码学的基本工具，本节主要介绍密码学中常用的一些数论知识。

（一）素数和互素数

1. 因子

设 a，$b(b\neq 0)$ 是两个整数，如果存在另一整数 m，使得 $a=mb$，则称 b 整除 a，记为 $b\mid a$，且称 b 是 a 的因子。

整数具有以下性质：

① $a\mid 1$，则 $a=\pm 1$。
② $a\mid b$ 且 $b\mid a$，则 $a=\pm b$。
③ 对任一 $b(b\neq 0)$，$b\mid 0$。
④ $b\mid g$，$b\mid h$，则对任意整数 m、n，有 $b\mid (mg+nh)$。

这里只给出④的证明，其他 3 个性质的证明都很简单。

性质④的证明：由 $b\mid g$，$b\mid h$ 知，存在整数 g_1、h_1，使得
$$g=bg_1, h=bh_1$$
所以 $mg+nh=mbg_1+nbh_1=b(mg_1+nh_1)$，因此 $b\mid (mg+nh)$。

2. 素数

称整数 $p(p>1)$ 是素数，如果 p 的因子只有 ± 1，$\pm p$。

任一整数 $a(a>1)$ 都能唯一地分解为以下形式：
$$a=p_1^{a_1}p_2^{a_2}\cdots p_t^{a_t}$$
其中 $p_1>p_2>\cdots>p_t$ 是素数，$a_i>0(i=1,2,\cdots,t)$。例如
$$91=7\times 11,\quad 11011=7\times 11^2\times 13$$

这一性质称为整数分解的唯一性，也可做如下陈述：

设 P 是所有素数集合，则任意整数 $a(a>1)$ 都能唯一地写成以下形式：
$$a=\prod_{p\in P}p^{a_p}$$

其中 $a_p\geqslant 0$，等号右边的乘积项取所有的素数，然而大多指数项 a_p 为 0。相应地，任一正整数也可由非 0 指数列表表示。例如：11011 可表示为 $\{a_7=1, a_{11}=2, a_{13}=1\}$。

两数相乘等价于对应的指数相加，即由 $k=mn$ 可得：对每一素数 $p, k_p=m_p+n_p$。而由 $a\mid b$ 可得：对每一素数 p，$a_p\leqslant b_p$。这是因为 p^k 只能被 p^j（$j\leqslant k$）整除。

3．互素数

称 c 是两个整数 a、b 的最大公因子，如果

① c 是 a 的因子也是 b 的因子，即 c 是 a、b 的公因子。

② a 和 b 的任一公因子，也是 c 的因子。

则表示为 $c=\gcd(a,b)$。

由于要求最大公因子为正，所以 $\gcd(a,b)=\gcd(a,-b)=\gcd(-a,b)=\gcd(-a,-b)$。一般 $\gcd(a,b)=\gcd(|a|,|b|)$，由任一非 0 整数能整除 0，可得 $\gcd(a,0)=|a|$。如果将 a,b 都表示为素数的乘积，则 $\gcd(a,b)$ 极易确定。

例如：

$$300=2^2 \times 3^1 \times 5^2$$

$$18=2^1 \times 3^2$$

$$\gcd(18,300)=2^1 \times 3^1 \times 5^0 =6$$

一般由 $c=\gcd(a,b)$ 可得：对每一素数 p，$c_p=\min(a_p, b_p)$。

由于确定大数的素因子不是很容易，所以这种方法不能直接用于求两个大数的最大公因子，如何求两个大数的最大公因子在下面介绍。

如果 $\gcd(a,b)=1$，则称 a 和 b 互素。

（二）模运算

设 n 是一正整数，a 是整数，如果用 n 除 a，得商为 q，余数为 r，则

$$a=qn+r, \quad 0 \leq r < n, \quad q=[a/n]$$

其中 $[x]$ 为小于或等于 x 的最大整数。

用 $a \bmod n$ 表示余数 r，则 $a=[a/n]n+a \bmod n$。

如果 $(a \bmod n)=(b \bmod n)$，则称两整数 a 和 b 模 n 同余，记为 $a \equiv b \bmod n$。称与 a 模 n 同余的数的全体为 a 的同余类，记为 $[a]$，称 a 为这个同余类的表示元素。

注意：如果 $a \equiv 0 (\bmod n)$，则 $n \mid a$。

同余有以下性质：

① 若 $n \mid (a-b)$，则 $a \equiv b \bmod n$。

② $(a \bmod n) \equiv (b \bmod n)$，则 $a \equiv b \bmod n$。

③ $a \equiv b \bmod n$，则 $b \equiv a \bmod n$。

④ $a \equiv b \bmod n$，$b \equiv c \bmod n$，则 $a \equiv c \bmod n$。

从以上性质易知，同余类中的每一元素都可作为这个同余类的表示元素。

求余数运算（简称求余运算）$a \bmod n$ 将整数 a 映射到集合 $\{0,1,2,\cdots,n-1\}$，称求余运算在这个集合上的算术运算为模运算，模运算有以下性质：

① $[(a \bmod n)+(b \bmod n)] \bmod n=(a+b) \bmod n$。

② $[(a \bmod n)-(b \bmod n)] \bmod n=(a-b) \bmod n$。

③ $[(a \bmod n) \times (b \bmod n)] \bmod n=(a \times b) \bmod n$。

性质①的证明：设 $(a \bmod n)=r_a, (b \bmod n)=r_b$，则存在整数 j、k 使得 $a=jn+r_a$，$b=kn+r_b$。因此

$$(a+b) \bmod n = [(j+k)n + r_a + r_b] \bmod n = (r_a + r_b) \bmod n$$
$$= [(a \bmod n) + (b \bmod n)] \bmod n$$

性质②、③的证明类似。

例1 设 $Z_8 = \{0,1,\cdots,7\}$，考虑 Z_8 上的模加法和模乘法，结果如表1所列。

从加法结果可见，对每一 x，都有一 y，使得 $x+y \equiv 0 \bmod 8$。如对2，有6，使得 $2+6 \equiv 0 \bmod 8$，称 y 为 x 的负数，也称为加法逆元。

对 x，若有 y，使得 $x \times y \equiv 1 \bmod 8$，如 $3 \times 3 \equiv 1 \bmod 8$，则称 y 为 x 的倒数，也称为乘法逆元。本例可见并非每一 x 都有乘法逆元。

表1 模8运算

+	0	1	2	3	4	5	6	7	×	0	1	2	3	4	5	6	7
0	0	1	2	3	4	5	6	7	0	0	0	0	0	0	0	0	0
1	1	2	3	4	5	6	7	0	1	0	1	2	3	4	5	6	7
2	2	3	4	5	6	7	0	1	2	0	2	4	6	0	2	4	6
3	3	4	5	6	7	0	1	2	3	0	3	6	1	4	7	2	5
4	4	5	6	7	0	1	2	3	4	0	4	0	4	0	4	0	4
5	5	6	7	0	1	2	3	4	5	0	5	2	7	4	1	6	3
6	6	7	0	1	2	3	4	5	6	0	6	4	2	0	6	4	2
7	7	0	1	2	3	4	5	6	7	0	7	6	5	4	3	2	1

一般地，定义 Z_n 为小于 n 的所有非负整数集合，即

$$Z_n = \{0, 1, 2, \cdots, n-1\}$$

称 Z_n 为模 n 的同余类集合，其上的模运算有以下性质：

① 交换律 $(w+x) \bmod n = (x+w) \bmod n$
                     $(w \times x) \bmod n = (x \times w) \bmod n$

② 结合律 $[(w+x)+y] \bmod n = [w+(x+y)] \bmod n$
                     $[(w \times x) \times y] \bmod n = [w \times (x \times y)] \bmod n$

③ 分配律 $[(w \times x) + y] \bmod n = [w \times x + w \times y]] \bmod n$

④ 单元律 $(0+w) \bmod n = w \bmod n$
                     $(1 \times w) \bmod n = w \bmod n$

⑤ 加法逆元 对 $w \in z_n$，存在 $w \in z_n$ 使得 $w + z \equiv 0 \bmod n$，记 $z = -w$

此外还有以下性质：

如果 $(a+b) \equiv (a+c) \bmod n$，则 $b \equiv c \bmod n$，称为加法的可约律。

该性质可由 $(a+b) \equiv (a+c) \bmod n$ 的两边同加上 a 的加法逆元得到。

然而类似性质对乘法却不一定成立。例如 $6 \times 3 \equiv 6 \times 7 \equiv \bmod 8$，但 $3 \neq 7 \bmod 8$。原因是6乘以0到7得到8个数仅为 Z_8 的一部分，见例1，即如果将对 Z_8 作6的乘法（即 $6 \times Z_8$，用6乘 Z_8 中第一数）看作 Z_8 到 Z_8 的映射的话，Z_8 中至少有两个数映射到同一数，因此该映射为多到一的，所以对6来说，没有唯一的乘法逆元，但对5来说，$5 \times 5 \equiv 1 \bmod 8$，因此5有乘法逆元5。仔细观察可见，与8互素的几个数1、3、5、7，都有乘法逆元。

这一结论可推广到任意 Z_n。

定理 1　设 $a \in Z_n$，$\gcd(a, n)=1$，则 a 在 Z_n 中有乘法逆元。

证明：首先证明 a 与 Z_n 中任意两个不相同的数 b,c（不妨设 $c<b$）相乘，其结果必然不同。否则设 $a \times b \equiv a \times c \bmod n$，则存在两个整数 k_1, k_2，使得 $ab=k_1n+r$, $ac=k_2n+r$，可得 $a(b-c)=(k_1-k_2)n$，所以 a 是 $(k_1-k_2)n$ 的一个因子，又由 $\gcd(a, n)=1$，得 a 是 k_1-k_2 的一个因子，设 $k_1-k_2=k_3a$，所以 $a(b-c)=k_3an$，即 $b-c=k_3n$，与 $0<c<b<n$ 矛盾。所以 $|a \times Z_n| = |Z_n|$，又知 $a \times Z_n \subseteq Z_n$，因此对 $1 \in Z_n$，存在 $x \in Z_n$，使得 $a \times x \equiv 1 \bmod n$，即 x 是 a 乘法逆元。记为 $x = a^{-1}$。

设 P 为一素数，则 Z_p 中第一非 0 元素都与 p 互素，因此有乘法逆元。类似于加法可约律，可有以下乘法可约律。

如果 $(a \times b) \equiv (a \times c) \bmod n$ 且 a 有乘法逆元，那么对 $(a \times b) \equiv (a \times c) \bmod n$ 两边同乘以 a^{-1}，即得 $b \equiv c \bmod n$。

（三）费尔玛定理和欧拉定理

费尔玛（Fermat）定理和欧拉（Euler）定理在公钥密码体制起着重要作用。

1. 费尔玛定理

定理 2（Fermat）　若 p 是素数，a 是正整数且 $\gcd(a, p)=1$，则 $a^{p-1} \equiv 1 \bmod p$。

证明：当 $\gcd(a, p)=1$ 时，$a \times Z_p = Z_p$，其中 $a \times Z_p$ 表示 a 与 Z_p 中每一元素做模 p 乘法。又知 $a \times 0 \equiv 0 \bmod n$，所以，$a \times (Z_p-\{0\})=Z_p-\{0\}$，即

$$\{a \bmod p, 2a \bmod p, \cdots, (p-1)a \bmod p\} = \{1, 2, \cdots, p-1\}$$

所以

$$a \times 2a \times \cdots \times (p-1)a \equiv [(a \bmod p) \times (2a \bmod p) \times \cdots \times ((p-1)a \bmod p)] \bmod p$$
$$\equiv (p-1)! \bmod p$$

另外，$a \times 2a \times \cdots \times (p-1) = (p-1)! a^{p-1}$

因此

$$(p-1)! a^{p-1} \equiv (p-1)! \bmod p$$

由于 $(p-1)!$ 与 p 互素，因此 $(p-1)!$ 有乘法逆元。由乘法可约律得 $a^{p-1} \equiv 1 \bmod p$（证毕）。

Fermat 定理也可写成如下形式：设 p 是素数，a 是任一正整数，则 $a^p \equiv a \bmod p$。

2. 欧拉函数

设 n 是一正整数，小于 n 且与 n 互素的正整数的个数称为 n 的欧拉函数，记为 $\varphi(n)$。

例如：$\varphi(6) = 2, \varphi(7) = 6, \varphi(8) = 4$。

若 n 是素数，则显然有 $\varphi(n) = n-1$。

定理 3　若 n 是两个素数 p 和 q 的乘积，则 $\varphi(n) = \varphi(p) \times \varphi(q) = (p-1) \times (q-1)$。

证明：考虑 $Z_n=\{0, 1, \cdots, pq-1\}$，其中不与 n 互素的数有 3 类，$A=\{p, 2p, \cdots, (q-1)p\}$，$B=\{q, 2q, \cdots, (p-1)q\}$，$C=\{0\}$，且 $A \cap B = \emptyset$，否则 $ip=jq$，其中 $1 \leq i \leq q-1$，$1 \leq j \leq p-1$，则 p 是 jq 的因子，而 p 与 q 互素，因此是 j 的因子，$j = kp$, $k \geq 1$，则 $ip = kpq$，$i = kq$，与 $1 \leq i \leq q-1$ 矛盾。所以

$$\varphi(n)=|Z_n|-[|A|+|B|+|C|]=pq-[(q-1)+(p-1)+1]$$
$$=(p-1)\times(q-1)=\varphi(p)\times\varphi(q)$$

例如：由 $21=3\times 7$，得 $\varphi(21)=\varphi(3)\times\varphi(7)=2\times 6=12$。

3．欧拉定理

定理 4（Euler） 若 a 和 n 互素，则 $a^{\varphi(n)}\equiv 1 \bmod n$。

证明：设 $R=\{x_1,x_2,\cdots,x_{\varphi(n)}\}$ 是由小于且与 n 互素的全体数构成的集合，$a\times R=\{ax_1 \bmod n, ax_2 \bmod n,\cdots, ax_{\varphi(n)} \bmod n,\}$，对 $a\times R$ 中任一元素 $ax_i \bmod n$，因 a 与 n 互素，x_1 与 n 互素，所以 ax_i 与 n 互素，且 $ax_i \bmod n\in R$，所以 $a\times R\subseteq R$。

又因 $a\times R$ 中任意两个元素都不相同，否则 $ax_i \bmod n=ax_j \bmod n$，由 a 与 n 互素知 a 在 $\bmod n$ 下有乘法逆元，得 $x_i=x_j$。$|a\times R|=|R|$，得 $a\times R=R$，所以 $\prod_{i=1}^{\varphi(n)}(ax_i \bmod n)=\prod_{i=1}^{\varphi(n)} x_i$，$\prod_{i=1}^{\varphi(n)} ax_i\equiv \prod_{i=1}^{\varphi(n)} x_i(\bmod n)$，$a^{\varphi(n)}\cdot\prod_{i=1}^{\varphi(n)} x_i\equiv \prod_{i=1}^{\varphi(n)} x_i(\bmod n)$，由每一 x_i 与 n 互素，知 $\prod_{i=1}^{\varphi(n)} x_i$ 与 n 互素，$\prod_{i=1}^{\varphi(n)} x_i$ 在 $\bmod n$ 下有乘法逆元，所以 $a^{\varphi(n)}\equiv 1 \bmod n$。

（四）素性检验

素性检验是指对给定的数检验其是否为素数，对于大数的素性检验来说没有简单直接的方法，本节介绍一个概率检验法，为此需要以下引理。

引理 如果 p 为大于 2 的素数，则方程 $x^2\equiv 1(\bmod p)$ 的解只有 $x\equiv 1 \bmod p$ 和 $x\equiv -1 \bmod p$。

证明：由 $x^2\equiv 1 \bmod p$，有 $x^2-1\equiv 0 \bmod p$，$(x+1)(x-1)\equiv 0 \bmod p$，因此 $p|(x+1)$ 或 $p|(x-1)$ 或 $p|(x+1)$ 且 $p(x-1)$。

若 $p|(x+1)$ 且 $p|(x-1)$，则存在两个整数 k 和 j，使得 $x+1=kp$，$x-1=jp$，两式相减得 $2(k-j)p$，为不可能结果，所以有 $p|(x+1)$ 或 $p|(x-1)$。

设 $p|(x+1)$，则 $x+1=kp$，因此 $x\equiv -1(\bmod p)$。

类似地，可得 $x\equiv 1(\bmod p)$。

引理的逆否命题为：如果方程 $x^2\equiv 1 \bmod p$ 有一解 $x_0\notin\{-1,1\}$，那么 p 不为素数。

例如：考虑方程 $x^2\equiv 1(\bmod 8)$，由 Z_8 上模乘法的结果得

$1^2\equiv 1\bmod 8$，$3^2\equiv 1\bmod 8$，$5^2\equiv 1\bmod 8$，$7^2\equiv 1\bmod 8$，又 $5\equiv -3\bmod 8$，$7\equiv -1\bmod 8$，所以方程的解为 1，-1，3，-3，可见 8 不是素数。

下面介绍 Miller-Rabin 的素性概率检测法，首先将 $n-1$ 表示为二进制形式 $b_k b_{k-1}\cdots b_0$，并给 d 赋初值 1，则算法 Witnness(a，n) 的核心部分如下：

```
for  i=k down to 0 do
{
x←d:
d←(d×d)mod n;
if d=1and (x≠1)and(x≠n−1)then return False
if bᵢ=1 then d ←(d×a)mod n
```

if d≠1 then return False

return True.

此算法有两个输入参数，n 是待检验的数，a 是小于 n 的整数。如果算法的返回值为 False，则 n 肯定不是素数；如果返回值为 True，则 n 可能是素数。

For 循环结束后，$d \equiv a^{n-1}$，所以 $(x \neq 1)$ and $(x \neq n-1)$，指 $x^2 \equiv 1 \pmod{n}$ 有不在 $\{-1,1\}$ 中的根，因此 n 不为素数，返回 False。

该算法有以下性质：对 s 个不同的 a，重复调用这一算法，只要有一次算法返回为 False，就可肯定 n 不是素数，如果算法每次返回都为 True，则 n 的素数的概率至少为 $1-2^{-s}$。因此，对于足够大的 s，就可以非常肯定地相信 n 为素数。

（五）欧几里得算法

欧几里得算法是数论中一个基本技术，是求两个正整数的最大公因子的简化过程。而推广的欧几里得算法不仅可求两个正整数的最大公因子，而且当两个正整数互素时，还可求出其中一个数关于另一个数的乘法逆元。

1. 求最大公因子

欧几里得算法是基于下面一个基本结论。

对任意非负整数 a 和正整数 b，有 $\gcd(a,b)=\gcd(b, a \bmod b)$。

证明：b 是正整数，因此可将 a 表示为 $a=kb+r \equiv r \bmod b$，$a \bmod b = r$，其中 k 为一整数，所以 $a \bmod b = a-kb$。

设 d 是 a,b 的公因子，即 $d|a, d|b$，所以 $d|kb$。由 $d|a$ 和 $d|kb$ 得 $d|(a \bmod b)$，因此 d 是 b 和 $a \bmod b$ 的公因子。

所以得出 a,b 的公因子集合与 $b, a \bmod b$ 的公因子集合相等，两个集合的最大值也相等。

（证毕）

例如：$\gcd(55,22) = \gcd(22, 55 \bmod 22) = \gcd(22,11) = \gcd(11,0) = 11$。

在求两个数的最大公因子时，可重复使用以上结论。

例如：$\gcd(18,12) = \gcd(12,6) = \gcd(6,0) = 6$，

$\gcd(11,10) = \gcd(10,1) = \gcd(1,0) = 1$。

欧几里得算法就是用这种方法，因 $\gcd(a,b) = \gcd(|a|,|b|)$，因此假设算法的输入是两个正整数，设为 d, f，并设 $f>d$。

Euclid(f,d)

① $X \leftarrow f$；$Y \leftarrow d$；

② if $Y=0$ then return $X=\gcd(f,d)$；

③ $R=X \bmod Y$；

④ $X=Y$；

⑤ $Y=R$；

⑥ goto ②。

例2 求 gcd(1970,1066)

1970=1×1066+904,   gcd(1066,904)
1066=1×904+162,   gcd(904,162)
904=1×162+94,   gcd(162,94)
162=1×94+68,   gcd(94,68)
94=1×68+26,   gcd(68,26)
68=2×26-16,   gcd(26,16)
26=1×16+10,   gcd(16,10)
16=1×10+6,   gcd(10,6)
10=1×6+4,   gcd(6,4)
6=1×4+2,   gcd(4,2)
4=2×2+0,   gcd(2,0)

因此,gcd(1970,1066)=2。

2. 求乘法逆元

如果 gcd(a,b)=1,则 b mod a 下有乘法逆元(不妨设 $b<a$),即存在一个 $x(x<a)$,使得 $b \cdot x \equiv 1 \bmod a$。推广的欧几里得算法先求出 gcd($a,b$),当 gcd($a,b$)=1 时,则返回 b 的逆元。

Extended Euclid(f,d)(设 $f>d$)

① $(X_1, X_2, X_3) \leftarrow (1, 0, f); (Y_1, Y_2, Y_3) \leftarrow (0,1,d)$
② if Y_3=0 then return X_3=gcd(f,d); no inverse;
③ if Y_3=1 then return Y_3=gcd(f,d); $Y_2 = d^{-1} \bmod f$;
④ $Q = \left\lfloor \dfrac{X_3}{Y_3} \right\rfloor$;
⑤ $(T_1, T_2, T_3) \leftarrow (X_1-QY_1, X_2-QY_2, X_3-QY_3)$;
⑥ $(x_1, x_2, x_3) \leftarrow (Y_1, Y_2, Y_3)$;
⑦ $(Y_1, Y_2, Y_3) \leftarrow (T_1, T_2, T_3)$;
⑧ goto ②。

算法中的变量有以下关系。

$fT_1 + dT_2 = T_3$; $fX_1 + dX_2 = X_3$; $fY_1 + dY_2 = Y_3$

在算法 Euclid(f, d)中,X 等于前一轮中的 Y,Y 等于前一轮循环中的 X mod Y。而在算法 Extened Euclid(f, d)中,X_3 等于前一轮中的 Y_3,Y_3 是前一轮循环中的 Y_3 除 X_3 的余数,即 $X_3 \bmod Y_3$,可见 Extended Euclid(f, d)中 X_3,Y_3 与 Euclid(f, d)中的 X、Y 作用相同,因此可见正确产生 gcd(f, d)。

如果 gcd(f, d)=1,则在最后一轮循环中,Y_3=0,X_3=1,因此在前一轮循环中 Y_3=1,由 Y_3=1 可得

$fY_1 + dY_2 = Y_3, fY_1 + dY_2 = 1, dY_2 = 1 + (-Y_1) \times f, dY_2 \equiv 1 \bmod f$,所以 $Y_2 \equiv d^{-1} \bmod f$。

例3 求 gcd(1769,550)

算法的运行结果及各变量的变化情况如表2所列。

表2 求gcd(1769,550)时推广欧几里得算法的运行结果

循环次数	Q	X_1	X_2	X_3	Y_1	Y_2	Y_3
初值	—	1	0	1769	0	1	550
1	3	0	1	550	1	−3	119
2	4	1	−3	119	−4	13	74
3	1	−4	13	74	5	−16	45
4	1	5	−16	45	−9	29	29
5	1	−9	29	29	14	−45	16
6	1	14	−45	16	−23	74	13
7	1	−23	74	13	37	−119	3
8	4	37	−119	3	−171	550	1

所以，gcd(1769,550)=1,550^{-1}mod 1769=550。

（六）中国剩余定理

中国剩余定理是数论最有用的一个工具，定理说如果已知某个数关于一些两两互素的同余类集，就可重构这个数。

例如，Z_{10}中每个数都可从这个数关于2和5（10的两个素数的因子）的同余数重构，比如已知x关于2和5的同余数分别为[0]和[3]，即$x \bmod 2 \equiv 0$，$x \bmod 5 \equiv 3$。可知是偶数且被5除后余数是3，所以可得8是满足这一关系的唯一的x。

定理5（中国剩余定理） 设$m_1, m_2, \cdots, m_k$是两两互素的正整数，$M=\prod_{i=1}^{k}m_i$，则一次同余方程组

$$\begin{cases} a_1(\bmod\, m_1) \equiv x \\ a_2(\bmod\, m_2) \equiv x \\ \vdots \\ a_k(\bmod\, m_k) \equiv x \end{cases}$$

对模M有唯一解：

$$x \equiv \left(\frac{M}{m_1}e_1 a_1 + \frac{M}{m_2}e_2 a_2 + \cdots + \frac{M}{m_k}e_k a_k\right)(\bmod\, M)$$

其中e_i满足$\frac{M}{m_i}e_i \equiv 1(\bmod\, m_i)(i=1,2,\cdots,k)$。

证明： 设$M_i = M/m_i = \prod_{\substack{l=1\\l\neq i}}^{k} m_l, i=1,2,\cdots,k$，由$M_i$定义得$M_i$与$m_i$是互素的，可知$M_i$在模$m_i$下有唯一的乘法逆元，即满足$\frac{M}{m_i}e_i \equiv 1(\bmod\, m_i)$的$e_i$是唯一的。

下面证明对$\forall i \in \{1,2,\cdots,k\}$，上述$x$满足$a_i(\bmod\, m_i) \equiv x$，注意到当$j \neq i$时，$m_i | M_j$即$M_j \equiv 0(\bmod\, m_i)$，所以

$$(M_j \times e_j \bmod m_j) \bmod m_i \equiv ((M_j \bmod m_i) \times ((e_j \bmod m_i) \bmod m_i)) \bmod m_i \equiv 0$$

而 $(M_i \times (e_i \bmod m_i)) \bmod m_i \equiv (M_i \times e_i) \bmod m_i \equiv 1$。

所以，$x(\bmod m_i) \equiv a_i$，即 $a_i(\bmod m_i) \equiv x$。

下面证明方程组的解是唯一的，设 x' 是方程的另一解，即

$$x' \equiv a_i (\bmod m_i)(i=1,2,\cdots,k)$$

由 $x \equiv a_i(\bmod m_i)$ 得 $x'-x \equiv 0(\bmod m_i)$，即 $m_i | (x'-x)$。再根据 m_i 两两互素，有 $M|(x'-x)$，即 $x'-x \equiv 0(\bmod M)$，所以 $x'(\bmod M) = x(\bmod M)$。

中国剩余定理提供了一个非常有用的特性，即在模 M 下可将非常大的数 x 由一组小数 $(a_1, a_2, \cdots, a_k)$ 表达。

例 4 由以下方程组求 x。

$$\begin{cases} x \equiv 1 \bmod 2 \\ x \equiv 2 \bmod 3 \\ x \equiv 3 \bmod 5 \\ x \equiv 5 \bmod 7 \end{cases}$$

解：$M=2\cdot3\cdot5\cdot7=210$，$M_1=105$，$M_2=70$，$M_3=42$，$M_4=30$，易求

$$e_1 \equiv M_1^{-1} \bmod 2 \equiv 1, e_2 \equiv M_2^{-1} \bmod 3 \equiv 1, e_3 \equiv M_3^{-5} \bmod 5 \equiv 3, e_4 \equiv M_4^{-1} \bmod 7 \equiv 4$$

所以 $x \bmod 210 = (105\times1\times1+70\times1\times2+42\times3\times3+30\times4\times5) \bmod 210 \equiv 173$，或写成 $x \equiv 173 \bmod 210$。

例 5 将 973 mod 1813 由模数分别为 37 和 49 的两个数表示。

解：取 $x=973, M=1813, m_1=37, m_2=49$。

由 $a_1 \equiv 973 \bmod m_1 \equiv 11, a_2 \equiv 973, m_2 \equiv 42$，得 x 在模 37 和模 49 下的表达为 (11，42)。

（七）离散对数

1. 求模下的整数幂

欧拉定理指出，如果 $\gcd(a,n)=1$，则 $a^{\varphi(n)} \equiv 1 \bmod n$。现在考虑如下的一般形式：

$$a^m \equiv 1 \bmod n$$

如果 a 与 n 互素，则至少有一整数 m（如 $m=\varphi(n)$）满足这一方程，称满足方程的最小正整数 m 为模 n 下的阶。

例如：$a=7$，$n=19$，则易求出 $7^1 \equiv 7 \bmod 19$，$7^2 \equiv 11 \bmod 19$，$7^3 \equiv 1 \bmod 19$，即 7 在模 19 下的阶为 3，由于 $7^{3+j} = 7^3 \cdot 7^j \equiv 7^j \bmod 19$，所以 $7^4 \equiv 7 \bmod 19$，$7^5 \equiv 7^2 \bmod 19, \cdots$，即从 $7^4 \bmod 19$ 开始所求的幂出现循环，循环周期为 3，即循环周期等于元素的阶。

定理 6 设 a 的阶为 m，则 $a^k \equiv 1 \bmod n$ 充要条件是 k 为 m 的倍数。

证明：设存在整数 q，使得 $k=qm$，则 $a^k \equiv (a^m)^q \equiv 1 \bmod n$。

反之，假设 $a^k \equiv 1 \bmod n$，令 $k=qm+r$，其中 $0 < r \leq m-1$，则

$$a^k \equiv (a^m)^q a^r \equiv a^r \equiv 1 (\bmod n)$$

与 m 是阶矛盾。

推论：设 a 在模 n 下的阶是 m，则 $m | \varphi(n)$。

如果 a 的阶 m 等于 $\varphi(n)$，则称 a 为 n 本原根。如果 a 是 n 的本原根，则
$$a, a^2, \cdots, a^{\varphi(n)}$$
在 $\bmod n$ 下互不相同且都与 n 互素。

特别地，如果 a 是素数 p 的本原根，则
$$a, a^2, \cdots, a^{p-1}$$
在 $\bmod p$ 下都不相同。

例如 $n=9$，则 $\varphi(n)=6$，考虑 2 在 $\bmod 9$ 下的幂 $2^1 \bmod 9 \equiv 2$，$2^2 \bmod 9 \equiv 4$，$2^3 \bmod 9 \equiv 8$，$2^4 \bmod 9 \equiv 7$，$2^5 \bmod 9 \equiv 5$，$2^6 \bmod 9 \equiv 1$，即 2 的阶为 $\varphi(9)$，所以 2 为 9 的本原根。

例如：$n=19$，$a=3$，在 $\bmod 19$ 下的幂分别为

3，9，8，5，15，7，2，6，18，16，10，11，14，4，12，17，13，1。

即 3 的阶为 $18=\varphi(9)$，所以 3 为 19 的本原根。

本原根不唯一，可验证除 3 外，19 的本原根还有 2，10，13，14，15。

注意并非所有的整数都有本原根，只有以下形式的整数才有本原根。
$$2, 4, p^a, 2p^a$$
其中 p 为奇素数。

2．指标

首先回忆一下一般对数的概念，指数函数 $y=a^x (a>0, a\neq 1)$ 的逆函数称为以 a 为底 x 的对数，记为 $y=\log_a x$。对数函数有以下性质：
$$\log_a 1 = 0, \log_a a = 1, \log_a xy = \log_a x + \log_a y, \log_a x^y = y\log_a x$$

在模运算中也有类似的函数，设 p 是一素数，a 是 P 的本原根，则 $a, a^2, \cdots, a^{p-1}$ 产生出 1 到 $p-1$ 之间的所有值，且每一值只出现一次。因此对任意 $b\in\{1,\cdots,p-1\}$，都存在唯一的 $i(i\leqslant i \leqslant p-1)$，使得 $b\equiv a^i \bmod p$，称 i 为模 p 下以 a 为底 b 的指标，记为 $i=\mathrm{ind}_{a,p}(b)$。

指标有以下性质：

① $\mathrm{ind}_{a,p}(1)=0$。

② $\mathrm{ind}_{a,p}(a)=1$。

分别由以下关系得出：$a^0\equiv 1 \bmod p, a^1 \equiv a \bmod p$。

以上假设模数 p 是素数，对于非素数也有类似的结论。

例 6 设 $p=9$，则 $\varphi(p)=6$，$a=2$ 是 p 的一个本原根，a 的不同的幂为（模 9 下）$2^0\equiv 1$，$2^1\equiv 2$，$2^2\equiv 4$，$2^3\equiv 8$，$2^4\equiv 7$，$2^5\equiv 5$，$2^6\equiv 1$

由此可得 a 的指数表如表 3 所列。

表 3 指数和指标举例

(a) 模 9 下 2 的指数表

指标	0	1	2	3	4	5
指数	1	2	4	8	7	5

(b) 与 9 互素的数的指标

数	1	2	4	5	7	8
指标	0	1	2	5	4	3

重新排列表 3(a)，可求每一个与 9 互素的数的指标如表 3(b) 所列。

在讨论指标的另两个性质时，需要利用如下结论：

若 $a^z \equiv a^q \bmod p$，其中 a 和 p 互素，则有 $z \equiv q \bmod \varphi(p)$。

证明：因 a 和 p 互素，所以 a 在模 p 下存在逆元 a^{-1}，在 $a^z \equiv a^q \bmod p$ 两边同乘以 $(a^{-1})^q$，得 $a^{z-q} \equiv 1 \bmod p$。由欧拉定理，$a^{\varphi(p)} \equiv 1 \bmod p$ 知存在一整数 k，使得 $z-q \equiv k\varphi(p)$，所以 $z \equiv q \bmod \varphi(p)$。

由上述结论可得指标的以下两个性质：

③ $\text{ind}_{a,p}(xy) = [\text{ind}_{a,p}(x) + \text{ind}_{a,p}(y)] \bmod \varphi(p)$。

④ $\text{ind}_{a,p}(y^r) = [r \times \text{ind}_{a,p}(y)] \bmod \varphi(p)$。

性质③的证明：设 $x \equiv a^{\text{ind}_{a,p}(x)} \bmod p$，$y \equiv a^{\text{ind}_{a,p}(y)} \bmod p$，$xy \equiv a^{\text{ind}_{a,p}(xy)} \bmod p$，由模运算的性质，得

$$a^{\text{ind}_{a,p}(xy)} \bmod p = (a^{\text{ind}_{a,p}(x)} \bmod p)(a^{\text{ind}_{a,p}(y)} \bmod p) = (a^{\text{ind}_{a,p}(x)+\text{ind}_{a,p}(y)}) \bmod p$$

所以，$\text{ind}_{a,p}(xy) = [\text{ind}_{a,p}(x) + \text{ind}_{a,p}(y)] \bmod \varphi(p)$

性质④是性质③的推广。

从指标的以上性质可见，指标与对数的概念极为相似。

3．离散对数

设 p 是素数，a 是 p 的本原根，即 $a, a^2, \cdots, a^{p-1}$ 在 $\bmod p$ 下产生 1 到 $p-1$ 的所有值，所以对 $\forall b \in \{1,\cdots,p-1\}$，有唯一的 $i \in \{1,\cdots,p-1\}$ 使得 $b \equiv a^i \bmod p$，称 i 为模 p 下以 a 为底 b 的离散对数，记为 $i \equiv \log_a b (\bmod p)$。

当 a，p，i 已知时，用快速指数算法可比较容易地求出 b，但如果已知 a，b 和 p，求 i 则非常困难。目前已知的最快的求离散对数算法的时间复杂度为

$$O\left(\exp((\ln p)^{\frac{1}{3}} \ln(\ln p))^{\frac{2}{3}}\right)$$

所以当 p 很大时，该算法也是不可行的。

（八）平方剩余

设 p 是一素数，$a<p$，如果方程

$$x^2 \equiv a (\bmod p)$$

有解，称 a 是 p 的平方剩余，否则称为非平方剩余。

例如：$x^2 \equiv 1 \bmod 7$ 有解，$x=1$，$x=6$；

$x^2 \equiv 2 \bmod 7$ 有解，$x=3$，$x=4$；

$x^2 \equiv 3 \bmod 7$ 无解；

$x^2 \equiv 4 \bmod 7$ 有解，$x=2$，$x=5$；

$x^2 \equiv 5 \bmod 7$ 无解；

$x^2 \equiv 6 \bmod 7$ 无解。

可见共有 3 个数 $(1，2，4)$ 是模 7 的平方剩余，且每个平方剩余都有两个平方根（即例中的 x）。

容易证明，模 p 的平方剩余的个数为 $(p-1)/2$，且模 p 的平方剩余的个数相等，如果

a 是模 p 的一个平方剩余,那么 a 恰有两个平方根,一个在 0 到$(p-1)/2$ 之间,另一个在 $(p-1)/2$ 到$(p-1)$ 之间,且这两个平方根中的一个也是模 p 的平方剩余。

定义 1 设 p 是素数,a 是一整数,符号 $\left(\dfrac{a}{p}\right)$ 的定义如下:

$$\left(\frac{a}{p}\right)=\begin{cases}0, & a \text{ 被 } p \text{ 整数} \\ 1, & a \text{ 是模 } p \text{ 的平方剩余} \\ -1, & a \text{ 是模 } p \text{ 的非平方剩余}\end{cases}$$

称符号 $\left(\dfrac{a}{p}\right)$ 为 Legendre 符号。

例如:$\left(\dfrac{1}{7}\right)=\left(\dfrac{2}{7}\right)=\left(\dfrac{4}{7}\right)=1$,

$\left(\dfrac{3}{7}\right)=\left(\dfrac{5}{7}\right)=\left(\dfrac{6}{7}\right)=-1$。

计算 $\left(\dfrac{a}{p}\right)$ 有一个简单公式,$\left(\dfrac{a}{p}\right)\equiv a^{(p-1)/2} \bmod p$。

例如:$p=23$,$a=5$,$a^{(p-1)/2} \bmod p \equiv 5^{11} \bmod p = -1$,所以 5 不是模 23 的平方剩余。

Legendre 符号有以下性质:

定理 7 设 p 是奇素数,a 和 b 都不能被 p 除尽,则

① 若 $a \equiv b \bmod p$,则 $\left(\dfrac{a}{p}\right)=\left(\dfrac{b}{p}\right)$。

② $\left(\dfrac{ab}{p}\right)=\left(\dfrac{a}{p}\right)\left(\dfrac{b}{p}\right)$。

③ $\left(\dfrac{a^2}{p}\right)=1$。

④ $\left(\dfrac{a+p}{p}\right)=\left(\dfrac{a}{p}\right)$。

证明从略。

以下定义的 Jacobi 符号是 Legendre 符号的推广。

定义 2 设 n 是正整数,且 $n = p_1^{a_1}p_2^{a_2}\ldots p_k^{a_k}$,定义 Jacobi 符号为

$$\left(\frac{a}{n}\right)=\left(\frac{a}{p_1}\right)^{a_1}\left(\frac{a}{p_2}\right)^{a_2}\ldots\left(\frac{a}{p_k}\right)^{a_k}$$

其中右端的符号是 Legendre 符号。

当 n 为素数时,Jacobi 符号就是 Legendre 符号。

Jacobi 符号有以下性质:

定理 8 设 n 是正合数,a,b 是与 n 互素的整数,则

① 若 $a \equiv b \bmod n$,则 $\left(\dfrac{a}{n}\right)=\left(\dfrac{b}{n}\right)$。

② $\left(\dfrac{ab}{n}\right)=\left(\dfrac{a}{n}\right)\left(\dfrac{b}{n}\right)$。

③ $\left(\dfrac{ab^2}{n}\right) = \left(\dfrac{a}{n}\right)$。

④ $\left(\dfrac{a+n}{n}\right) = \left(\dfrac{a}{n}\right)$。

对一些特殊的 a，Jacobi 符号可如下计算：

$$\left(\dfrac{1}{n}\right) = 1, \left(\dfrac{-1}{n}\right) = (-1)^{(n-1)/2}, \left(\dfrac{2}{n}\right) = (-1)^{(n^2-1)/8}$$

定理 9（Jacobi 符号的互反律） 设 m、n 均是大于 2 的奇数，则

$$\left(\dfrac{m}{n}\right) = (-1)^{(m-1)(n-1)/4} \left(\dfrac{n}{m}\right)$$

若 $m \equiv n \equiv 3 \bmod 4$，则 $\left(\dfrac{m}{n}\right) = -\left(\dfrac{n}{m}\right)$，否则 $\left(\dfrac{m}{n}\right) = \left(\dfrac{n}{m}\right)$。

以上性质表明，为了计算 Jacobi 符号（包括 Legendre 符号作为它的特殊情形），并不需要求素因子分解式，例如 105 虽然不是素数，在计算 Legendre 符号 $\left(\dfrac{105}{317}\right)$ 时，可以先把它看作 Jacobi 符号来计算，由上述两个定理得

$$\left(\dfrac{105}{317}\right) = \left(\dfrac{317}{105}\right) = \left(\dfrac{2}{105}\right) = 1$$

一般在计算 $\left(\dfrac{m}{n}\right)$ 时，如果有必要，可用 $m \bmod n$ 代替 m，而互反律用以减小 $\left(\dfrac{m}{n}\right)$ 的分母。

可见，引入 Jacobi 符号对计算 Legendre 符号是十分方便的，但应强调指出 Jacobi 符号和 Legendre 符号的本质差别是：Jacobi 符号 $\left(\dfrac{a}{n}\right)$ 不表示方程 $x^2 \equiv a \bmod n$ 是否有解。比如 $n = p_1 p_2$，a 关于 p_1 和 p_2 都不是平方剩余，即 $x^2 \equiv a \bmod p_1$ 和 $x^2 \equiv a \bmod p_2$ 都无解，由中国剩余定理知 $x^2 \equiv a \bmod n$ 也无解。但是，由于 $\left(\dfrac{a}{p_1}\right) = \left(\dfrac{a}{p_2}\right) = -1$，所以 $\left(\dfrac{a}{n}\right) = \left(\dfrac{a}{p_1}\right)\left(\dfrac{a}{p_2}\right) = 1$。即 $x^2 \equiv a \bmod n$ 虽无解，但 Jacobi 符号 $\left(\dfrac{a}{n}\right)$ 却为 1。

例 7 考虑方程 $x^2 \equiv 2 \bmod 3599$，由于 $3599 = 59 \times 61$，所以方程等价于方程组

$$\begin{cases} x^2 \equiv 2 \bmod 59 \\ x^2 \equiv 2 \bmod 61 \end{cases}$$

由于 $\left(\dfrac{2}{59}\right) = -1$，所以方程组无解，但 Jacobi 符号 $\left(\dfrac{2}{3599}\right) = (-1)^{(3599^2-1)/8} = 1$。

下面考虑公钥密码体制中一个非常重要的问题。

设 n 是两个大素数 p 和 q 的乘积，由上述结论，1 到 $p-1$ 之间有一半数是模 p 的平方剩余，另一半数是模 p 的非平方剩余，对 q 也有类似结论。另外，a 是模 n 的平方剩余，当且仅当 a 既是模 p 的平方剩余也是模 q 的平方剩余。所以对满足

$$0 < a < n, \gcd\{a, n\} = 1$$

的 a，有一半满足 $\left(\dfrac{a}{n}\right) = 1$，另一半满足 $\left(\dfrac{a}{n}\right) = -1$。而在满足 $\left(\dfrac{a}{n}\right) = 1$ 的 a 中，有一半满足

$\left(\dfrac{a}{p}\right)=\left(\dfrac{a}{q}\right)=1$,这些 a 就是模 n 的平方剩余;另一半满足 $\left(\dfrac{a}{p}\right)=\left(\dfrac{a}{q}\right)=-1$,这些 a 是模 n 的非平方剩余。

设 a 是模 n 的平方剩余,即存在 x 使得 $x^2\equiv a\bmod n$ 成立,因 a 既是模 p 的平方剩余,又是模 q 的平方剩余,所以存在 y、z,使得 $(\pm y)^2\equiv a\bmod p$, $(\pm z)^2\equiv a\bmod q$,因此

$$x\equiv \pm y\bmod p, x\equiv \pm z\bmod q$$

由中国剩余定理可求得 $a\bmod n$ 的 4 个平方根,记为 $\pm u\bmod n$ 和 $\pm w\bmod n$,且 $u\neq \pm w\bmod n$。

以上结果表明,已知 n 的分解 $n=pq$,且 a 模 n 的平方剩余,就可以得 $a\bmod n$ 的 4 个平方根。

下面考虑相反的问题,即已知 $a\bmod n$ 的两个不同的平方根($u\bmod n$ 和 $w\bmod n$,且 $u\neq \pm w\bmod n$),就可分解 n。事实上,由 $u^2\equiv w^2\bmod n$ 得 $(u+w)(u-w)\equiv 0\bmod n$,但 n 不能整除 $u+w$,也不能整除 $u-w$,所以必有

$$p\,|\,(u+w), q\,|\,(u-w)$$

或

$$p\,|\,(u-w), q\,|\,(u+w)$$

所以

$$\gcd(n,u+w)=p, \gcd(n,u-w)=q$$

或

$$\gcd(n,u-w)=p, \gcd(n,u+w)=q$$

因此得到了 n 分解式。

将以上讨论总结如下。

定理 10 求解方程 $x^2\equiv a\bmod n$ 与分解 n 是等价的。

第 2 个重要结论是:当 $p\equiv q\equiv 3\bmod 4$ 时,$a\bmod n$ 的两个不同的平方根 u 和 w 的 Jacobi 符号有如下关系:

$$\left(\dfrac{u}{n}\right)=-\left(\dfrac{w}{m}\right)$$

证明:由以上讨论知,u,w 满足

$$p\,|\,(u+w), q\,|\,(u-w)$$

或

$$p\,|\,(u-w), q\,|\,(u+w)$$

即 $u\equiv -w\bmod p$, $u\equiv w\bmod q$,或 $u\equiv w\bmod p$, $u\equiv -w\bmod q$。

若为第一种情况,有

$$\left(\dfrac{u}{n}\right)=\left(\dfrac{u}{q}\right)\left(\dfrac{u}{q}\right)=\left(\dfrac{-w}{p}\right)\left(\dfrac{w}{q}\right)=\left(\dfrac{-1}{p}\right)\left(\dfrac{w}{p}\right)\left(\dfrac{w}{q}\right)=-\left(\dfrac{w}{p}\right)\left(\dfrac{w}{q}\right)=-\left(\dfrac{w}{n}\right)$$

(证毕)

同理可证第二种情况。

参 考 文 献

[1] 吴晓平，秦艳琳，罗芳．密码学[M]．北京：国防工业出版社，2010．

[2] 罗芳，吴晓平，秦艳琳．现代密码学[M]．武汉：武汉大学出版社，2017．

[3] 秦艳琳．信息安全数学基础[M]．武汉：武汉大学出版社，2014．

[4] 王小云，王明强，等．公钥密码学的数学基础[M]．2版．北京：科学出版社，2022．

[5] 冯登国．序列密码分析方法[M]．北京：清华大学出版社，2021．

[6] 胡向东，魏琴芳，胡蓉．应用密码学[M]．4版．北京：电子工业出版社，2019．

[7] 杨波．现代密码学[M]．5版．北京：清华大学出版社，2022．

[8] 郭华，刘建伟，等．密码学实验教程[M]．北京：电子工业出版社，2021．

[9] 文仲慧，周明波，何桂忠，等．密码学浅谈[M]．北京：电子工业出版社，2019．

[10] 杨义先，钮心忻．安全简史：从隐私保护到量子密码[M]．北京：电子工业出版社，2019．

[11] Christof Paar，JanPelzl．深入浅出密码学[M]．马小婷，译．北京：清华大学出版社，2012．

[12] 任伟．现代密码学[M]．北京：北京邮电大学出版社，2011．

[13] 陈少真．密码学教程[M]．北京：科学出版社，2012．

[14] 张焕国，唐明．密码学引论[M]．3版．武汉：武汉大学出版社，2015．

[15] Douglas R. Stinson，等．密码学原理与实践[M]．冯登国，等译．北京：电子工业出版社，2016．

[16] 谷利泽，郑世慧，杨义先．现代密码学教程[M]．2版．北京：北京邮电大学出版社，2015．

[17] 刘嘉勇．应用密码学[M]．2版．北京：清华大学出版社，2014．

[18] Christian Kollmitzer Mario Pivk．应用量子密码学[M]．李琼，赵强，乐丹，译．北京：科学出版社，2015．

[19] Daniel J. Bernstein，Johannes Buchmann，Dahmen，等．抗量子计算密码[M]．张焕国，王后珍，杨昌，等译．北京：清华大学出版社，2015．

[20] 李浪，欧阳栋华，厉阳春．网络安全与密码技术导论[M]．武汉：华中科技大学出版社，2015．

[21] 张焕国，韩文报，来学嘉，等．网络空间安全综述[J]．中国科学：信息科学，2016，46：125-164．

[22] 陈晖，等．密码前沿技术——从量子不可精确克隆到DNA完美复制[M]．北京：国防工业出版社，2015．

[23] 范凌杰．区块链原理、技术及应用[M]．北京：机械工业出版社，2022．

[24] 郑志勇．现代密码学[M]．北京：中国人民大学出版社，2022．